稀有金属络合
酞菁光电功能材料

陈 军　王双青　杨国强　著

北 京
冶 金 工 业 出 版 社
2022

内 容 提 要

本书共计9章，分别介绍了酞菁的结构、中心金属、周边取代基团、聚集效应、器件化过程和T-T湮灭效应对酞菁非线性光学性能的影响规律，还详细阐述了金属络合酞菁及其复合材料的电催化 CO_2 还原及其催化机制，为构建优良性能的可实用化的酞菁光电功能材料提供理论依据。

本书可供光物理、光化学、非线性光学、光电催化功能材料等领域的研究人员和从业人员阅读，也可作为材料类专业高等院校师生的教学参考书。

图书在版编目(CIP)数据

稀有金属络合酞菁光电功能材料/陈军，王双青，杨国强著.—北京：冶金工业出版社，2020.12（2022.9重印）

ISBN 978-7-5024-8655-6

Ⅰ.①稀… Ⅱ.①陈… ②王… ③杨… Ⅲ.①稀有金属—无机化合物—光电材料—研究 Ⅳ.①TN204

中国版本图书馆CIP数据核字（2020）第241894号

稀有金属络合酞菁光电功能材料

出版发行 冶金工业出版社　　**电　　话**（010）64027926
地　　址 北京市东城区嵩祝院北巷39号　　**邮　　编** 100009
网　　址 www.mip1953.com　　**电子信箱** service@mip1953.com

责任编辑 张熙莹　美术编辑 彭子赫　版式设计 禹　蕊
责任校对 郑　娟　责任印制 李玉山
北京建宏印刷有限公司印刷
2020年12月第1版，2022年9月第2次印刷
710mm×1000mm 1/16；12印张；232千字；183页
定价68.00元

投稿电话 （010）64027932　投稿信箱 tougao@cnmip.com.cn
营销中心电话 （010）64044283
冶金工业出版社天猫旗舰店 yjgycbs.tmall.com
（本书如有印装质量问题，本社营销中心负责退换）

前　言

随着高能量、高功率、短脉冲激光器的大量出现，激光辐射对于人类眼睛、常规仪器光学窗口、武器系统及卫星光电传感器等已构成日益严重的威胁。针对激光辐射的威胁，国际上开发了各种各样的诸如机械快门、过滤器、可调过滤器、光限幅器、光学开关等光学保护方法。但比较而言，基于非线性光学（NLO）原理的光限幅器具有广谱抗变波长激光的能力，响应时间快、保护器激活后不影响仪器的探测或图像处理与传输能力，是一类具有实际应用价值的激光防护器。迄今为止，国内外基于金属酞菁、卟啉、富勒烯、金属有机配合物、石墨烯、炭黑、碳纳米管、高分子、过渡金属硫化物、黑磷等的非线性光学功能材料已经开展了广泛的研究，这些材料表现优异，具有潜在的激光防护价值。在这些材料中，酞菁及其衍生物因具有大环共轭结构而展现出优异的激光限幅特性，是公认的具有优异的反饱和吸收特性的非线性光限幅材料。虽然，国内外基于酞菁光限幅性能方面已经有大量的研究报道，但是酞菁分子结构及其聚集作用对酞菁的光物理和非线性光学性能有着重要的影响，到目前为止，尚未发现有系统的研究工作针对不同酞菁分子结构的聚集效应对其光物理和光限幅性能的影响机制的报道，酞菁光限幅性能与其分子模型的构效关系也尚不明确。

为此，本书详细介绍了不同酞菁分子结构及其聚集效应对光物理和光限幅性能的影响机制，为可实用化的无聚集酞菁光限幅器件的开发提供理论积累。综合运用材料、化学和光学等多学科理论，系统开展了不同中心取代金属、周边取代基团、π 电子大环共轭程度、分子内聚集效应、T-T 湮灭过程、固体器件化等对酞菁光物理和光限幅性能的影响机制，构建了酞菁化合物分子结构与光限幅性能的构效关系。

此外，酞菁基材料由于其特殊的骨架结构，可以通过引入中心离子、轴向配体和取代基团来筛选和组装，从而获得具有特殊物理和化学稳定性以及光化学、电化学、光催化等功能的材料，多年来一直受到科研工作者的广泛关注。因此，本书还介绍了光化学性质的研究进展，包括光限幅性能、光催化和光动力疗法的研究和思路。同时，还详细阐述了金属络合酞菁及其复合材料的电催化 CO_2 还原及其催化机制，为构建优良性能的可实用化的酞菁光电功能材料提供理论依据。

本书可供光物理、光化学、非线性光学、光电催化功能材料等领域的研究人员和从业人员阅读，也可作为材料类专业高等院校师生的教学参考书。

在本书编写的过程中，得到了江西理工大学相关同事及我的研究生等的支持和帮助，在此一并表示感谢。

由于作者水平有限，书中不足之处，希望读者批评指正。

陈　军

2020 年 11 月

目　　录

1 绪　　论

1.1 酞菁化合物概述

酞菁（Phthalocyanine，Pc）是一种具有 18 个电子的大环共轭体系化合物，它的结构非常类似于自然界中广泛存在的卟啉。卟啉是 4 个吡咯亚基中的 α 碳原子通过亚甲基桥（═CH—）[1] 相互连接形成的一种大分子杂环化合物。卟啉在自然界中广泛分布，例如血红素是铁卟啉化合物，叶绿素是含镁卟啉化合物，维生素 B12 是钴卟啉化合物（见图 1-1），它们都在生物体中具有重要的生理功能[2~4]。

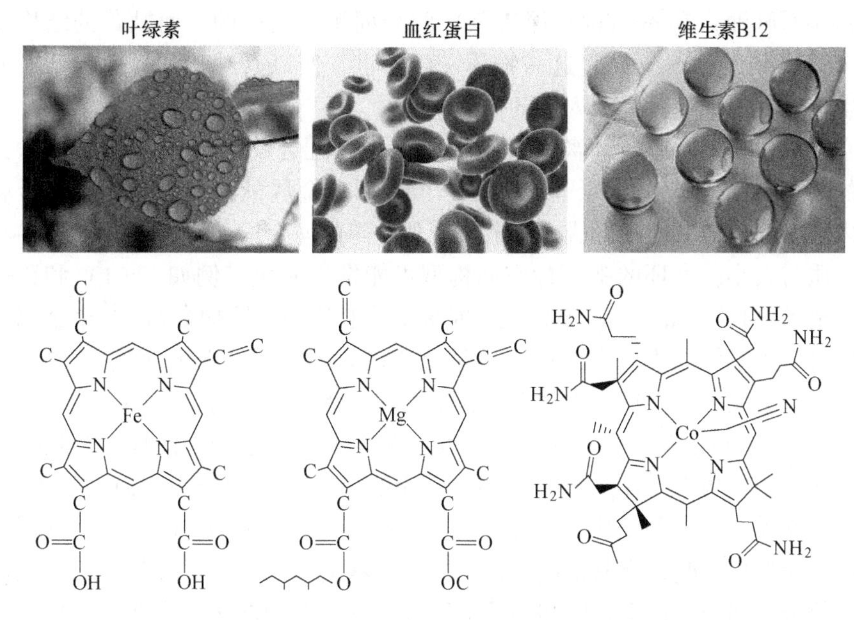

图 1-1　自然界中丰富的卟啉（酞菁前驱体）及其结构形式

酞菁是卟啉的衍生物[5]，其结构如图 1-2 所示。卟啉和酞菁的结构有两个不同之处。第一，与卟啉相比，酞菁的结构有 4 个以上的苯环；第二，连接 4 个吡咯环的 4 个 C 原子变成了 4 个 N 原子。酞菁虽然是卟啉的衍生物，但它们的结构差异使得卟啉和酞菁在性质上有很大差异[6]。通常，在自然界中含量丰富的有机化合物，其理化稳定性都不好。卟啉属于这种化合物，在热和光的作用下很容易反应或分解。相比之下，酞菁具有优异的耐热性、酸碱性，表现出优异的物理化学稳定性[7]。

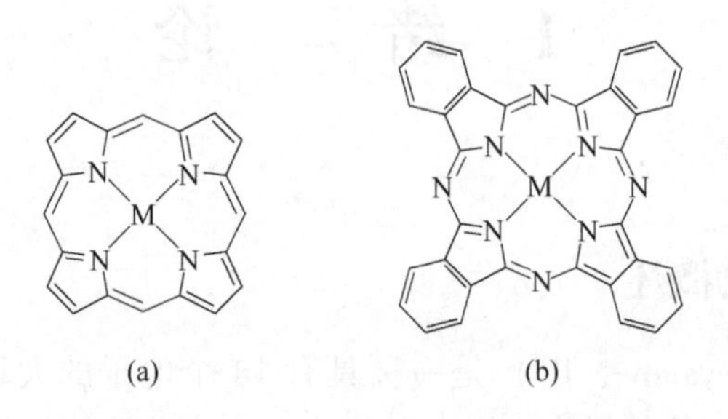

图 1-2　卟啉（a）和酞菁（b）的分子结构式

酞菁在自然界中并不存在，而是由人工合成出来的。1907 年 Braun 和 Tehemiac 在一次实验中偶然发现了酞菁[8]，但当时他们并未对这一新物质进行命名。直到 1933 年酞菁这一名词才由英国著名学者 Linstead 提出，它是由 naphtha（石脑油）和 cyanine（深蓝色）两个词派生而成的，而酞菁的结构是在 1935 年才得到证实[9]。酞菁这一物质一经问世，便以其独特的颜色、低廉的生产成本、优良的稳定性受到人们的关注。

空心酞菁与金属原子（离子）结合可以形成配合物（见图 1-2），位于分子中心的两个 H 原子被金属原子（离子）取代形成金属酞菁配合物，中心金属原子与内环上的 4 个氮原子形成全等或者近似全等的 4 个配位键，根据不同中心原子的性质与大小，大环的平面性空间构型可能发生变化。例如：（1）和正一价的金属离子（Li^+、Na^+、K^+等）配位时多形成双核的单层配合物，2 个金属离子不能同时落入配体的中心空腔中，而是分处在大环中心的上下两侧。（2）和正二价金属离子配位时多形成单核单层配合物，若是半径较小的金属离子（Mg^{2+}、Zn^{2+}、Co^{2+}等）可以落入分子中心的空腔中而不破坏分子的平面性，若是半径较大的金属离子（Pb^{2+}、Hg^{2+}等）则不能完全容纳入中心空腔中，而是位于一侧，形成如“金字塔”型的结构。（3）与半径较小的三价金属离子（Al^{3+}、Co^{3+}等）配位时一般形成一侧带有其他配体的四吡咯环状配合物；与半径较大、配位数较大的三价金属离子（稀土金属和锕系金属等）配位时倾向于形成两层或更多层的“三明治”型四吡咯环状配合物。（4）与正四价的离子配位时，情况与正三价相似，只是在分子平面的两侧都可以引入取代基，可以形成轭向连接的链状化合物（如 Si^{4+}）。

酞菁类化合物晶体结构存在两种：α 型、β 型（当 α 型加热到 200℃ 以上或者用芳香族的溶剂处理即可转变成 β 型）。β 型酞菁的结构最为稳定，酞菁分子平行排布呈层状结构，利于 Li^+的插入和脱嵌，所以当其作为锂电池正极材料时，具有极高的比容量；结构稳定，充放电循环稳定，在充放电的时候结构不会坍塌而导致性能下降。酞菁（Pc）是一种二维的平面大芳香环共轭分子，具有18个π电子。酞菁也可以看作异吲哚衍生物，酞菁的封闭16元环由4个异吲哚环共同组成，环上的碳和氮交替排列，形成了一个环状轮烯发色的体系。酞菁环中心的2个单独的氮原子呈碱性，可以得到2个质子变成二价正离子；而与2个氮原子相连的氢只显酸性，在强碱的环境下会失去2个质子，变成二价负离子。酞菁环内存在一个空穴，空穴直径约为2.7×10^{-10}m，其中可以容纳镍、铁、铜、钙、镁、钠、锌、铝及稀土金属等共70多种元素。通过嵌入金属元素合成金属酞菁（MPc），可改善酞菁的导电性及电化学性能；并且，酞菁分子上的4个苯环上共计16个氢原子可被各个基团取代合成取代酞菁（根据取代基团的种类与位置，可分为对称酞菁和不对称酞菁），分子结构极其灵活，具有可调性。从这两个途径，酞菁衍生物的种类越来越丰富，发展遍布各个领域。一般来说，酞菁基化合物具有以下特点[10~14]：（1）具有特殊的二维共轭π电子结构；（2）对光和热的稳定性高；（3）分子结构多样、易于裁剪，可从多种取代配体中衍生出来，这些配体可以在合成目标化合物的基础上进行设计、裁剪和组装；（4）配位能力很强，它可以与元素周期表中的所有金属元素协调，形成配合物。由于上述的特点，酞菁化合物种类繁多、特点鲜明、应用广泛。卟啉和酞菁化合物属于同一类，它们在抗肿瘤新药、新型功能材料、纳米材料、光电材料、催化和传感器等领域显示出良好的实际应用和广阔的研发前景[15~19]。特别是酞菁化合物具有优良的物理化学稳定性、高度共轭的π电子金属共价键体系和骨架结构特征，通过选择中心离子和轴向配体，以及分子组装和筛选，在酞菁环上引入功能取代基可获得具有特殊物理化学性质的光电功能材料。

随着研究的深入，人们对酞菁的认识也逐步地加深。到目前为止，酞菁不仅作为一种着色剂，而且是一种多功能材料。酞菁及其衍生物的应用领域已经涉及化学传感器中的灵敏器件、电致发光材料、太阳能电池材料、非线性光学材料、光信息记录材料、液晶显示材料、电子照相材料、电催化材料以及合成金属和导电的聚合物等。在光动力学治疗方面，对酞菁在治疗癌症方面的应用也已开展了大量的研究；作为一种光导体，它已经被应用于电子照相和激光打印机上；作为一种催化剂，它被石油工业用于脱去石油中的气味难闻的硫化物；作为一种近红外的吸收剂，它被用于制造防伪标识材料；此外，酞菁作为一种良好的三线态的敏化剂被应用于光催化领域；另外，酞菁由于具有很好的反饱和吸收性能，可以作为良好的光限幅材料，其在非线性材料方面的应用也引起了人们广泛的关注。

1.2　酞菁化合物发展历史

酞菁是Braun和Tehemiac两人在1907年的实验中偶然合成的，当时，两人为了研究邻氰基苯甲酰胺的化学性质，将这种无色透明的物质与乙醇一起加热，意外获得了微量的蓝色物质[20]，反应如式（1-1）所示。但是当时有可能因为技术条件不允许，Braun 和 Tehemiac 两人并没有对这种物质的结构以及名称给出具体的定义。事后经研究表明，该物质就是酞菁，也是第一种合成的非金属酞菁化合物。

$$\text{邻氰基苯甲酰胺}\ (\text{O}, \text{NH}_2, \text{CN}) \xrightarrow{\triangle} \text{酞菁} + 4H_2O \qquad (1\text{-}1)$$

随后在 1927 年，德国弗莱堡大学的研究人员在制备邻苯二甲腈时获得了深蓝色物质[21]。很明显，他们得到的是酞菁铜，但由于表征和设备的局限性，他们也没有进一步分析这种蓝色物质的结构。反应如式（1-2）所示。

$$\text{邻二溴苯}\ (\text{Br}, \text{Br}) \xrightarrow{\text{CuCN}} \text{铜酞菁} \qquad (1\text{-}2)$$

直到 1933 年，英国著名教授 Linstead 创造了酞菁这个新名词[22]。然后在 1935 年，Robertson 教授用 X 射线衍射法分析了金属酞菁的结构（见图 1-3）。研究结果与 Linstead 教授的结果完全一致，Linstead 教授进一步证实了酞菁的化学结构。从此以后，基于酞菁化合物的研究进入了一个崭新的阶段。

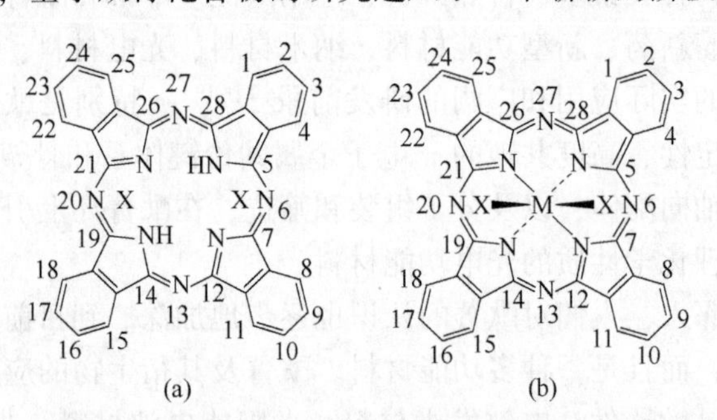

图 1-3 空心酞菁（a）和金属络合酞菁结构（b）

1963 年，Calvin 教授等人首次利用酞菁成功催化氢交换反应，酞菁化合物的催化性能研究取得了极大的进展。1970 年，京都大学（Kyoto University）的 Natsu Uyeda 与 Takashi Kobayashi 教授两人突然发现酞菁具备承受高分辨率电镜所要求的强度电流的能力，从而使酞菁成为第一个获得了分子级乃至亚分子级分辨图像的有机物分子。经过几十年的发展，对酞菁的研究已经发展成为一门独立的学科[23]。由于酞菁周围的 α 和 β 位点可以被其他基团所取代，并且轴向位点可以容纳不同的金属（见图 1-3），故使得它们种类繁多，如非取代酞菁、α 取代酞菁、β 取代酞菁和完全取代酞菁等，如图 1-4 所示。

不同的周边取代基团和中心轴向金属对酞菁共轭体系中的电子云分布有较大

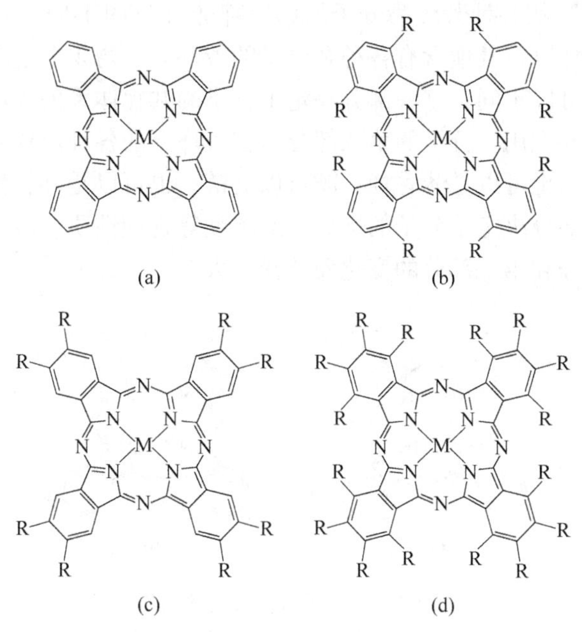

图 1-4 非取代（a）、α 取代（b）、β 取代酞菁（c）
和完全取代酞菁（d）的分子结构

的影响[24]，故对光化学、光物理和电化学性能有很大的影响。具有特殊二维共轭电子结构和大环共轭体系的酞菁化合物，表现出较强的共轭 π 电子，使得这些化合物具有光、电、磁等特殊性质的基础。酞菁化合物最初被广泛用作染料和颜料。随着科学技术的进步，科学家发现酞菁化合物可应用于非线性光学材料[25,26]、光学限幅配合物材料[27,28]、分子半导体材料[29,30]、气体传感材料[31~33]、液晶显示材料[34,35]、催化剂[36~38]、分子磁体[39,40]、分子电子器件[41,42]和光动力癌症治疗[43,44]等领域。从酞菁发现至今，已经有 100 多年了[45,47]，人们对酞菁的研究兴趣大大增加。酞菁从最初的空心酞菁发展到后来达到 70 多种金属酞菁；从单层到夹心酞菁；从单个酞菁，到树枝状酞菁、亚酞菁、聚合酞菁及类似化合物等；以及新型的水溶性酞菁和不对称酞菁。酞菁可以说是一种“古老又年轻的化合物”，具备极其优异的性能，在光学、光电、催化、磁性、核化学等领域取得了不错的成果。正因为如此，酞菁已经成为现代高新技术领域的新的重点发展对象，不失为一种极佳的功能材料。

1.3 酞菁化合物的合成

酞菁化合物是含有以氮相连的 4 个吡咯环的类叶啉化合物（见图 1-5）。一般酞菁分子的结构可以分为三部分：其核心部分为以氮相连的四吡咯环。在 4 个吡咯环上“并联”的各种芳环为分子的第二部分（见图 1-5），这些芳环可以是苯环、萘环、蒽环以及其他含有各种杂原子的芳环等。与 4 个吡咯环并联的芳环既可以相同，也可以不同；这一部分决定了分子的共轭体系的大小，对分子的吸收光谱起决定性的作用。分子的第三部分为在芳环上的各种取代基，这些取代基既可以是脂肪烃，也可以是芳香烃；既可以是链，也可以是环，但一般不参与体系的共轭；这一部分决定了分子的熔点、溶解度等物理性质。酞菁化合物分子的结构因其第二部分和第三部分的变化而差异很大。

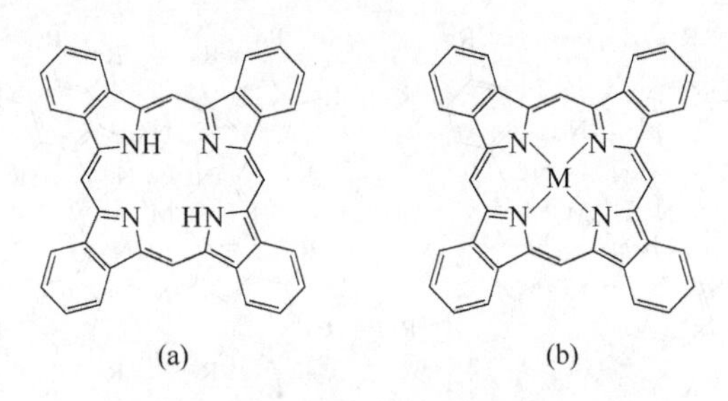

图 1-5　酞菁环状化合物的结构
（a）自由酞菁；（b）金属酞菁

酞菁环中心既可以是空心，也可以是配合的金属。中心金属离子同样影响着酞菁的结构和物化性能。对于过渡型金属，一般形成单层酞菁配合物，而离子半径较大、配位数也较大的一些金属（如稀土金属酞菁）却以夹心三明治型配合物的形式存在。目前已知酞菁中心空穴可以与 70 多种金属相配位。中心金属的选择大大影响着该类配合物的物理化学性质。X 射线结构分析结果表明，酞菁是由 4 个异吲哚单元组成的一个对称的平面大环体系，与在自然界中存在的卟啉的结构类似物，具有对称的 D_{2h} 结构，因此该大环配体与卟啉的很多性质十分类似。两者的不同之处就在于周边是否有苯环和 4 个中间位上是碳还是氮，所以酞菁有时也被称为四苯基取代四氮杂卟啉。与卟啉一样，酞菁由于其特有的 18 电子共轭大环体系，符合休特尔规则而具有芳香性。

在酞菁类化合物中，由于 4 个苯基参与了分子共轭，故而增大了共轭体系；而且酞菁周边的 4 个苯环上共有 16 个 H 原子可以被其他的原子或基团取代，从而可以得到形形色色的酞菁衍生物[48]。目前为止，已经有 5000 多种酞菁化合物被人们在实验室中合成出来[49]。在早期的研究中，酞菁及其衍生物主要被用作颜料或染料，这是因为酞菁具有颜色鲜艳、着色力很高以及稳定性好的特点。直到今天酞菁颜料或染料仍然被广泛地应用于印刷油墨、涂料、塑料、橡胶、皮革、纺织品以及食品中[50]。

自由酞菁（H_2Pc）的分子结构如图 1-5（a）所示。它是四氮大环配体的重要种类，具有高度共轭 π 体系。它能与金属离子形成金属酞菁配合物（MPc），其分子结构式如图 1-5（b）所示。金属酞菁是近年来广泛研究的经典金属大环配合物中的一类，其基本结构和天然金属卟啉相似，且具有良好的热稳定性和化学稳定性。酞菁的合成有着多种合成路线，不同路线的产率也存在很大的差别。

1.3.1 自由酞菁的合成

自由酞菁的合成按原料不同可分为：

（1）以邻氨基苯甲酰胺为原料。在乙醇中加热邻氨基苯甲酰胺可以得到酞菁，但是产率极低，仅有少量的蓝色生成。后来 Linstead [51] 改进了合成方法，将金属镁、锑或它们的氧化物与邻氨基苯甲酰胺混合后加热到 230℃，先得到镁或锑酞菁，然后用浓硫酸浸泡洗涤得到自由酞菁，如反应式（1-3）所示，产率可达 40%。

$$\xrightarrow[\text{2. 浓}H_2SO_4\text{，230℃}]{\text{1. Mg，Sb，MgO或}MgCO_3} \tag{1-3}$$

（2）以邻苯二甲腈为原料。早期研究发现，在正戊醇或其他的醇中加热邻苯二甲腈与醇钠可以得到二钠酞菁，经硫酸处理后脱去金属钠进而得到自由酞菁[52]。在 N，N-二甲基乙醇胺溶液中，在氨气的作用下加热邻苯二甲腈可以直接得到酞菁，不需要酸处理步骤，产率为 90%[53]。利用这个方法，用取代的邻苯二甲腈为反应物可以制得各种取代酞菁，见反应式（1-4）。

$$\xrightarrow[NH_3\text{，回流}]{\text{N,N-二甲基乙醇胺}} \tag{1-4}$$

（3）以 1，3-二亚胺基异吲哚为原料[54,55]。常温下，在甲醇钠的作用下，将氨气通入邻苯二甲腈的甲醇溶液，让邻苯二甲腈转变为 1，3-二亚胺基异吲哚，在丁二腈等供氢介质中受热可生成酞菁，产率为 35%，且它在 N，N-二甲基乙醇胺溶液中回流可以得到 85%产率的酞菁，见反应式（1-5）：

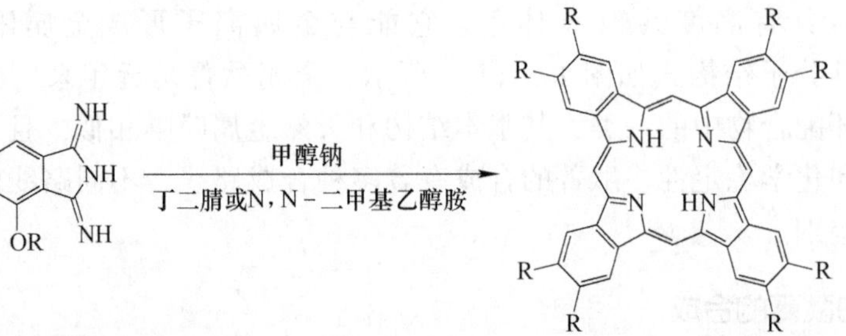

$$\xrightarrow[\text{丁二腈或N,N-二甲基乙醇胺}]{\text{甲醇钠}} \tag{1-5}$$

1.3.2 金属酞菁的合成

金属酞菁的合成一般有以下两种方法：（1）与配合物的经典合成方法相似，即先采用有机合成的方法制得并分离出自由的有机大环配体；然后再与金属离子配位，合成得到金属大环配合物。（2）通过金属模板反应来合成，即通过简单配体单元与中心金属离子的配位作用，然后再结合形成金属大环配合物。这里的金属离子起着一种模板作用。其中模板反应是主要的合成方法。金属酞菁配合物的合成主要有以下几种途径：

（1）以苯酐-尿素为原料[56,57]。苯酐-尿素通常用来生产金属酞菁，最为典型的是生产锌酞菁（见反应式（1-6））。

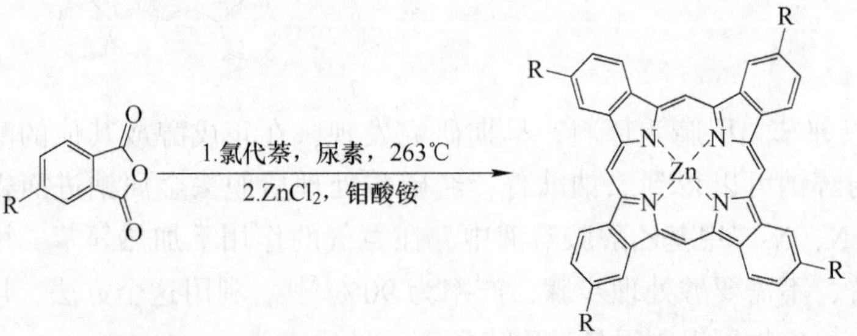

$$\xrightarrow[\text{2.}ZnCl_2\text{，钼酸铵}]{\text{1.氯代萘，尿素，263℃}} \tag{1-6}$$

（2）中心金属的置换（见反应式（1-7））：

$$MX + LiPc(H_2Pc) \longrightarrow MPc + 2LiX(H_2X) \tag{1-7}$$

通过金属卤化物取代空心金属酞菁或锂酞菁可以得到相应的金属酞菁。

（3）以邻苯二甲腈为原料[58,59]（见反应式（1-8））：

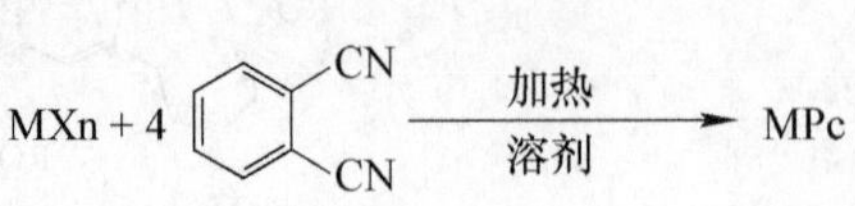

$$MXn + 4\ C_6H_4(CN)_2 \xrightarrow[\text{溶剂}]{\text{加热}} MPc \tag{1-8}$$

4 倍物质的量的邻苯二甲腈与金属盐在溶剂中回流可以得到金属酞菁化合物，常用的溶剂有 N，N-二甲基乙醇胺（钼酸铵作催化剂）、高沸点的醇（正戊醇、正辛醇 等，用 DBU 作催化剂）、1-氯代萘（高温回流）等。不同的反应条件有着不同的产率，通常用醇作溶液，DBU 作催化剂时反应副产物少、产率高。

（4）以邻苯二甲酸酐、尿素为原料（见反应式（1-9））：

$$MX_n + 4\,C_6H_4(CO)_2O + CO(NH_2)_2 \xrightarrow[\text{钼酸铵}]{200\sim300^\circ C} MPc + H_2O + CO_2 \quad (1\text{-}9)$$

此反应属于固相合成法，可以进行工业化生产。

（5）水热合成法。有学者[60]运用水热合成法合成了一系列酞菁化合物的纳米带结构，具体合成路线如反应式（1-10）所示。

$$MX_n + 4\,C_6H_4(CN)_2 \xrightarrow[\text{溶剂}]{\text{加热}} MPc \quad (1\text{-}10)$$

具体操作为：将邻苯二甲腈、铜粉、钼酸铵和表面活性剂一并置于聚四氟反应釜中，加入去离子水至釜容积的80%，混合物先搅拌成白色乳液，然后密封放入烘箱在150~180℃条件下反应5天后，让其自然冷却，取出反应釜，收集深蓝色沉淀。采用水热法还可以合成采用常用的方法难以合成的一些酞菁化合物，如硝基取代的酞菁化合物、碘取代的酞菁化合物等。

水热法合成酞菁有着许多的优点：（1）以水作为反应溶剂可以避免有机溶剂对环境带来的污染，水热条件下水可以取代高沸点有毒有机溶剂；（2）水作为原料来源广泛且相对低廉；（3）操作简单，在水热过程中，可通过调节反应温度、压力、处理时间、液成分、pH 值、前驱体和添加各种形貌控制剂等控制反应和晶体生长；（4）反应在密闭的容器中进行，体系扰动由反应釜内液体回流控制，相对稳定有序，适合晶体生长且产物物相均匀、纯度高、结晶性好，并且形状、大小可控。水热法作为在构建无机网络结构和合成有机-无机杂化材料时被广泛利用的方法，在科学研究和生产中以直接、温和、简单而著称[61~65]。

1.4 酞菁化合物的应用

在早期的研究中，酞菁和金属酞菁主要是被用作颜料和染料，这主要是因为酞菁（特别是铜酞菁）制成的颜料和染料（蓝色、绿色）不仅颜色十分鲜艳、着色力很高，而且稳定、无毒，是任何其他已知化合物不能比拟的。为此，酞菁颜料、染料被广泛地应用于印刷油墨、涂料、塑料、橡胶、皮革、纺织品及食品中[66]。另外，酞菁因具有独特的光、电、磁及对某些气体的敏感性等方面的特性，被应用于一些特殊的功能材料领域，如化学传感器、电致发光器件、液晶显示材料、非线性光学材料、光盘信息记录材料、太阳能电池材料、场效应晶体管、整流器件、低维材料、电致变色材料、电色谱显示材料、光生伏打电池、新型红敏光记录材料、含硫排放物的控制催化剂、合成金属和导电聚合物及光动力学治疗癌症等许多方面[67~79]。下面就酞菁在某些方面的应用作简要介绍。

酞菁主要应用于分子材料器件等方面。分子器件包括两方面，即在分子水平上具有特定功能的超微型器件和分子材料在器件方面的应用。前者是指采用有机和导电聚合物、电荷转移复合物、有机金属和其他分子材料开创出用于信息和微电子学的新型元件，其研究内容主要包括分子导线、分子开关、分子整流器、分子存储器和分子计算机等，这些分子层次的器件通常称为分子尺度器件；后者指的是以有机分子为材料，通过分子层次的成膜技术，如LB膜技术、有机分子束外延生长技术制备光电子器件，这些器件本身并没有达到分子层次，所以通常称为分子材料器件。

自酞菁类化合物发现以来，就一直显示出是良好的染色剂，并且经过多种检验，酞菁可以在各种恶劣的环境下保持自身性质稳定。再加上加工方法简单、成本低，使其可进行大规模工业化生产。最早实现工业化生产的是酞菁铜一类的金属酞菁，被用作有机染料。随着酞菁研究不断加深，金属酞菁的功能也不断被开发利用，从最早仅仅只是作为颜料、油墨和催化剂被使用，到后来随着科技的不断发展，社会要求不断提高，传统的染料已经无法满足现在人们的需求，荧光染料、导电染料、防湿防潮、绝缘染料等多种功能的染料逐渐被市场需求，而酞菁正好可以通过引入不同取代基和不同金属离子来达到这些功能，从此金属酞菁作为一种多功能染料再次受到了科学家们的关注。之后，金属酞菁又被证明有优异的光学性能，且无毒、无污染，是环境友好型材料，因而在光催化领域被大力应用，在这一领域内金属酞菁又被开发出了许多性能：光致变色、电致变色、红外吸收、光电导性、电致变色和非线性光学等特殊性质。随着新兴行业的不断发展，金属酞菁凭借着它完整的研究基础，被应用于各大领域：太阳能电池、光催化材料、光学吸收、液晶材料、光电导材料等。

1.4.1 酞菁在光催化领域的应用

酞菁作为一种功能材料，具有高度共轭的 π 电子系统。由于大环体系之间的强电子相互作用，激发电子在可见光区有很强的跃迁，使化合物表现出独特的光、电、热、磁特性，在科学研究和工业生产中都具有非常重要的应用价值。近年来，利用酞菁对环境中部分污染物进行光催化降解的研究备受关注。这些反应可以在常温和常压下发生，只需要适量的氧气、光和水，就可以使各种有机污染物降解或转化，产生无机离子和 CO_2 及小分子，容易被生物降解。光催化技术不受吸附剂吸附能力和再生的限制，也不关心生化剂的毒性和活性的降低，具有转化率高、成本低、污染少等优点，有望发展成为未来新一代环保技术。

酞菁类化合物由于具有特殊的结构使其具有优良的光学性能，作为一种优良的光敏剂已获得广泛推广。酞菁在可见光700nm左右处有一个强烈的吸收带，当酞菁分子同其他电学或光学活性基团连接后会具有许多独特的光学性质，例如轴向取代硅酞菁由于具有良好的物理及光学性质，广泛用于静电复印机；邻苯二酚取代的不对称酞菁锌可用于太阳能电池染料等。随着激光技术的不断进步，有机非线性光学材料成为研究的热点。酞菁化合物由于其特殊的二维 π 电子离域体系，是研究非线性光学的极好材料。酞菁是一类具有良好化学稳定性的 P 型半导体，应用在有机电致发光二极管中不仅可有效增加亮度，同时还能延长使用寿命。酞菁的电致变色现象使其广泛应用于太阳镜、航天器保护窗等。在光的照射下，材料内部能产生载流子的材料称为光电导体材料。材料有无机和有机之分，有机光电导材料以其成本低、毒性小、种类丰富、加工方便、成像率高等优点脱颖而出。据统计，大部分的打印机以及静电复印机都使用有机光电导体材料，其中有酞菁、偶氮类化合物等。酞菁类有机材料的载流子迁移率较无机材料低，因此可以采用不同有机材料或者有机+无机的办法来改变其性能。为了提高其光敏度，通常采用单层结构。

例如，研究人员采用简单的溶剂热法制备了分级四硝基铜酞菁（TNCuPc）空心球[45]。分级 TNCuPc 空心球（见图 1-6）对罗丹明 B(RB）在可见光下表现出很高的吸附能力和优异的同步可见光驱动光催化性能。提出了一种可能的“水-固相转移和原位光催化”机制。重复性试验表明，分级 TNCuPc 空心球在几个循环中保持了较好的催化活性，在温和条件下具有较好的再生能力。

图 1-6 分级 TNCuPc 空心球的 SEM 图像和光催化过程原理图[45]

Juliana S. Souza 和合作人员[46]描述了氮掺杂和铜酞菁敏化 TiNTs 和 TiO_2NTs 的合成（见图 1-7），用于利用可见光的光降解和过氧化氢介导的催化。结果表明，tc-CuPcHTiNTs、tc-CuPcNTiNTs 和 tc-CuPcNTiO_2NTs 确实能够产生更多的 O_2—·和 OH·自由基，也能产生单线态氧 $^1O_2$，负责染料降解，而不是类似的非敏感物种。淬火效应归因于敏化剂引起的空间效应，可阻止染料到达催化剂表面。例如，NTINT 的效率最高（8h 后为 31%），而其敏化类似物 8h 对染料的降解率只有 12%；其他催化剂也有同样的趋势。

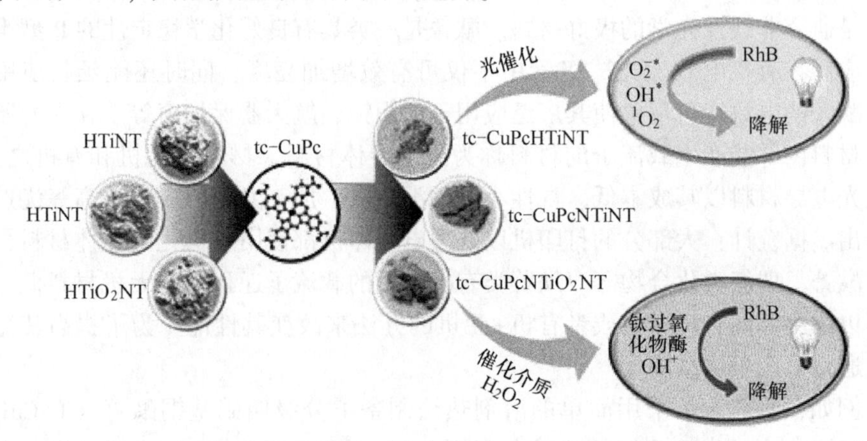

图 1-7　氮掺杂和铜酞菁敏化 TiNTs 和 Ti[46]

金属酞菁具有良好的催化性能，但在酞菁作为催化 O_2NTs 用于可见光的光降解和过氧化氢介导的催化剂的实际应用过程中，容易氧化聚集，降低催化活性，作为均相催化剂，很难与反应体系分离，不能回收再利用。近年来，酞菁高分子材料的研究取得了显著进展。从应用的角度看，酞菁有各种不同性质的聚合物，发展越来越快。如果酞菁可以接枝到聚合物上，以上这些问题是可以避免的。

酞菁聚合在聚合物基体上或固定在其他刚性基体上是促进酞菁再利用的有效途径。例如，据徐一鸣等人[47]报道，光敏剂 PdPcs 已被牢固地固定并高度分散在阴离子黏土（LDH 和 SDS 修饰的 LDH）上，如图 1-8 所示。对于单体敏化剂的分散，它比染料具有更多的光活性，SDS-LDH 是比 LDH 更好的载体。在 SDS-LDH 中嵌入的 PdPcs 在固体催化剂中表现出最高的活性，用于在 pH = 6 处氧化 TCP。循环实验表明，该催化剂可重复用于 TCP 的吸附和氧化，而活性无明显损失。

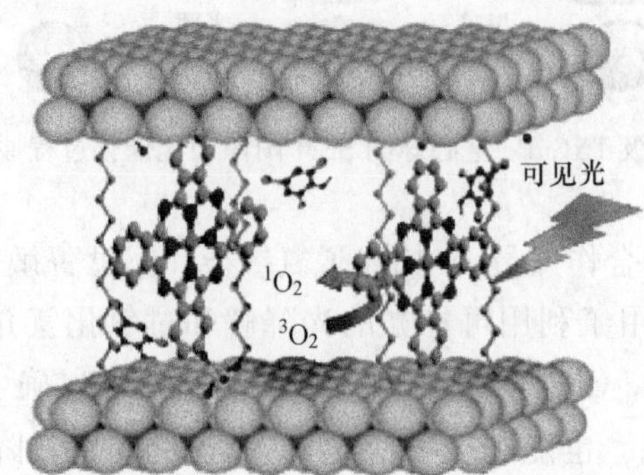

图 1-8　光敏剂 PdPcs 固定并分散在阴离子黏土（LDH 和 SDS 修饰 LDH）上的原理[47]

Tebello Nyokong 等人[76]将四氨基酞菁锌银纳米粒子固定在壳聚糖珠上，并报道了用未共轭四氨基酞菁锌（ZnTAPc）或与 Ag 纳米粒子共轭时（ZnTAPc-AgNPs）对罗丹明6G 的光催化降解（见图 1-9）。观察到 ZnTAPc 在壳聚糖上固定时的良好光催化活性，证明了光催化剂即使限制在珠子中也具有不妥协的效率，显示出功能化珠子作为多相催化剂的巨大潜力。

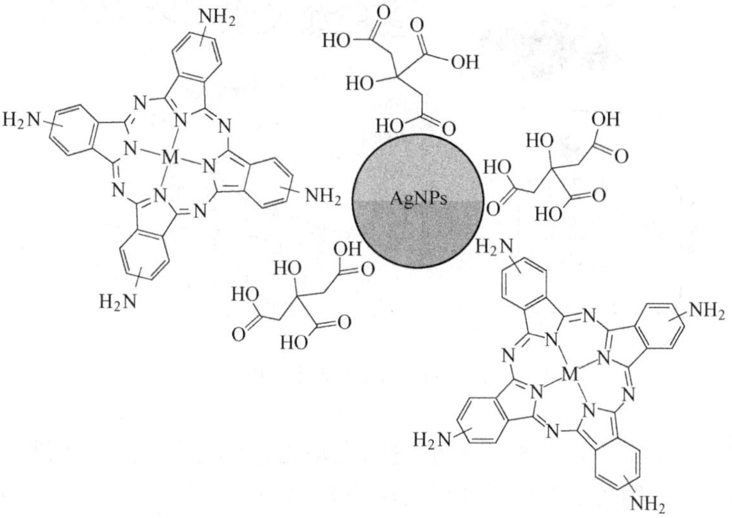

图 1-9 壳聚糖珠上固定的四氨基酞菁锌银纳米粒子的分子模型[76]

1.4.2 酞菁在光动力学疗法领域的应用

光动力学疗法（PDT）使用无毒的光敏剂及氧气在可见光的作用下产生对细胞具有杀伤性的活性氧，从而杀死肿瘤细胞。光敏剂能选择性地停留在肿瘤细胞上是杀死恶性肿瘤细胞的关键。酞菁类化合物由于具有纯度高、亲水亲油性适宜、生理活性良好和光学参数适宜等性质，使其成为首选的光敏剂。例如氯铝酞菁在光动力学治疗中有很好的效果，已成为研究热点。Uslan 等人近来合成了新型的酞菁锌和酞菁钴的季铵盐衍生物，并对其光化学性质进行了研究。研究结果证明，这些化合物能很好地应用于光动力学疗法中。此外，酞菁金属化合物在其他很多领域具有巨大的潜在应用价值，特别是在高新技术方面的应用是今后研究的热点。在光动力学疗法中，酞菁化合物也被用作治疗药物的敏化剂。光动力治疗恶性肿瘤的基本原理是光敏剂通过静脉注射进入体内。单线态氧是由光产生的，可以杀死癌细胞。光动力学疗法选择性大、毒性低、见效快、反复应用不会引起耐药性。例如，Jiang 等人[77]报告了一系列硅（IV）酞菁类化合物，它们以不同的多胺基为轴向取代。这些亲水化合物在水介质中基本上是不聚集的，并且随着 pH 值的降低表现出相对较高的荧光。结果表明，这些新型酞菁-多胺共轭物是 PDT 的很有前途的光敏剂（见图 1-10）。

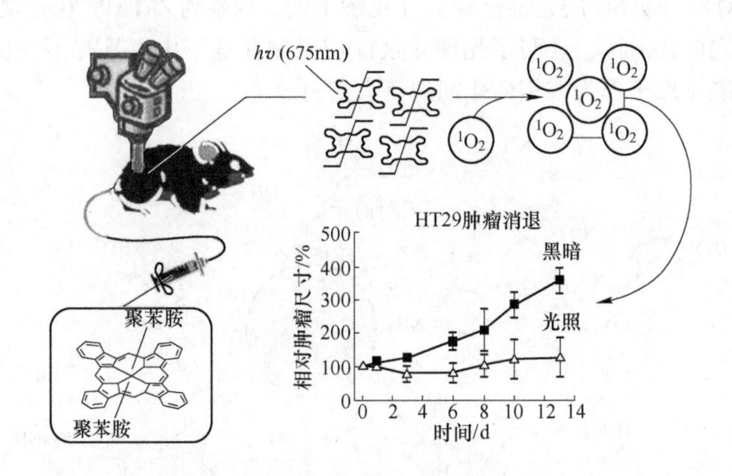

图 1-10　具有多胺基的新型硅（IV）酞菁[77]

酞菁锌（ZnPc）是一种很有前途的光动力疗法光敏剂，但面临一些挑战：ZnPc 不溶于水，因此需要脂质体或雷莫弗 EL 对 ZnPc 进行特殊配方，或对 PC 环进行化学改性，以提高其生物利用度和光动力效应。因此，Zhuo Chen 等人[78]单取代 ZnPc-COOH 与一系列具有不同数量赖氨酸残基 ZnPc-(Lys)$_n$（n=1，3，5，7，9）的寡聚氨酸基团共轭连接在一起，以提高 ZnPc 共轭物的水溶性（见图 1-11）。

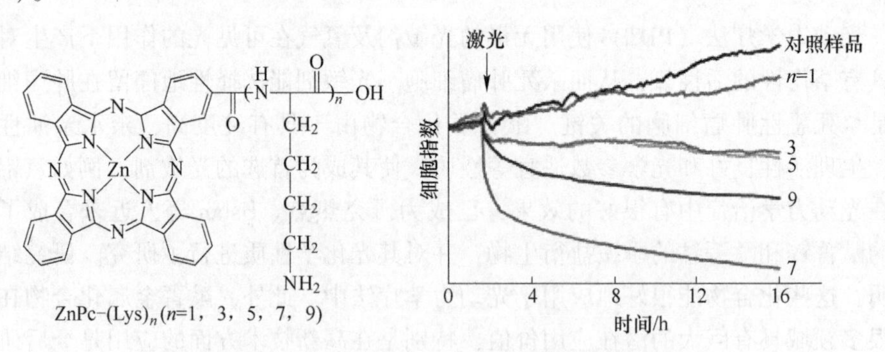

图 1-11　ZnPc 聚合物的分子式和光动力效能曲线[78]

结果表明，与其他共轭物相比，ZnPc-(Lys) 具有最高的光动力效应。该项研究确定了锌 Pc 基光敏剂对最大细胞光毒性的两亲性程度，对指导光敏剂的未来设计具有重要意义；同时，基于 ECIS 的光毒性试验为评价光敏剂对贴壁细胞的光动力效应开辟了一条新的途径。

Dilek Çakır 等人[79]报道了一种新的邻苯二甲腈衍生物（2 和 3），在 3 和 4 个位置上含有 2-[3-(二甲基氨基）苯氧基］乙醇取代基，如图 1-12 所示。所得离子配合物（2b，3b）在有机溶液和水溶液中均表现出优异的溶解度，对光动力疗法（PDT）治疗癌症非常有用。新合成的酞菁锌（特别是非外围取代的）在二甲基亚砜溶液中产生相对较高的单线态氧，这是影响癌症 PDT 的最重要因素。

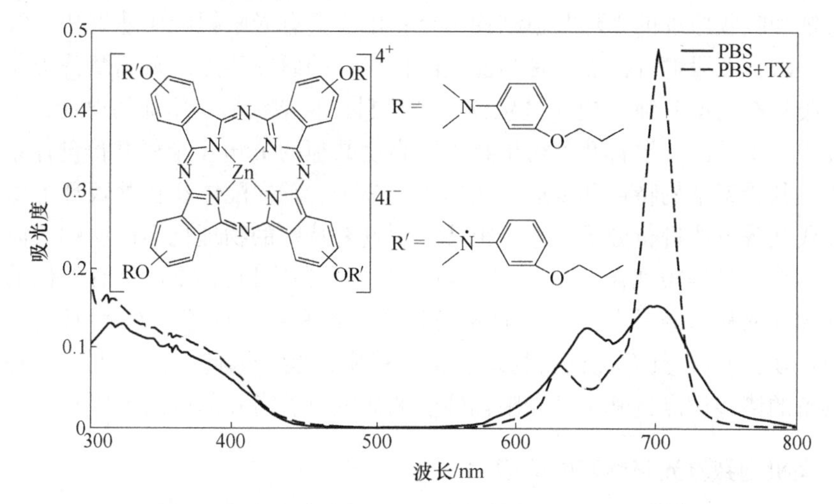

图 1-12 新型水溶性阳离子酞菁锌及其聚集行为[79]

总的来说，酞菁化合物具有优异的热稳定性和光学活性、适宜的物理参数、可调节的疏水性或亲水性，以及特殊的吸收波长和摩尔消光系数等特性，科学证明它是一种良好的光动力疗法敏化剂。

光动力疗法的原理描述如下：首先，酞菁分子在激光照射下从基态 S_0转移到激发态 S_1，然后 S_1激发态发出荧光并返回基态 S_0，或通过系统间交叉产生 T_1态。然后，通过 T_1向基态氧 O_2能量转移产生了单线态氧$^1O_2$。单线态氧具有很强的氧化能力，并作为强氧化剂使肿瘤细胞坏死，从而杀死肿瘤细胞。

1.4.3 酞菁在非线性光学材料领域的应用

自从 20 世纪 60 年代激光问世以来，激光技术得到了广泛的应用[80]。在 20 世纪 80 年代末，激光技术开始应用于军事领域[81]，并且随着激光技术的发展，激光武器的研制与防护成为国防科研中需要重点解决的关键课题。激光保护尤其是对人眼、重要的光学精密仪器和航天器件等的防护受到各国军方的高度重视[82]。激光限幅材料在防护这类武器方面具有重要的研究价值，成为激光防护领域的研究热点。理想的光限幅材料应具有线性透射率高、限幅阈值及限幅幅值低、损伤防护光谱范围窄、动态范围宽和热稳定性高等特点[83,84]。以往的激光防护材料因可见光透射率低、输入输出曲线接近线性、在低光强下透射率较低等缺点，无法满足在高强光有较低透射率的防护要求[85]。20 世纪 90 年代以后，为了实现光限制的实际应用，许多材料得到了广泛的研究，包括富勒烯（C_{60}）、石墨烯及其衍生物、卟啉及其衍生物、有机金属团簇和一些共轭和杂环聚合物[86~92]。这些研究为光限幅材料及其器件的设计提供了重要的理论支持，其中基于反饱和吸收原理的大环共轭结构的材料由于具有光限幅响应速度快、线性透过率高、防护波段宽等优点，是当前光限幅材料的研究热点。金属酞菁类化合物正是一类具有高度共轭 π 电子共轭体系的材料，且结构易于修饰和设计，在光限幅研究中备受关注。酞菁及其衍生物由于高度共轭的 π 电子金属共价键体系的特殊结构，其骨架结构特征和可通过选择中心离子、轴向配体和在酞菁环上引入功能性取代基等方法进行分子筛选与组装得到具有特殊的物理化学性质的三阶非线性光学材料。具体表现在：（1）具有较宽的光限幅窗口；（2）具有较低的线性吸收和较高的初始透过率；（3）具备较强的反饱和吸收性能；（4）具备较快的光响应速度；（5）具有优良的物理和化学稳定性能。因此，由于上述酞菁类化合物具备的诸多优点，基于其光限幅性能的研究有着潜在的应用价值。

1.4.4 有机电致发光材料方面的应用

有机电致发光是指电场作用于半导体材料诱导的发光行为，即电子和空穴由相反极性的电极注入（非成对电子注入），在半导体材料中辐射复合产生的发光。依据这一原理采用有机半导体材料制备的电致发 光器件通常称为有机发光二极管（organic light-emitting diode，OLED）。酞菁是一种很好的 P 型半导体材料，且具有很高的热稳定性和化学稳定性，因此，把酞菁应用于 OLED，在提高器件稳定性、延长器件寿命、降低开启电压、增强发光亮度等方面发挥了重要作用。酞菁在 OLED 中的应用是以薄膜的形式实现的，其成膜方式主要有真空镀膜、LB 膜、甩膜和近年来发展的分子自组装膜（self-assembly monolayer ，SAM）等。

1.4.5 光电导体材料方面的应用

光电导体材料是指在光的辐射下能产生光生载流子的一类信息材料，广泛应用于静电复印、全息照相和激光打印等领域。有机光电导材料与无机光电导材料相比，具有价廉、低毒、来源丰富、易于加工成型和成像率高等优点，并可通过在分子水平上的设计制成不同性能的光电导材料。目前，90%的激光打印机和80%的静电复印机采用有机光电导体。

目前，国内有少数几家单位从事有机光电导体的研究。其中，研究的主要对象是酞菁、偶氮（bisazo）和苝（perylent）及其衍生物等。研究较多的是含有酞菁结构的聚合物。若将酞菁结构键合到具有传输性能的高分子链上，就可以增加其光导性，且易于成膜。

今后研究的主要方向是扩大光谱响应范围，制备出既能用于复印又能用于激光打印的全光谱光电导体；提高光敏性以及延长使用寿命，降低成本。为此，可以通过有机与有机之间的复合（比如酞菁与酞菁，酞菁与偶氮等，因为它们在不同的光谱区具有不同的光敏性，通过复合可以达到协同互补效应），以及有机与无机之间的复合，制备出纳米颗粒的有机光电导材料（OPC）可以大大改善其性能。

浙江大学汪茫、陈红征等人从 1989 年开始研究聚合物接枝酞菁，并对其光导性进行了详细的研究，主要以聚合酞菁作为光感器的光电荷产生材料对其光导性进行研究。用 PPA-CuPc$(NO_2)_2$、PVK-CuPc$(NO_2)_2$、PVK-Pc 作为光感器的光电荷产生材料进行的研究表明，这种聚合物具有良好的光导性。含有 MPc（M=Co、Cu、Ni）的聚酞亚胺聚合物也具有较高的室温电导率。四氰基苯和氯化亚铜在 N-甲基吡咯酮中反应，所得的铜酞菁聚合物具有较高的室温电导率。线型聚合酞菁结构的一维化有利于光生载流子的迁移，从而表现出良好的导电特性。聚氰基酞菁钴（三价）是一种很好的光电导体。

1.4.6　作为光记录介质的应用

酞菁类化合物对近红外光较为敏感，吸收波长也较适宜，还具有优异的光和热稳定性，所以很适合做光盘的光记录介质。用它制成的 CD-R 称为“金盘”。近来有研究表明，酞菁在可逆光存储方面同样具有潜力。

华东理工大学的沈永嘉等人研究了氧钒酞菁在激光光盘系统中的应用。他们利用真空沉积法制成的氧钒酞菁光记录介质材料激光光盘，借助 He-Ne 激光器用大于 101mW 的写入功率，获得了 CNR 大于 44dB 的良好结果，说明以氧钒酞菁为光记录介质材料用于激光光盘系统具有良好的应用前景。中国科学院上海光机所的唐福东等人研究了烷基取代酞菁化合物的光记录性能，以该薄膜作为光记录介质的 5in(12.7cm) 光盘静态测试显示其对比度大于 35%，动态测试信噪比大于 40dB，也说明其具有良好的应用前景。

酞菁化合物作为光记录介质，具有极好的热稳定性和化学稳定性：在空气中，一般酞菁在 400~500℃不会出现明显的分解现象；以酞菁化合物作为光记录介质，光盘寿命远远超过以菁染料为记录介质的光盘。目前全球生产的 CD-R 光盘中，有 1/3 采用酞菁为记录介质。酞菁化合物具有良好的光谱特性，大环共轭 π 体系使酞菁的吸收波长范围为 400~800nm，可以通过分子设计合成与激光发射波长相匹配的酞菁染料。

酞菁薄膜的制备方法大致有 4 种：LB（Langmuir-Blodgett）技术、旋涂（spin-coating）技术、物理气相沉积（physical vapour deposition，PVD）技术以及近年来出现的外延生长技术。其中，物理气相沉积（PVD）技术是一种较为成熟的制膜技术。旋涂技术在有机薄膜制备中非常重要，该技术要求先将有机染料溶解于适合的有机溶剂中，将溶液均匀铺于基片上，基片以一定速度旋转，待溶剂挥发后得到均匀的薄膜。但是，酞菁难溶解于一般的有机溶剂，其合成纯化也较困难，成膜后的折射率和反射率也低于菁染料。因此，从筛选适合的中心金属到取代基，是一项艰苦且繁复的工作。

中国科学院感光化学研究所研究员许慧君、沈淑引等人通过合成各种酞菁化合物，着重开展以下几个方面的工作：（1）酞菁染料的设计合成工作，并研究染料结构与光谱及光记录性能的关系，合成一系列具有不同中心金属原子和不同取代基团的酞菁染料，在芳环上引入不同类型的取代基，调整取代基的链长、部位，络合不同中心金属，同时引入不同轭向配位体，可以得到在不同类型溶剂中溶解的各种酞菁染料，并使它们的吸收特性与半导体激光的发射波长更好地匹配；对其光谱特性、光学特性、光记录性能进行了比较系统的研究。在酞菁染料作为 WORM 光盘的记录介质，满足光盘实用化要求的基础上，研究复合记录介质，充分利用酞菁染料、菁染料以及金属螯合物的各自特长，发挥超加合效果，达到提高记录速度的目的。（2）通过光谱分析，如吸收光谱、透射光谱、反射光谱，研究染料结构与性能的关系。（3）进行光盘记录性能测试，包括静态和动态测试记录介质的写、读激光功率及脉宽、灵敏度。（4）采用扫描电镜、X 射线衍射、原子力显微镜（AFM）、扫描隧道显微镜（STM）等技术，开展记录薄膜形貌与结构的分析研究。他们通过大量工作，设计并合成了符合要求的酞菁染料，提高了酞菁薄膜在半导体激光发射波长 780nm 处的反射率，使染料的光谱和光学性能满足光盘的要求；研制出了适合于实用化、高性能、长寿命的一次写入多次读出（WORM）和可录光盘（CD-R）的新型酞菁染料，用这种新型的酞菁为记录介质与上海光机所等单位合作，成功地制备出了一次写入多次读出（WORM）光盘和可录光盘（CD-R），并进行了数据的记录和回放。用自己研制的酞菁染料制备出上述光盘在国内尚属首例。

1.4.7　在催化方面的应用

自从 Calvin 等人于 1963 年首先采用 H_2Pc 和 CuPc 作为催化剂催化氢分子的活化和氢交换反应以来，人们对 PCS 的合成、结构及催化性能进行了广泛深入的研究。迄今为止，人们已合成了 50 多种中心元素的各种 PCS，并将其分别制成均相、多相和模拟酶催化剂，用于催化十几类数十种有机反应。

用酞菁作催化剂涉及的反应包括氢交换反应，加氢反应，氮氧化物及乙炔的还原反应，氢过氧化物、过氧化氢和甲酸的分解反应，Fischer-Tropsc 反应，合成氨反应，脱梭反应，聚合反应，芳烃的羧基化反应，脱氢反应，电化学反应和氧化反应。其中以氧化反应研究的最多。主要包括以过氧化氢和有机过氧化物为氧化剂的氧化反应和以分子氧为氧化剂的自动氧化反应。酞菁作催化剂的显著优点是使氧化反应能在较低温度下进行，且效率高。

酞菁类催化剂在有机催化反应中的应用也十分广泛，特别是能在温和的条件下活化分子氧，模拟生物酶催化剂。酞菁在温和的条件下催化有机物自动氧化以及模拟生物酶催化剂的研究将成为酞菁类催化剂研究的重要方向。因为这对于模拟酶催化，探讨生物催化反应过程，阐明和建立许多重要的催化原理和理论具有十分重要的意义。

1.5 酞菁的光物理和光限幅性能

1.5.1 酞菁的光物理性能

酞菁类化合物作为一类有机功能材料，如导体或半导体、气敏元件、电化学催化剂、电致变色及光致变色材料、光动力治疗药物以及非线性光学材料等，已经受到化学家和材料学家的关注[93~96]。近几十年来，化学家已经成功地合成出了带有不同取代基和含有不同中心金属原子的酞菁或萘酞菁类化合物，并对它们的物化性质进行了较为广泛和深入的研究。

酞菁分子是具有 18 个电子的环状的大共轭体系，具有丰富的配体分子轨道，当在中心空腔中插入金属离子时，在配体与金属离子之间又会产生 LMCT 和 MLCT 的电荷转移轨道（见图 1-13）。其中，Q 带和 B 带吸收都是由（π，π^*）跃迁产生的。Q 带对应着由最高占有轨道向最低未占有轨道的跃迁 $a_{1u}\rightarrow e_g$，B 带归属于 $a_{2u}\rightarrow e_g$和 $b_{2u}\rightarrow e_g$的跃迁。$a_{1u}\rightarrow e_g$、$a_{2u}\rightarrow e_g$与 $b_{2u}\rightarrow e_g$都是允许的跃迁，所以这些跃迁对应的吸收带都具有较强的吸收。由于 a_{1u}轨道与 a_{2u}轨道间的能量差值较大，轨道较为分离，交盖较小，因此 Q 带的（π，π^*）跃迁比较多地被限制在酞菁大环的内环电子中；而 a_{1u}轨道与 b_{2u}轨道间的能量差值较小，即内环和外侧并联的苯环的轨道交盖较大，所以 B 带的（π，π^*）跃迁常涉及酞菁大环的内环电子和外环电子。

酞菁化合物丰富的分子轨道带来了多种多样的轨道间跃迁和丰富的光物理性能。酞菁化合物在紫外-可见光-红外区都有比较强的吸收；在配合上合适的中心金属的条件下，其红光或红外区的发光性质也引起人们的兴趣；这种大环分子的激发态吸收和激发三重态的性质也是其应用于许多功能材料的基础。所以研究酞菁化合物的光物理性能、其受到光激发后的光物理过程对了解该类化合物的性质

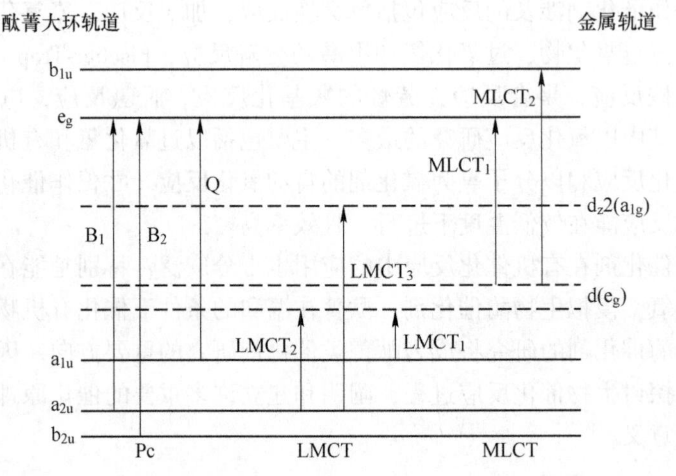

图 1-13　金属-酞菁的简要能级图与各种跃迁（Q，Soret，LMCT，MLCT）

和应用前景非常必要。

1.5.2　酞菁的光限幅性能

1.5.2.1　概述

作为现代高科技战争重要手段的激光技术，已经被广泛应用于军事领域[97~100]。在各类激光武器中，激光干扰与致盲武器在 20 世纪 80 年代已经在全世界范围内被开始研究和应用。这类武器的攻击目标是人眼和一些重要的电子通信设备和装置。随着这类武器的发展，相应的激光防护材料以及器件的研究已经引起高度的重视。其中，光限幅材料作为激光防护的重要材料之一，其研究有着极其重要的意义。

光限幅（optical limiting）是指随着入射激光能量的增加介质的透过率被抑制的一种非线性光学响应。一种好的光限幅材料有着高的线性透过率 T_{lin}、低的光能量阈值（optical threshold）、低的极限透过率 T_{lin} 以及快的激光响应。酞菁由于其特殊的大环电子共轭结构体系，使得它对激光的响应快，具有良好的光限幅特性。

非线性材料由于具有广泛的应用引起了人们广泛的兴趣。材料的光限幅性能是非线性的一种，属于三阶非线性的范畴。光限幅是指当材料被激光照射时，在低强度激光照射下材料具有高的透过率，而在高强度激光照射下具有低的透过率[101~104]。光限幅过程是利用光学材料的非线性吸收、非线性折射或非线性散射等非线性光学效应来实现的。酞菁类化合物已经显示了基于反饱和吸收（RSA）原理在可见光区优异的光限幅性能，而且酞菁的高化学稳定性和结构的易修饰性、性质功能的易调节性都是其成为光限幅材料的有利因素。在光限幅材料的研究中，化合物分子在体系中不聚集或较弱的聚集程度也是产生良好的光限幅特性的一个必要条件，然而一般酞菁类化合物分子间的相互作用力相对较强，较低的溶解度制约了其在这方面得到广泛应用。为了减小分子的聚集、提高在溶剂中的溶解性，对酞菁化合物而言，采用分子的轭向取代是一个重要的手段。具有轭向取代基团的酞菁化合物可以有效地阻碍酞菁分子大环间的相互作用，最大程度地减少化合物分子间的聚集作用，增大溶解度。

酞菁类化合物具有较大的 π 电子共轭体系、合适的电子吸收、较高的光学和热学稳定性，更为重要的是酞菁具有优良的光学非线性特性，特别是当大环中心含有金属离子时，其光学非线性性能尤为明显[105~108]。

1.5.2.2 光限幅产生的原理

在众多的三阶非线性光学性质中，光限幅性能是最吸引人们的关注的性质之一，并且具有明确的实际应用前景。在激光日渐发展与广泛应用的今天，人们越来越多地重视对激光的防护。基于非线性光学（NLO）原理的光限幅器具有广谱抗变波长激光的能力，响应时间快、保护器激活后不影响仪器的探测或图像处理与传输能力，是一类具有实际应用价值的激光防护器[109,110]。

遵循不同的原理，实现光限幅的方式有多种，大致可分为非线性吸收、非线性折射、非线性散射和非线性反射 4 种，分别简述如下。

A 非线性吸收原理

（1）双光子吸收（two-photon absorption，TPA）[111]。双光子吸收是指介质分子同时吸收 2 个光子向激发态跃迁，其吸收强度与入射光强的平方呈线性关系（见式（1-11）），其中 α 为线性吸收系数，β 为双光子吸收系数。α 比较小，在弱光强下吸收很弱，介质透明度较好；在高光强条件下，β 双光子吸收增强，从而实现光限幅。

$$\mathrm{d}I/\mathrm{d}z = \alpha I + \beta I \qquad (1\text{-}11)$$

式中，$\mathrm{d}I$ 为光强；$\mathrm{d}z$ 为传播距离。

（2）反饱和吸收（reverse saturable absorption，RSA）。在激光的泵浦下，低光强时，材料的吸收主要是基态的吸收，而当光强增强时，材料的分子在各态间的布居发生了改变，激发态也具有了相当的布居。分子的激发态与基态相比具有不同的特性，比如吸收截面积、态寿命、态间的弛豫过程和非线性极化率等。若激发态的吸收截面积比基态大，则称为反饱和吸收（RSA），光限幅的过程得以实现；若激发态的吸收截面积比基态吸收截面积小，则称为饱和吸收（SA），出现的就是光放大。一般认为具有比较大的共轭 π 电体系的分子具有较强的反饱和吸收能力[112]。反饱和吸收是目前人们认为产生光限幅效应的最佳途径，虽然其机理比较复杂，但是目前普遍接受用五能级模型进行解释（见图 1-14）[113]。

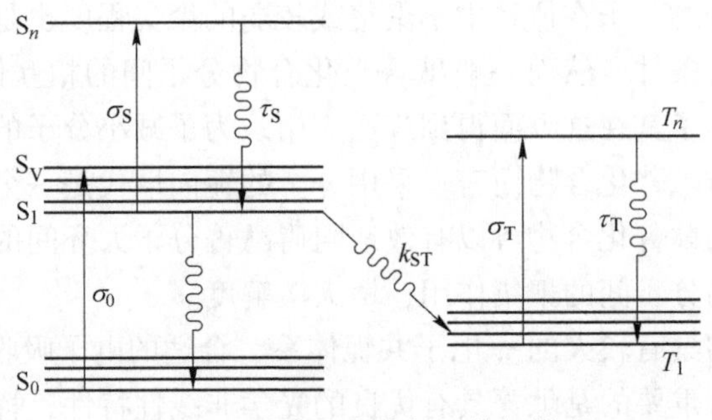

图 1-14　反饱和吸收的五能级模型

B　非线性折射

非线性折射包括光折变、自聚焦和自散焦三种，其形成机理不尽相同。

（1）光折变（photorefiaction）。光折变限幅是利用光折变效应引起散射光放大，使入射光向散射光转移能量，从而限制透射光光强。这种光散射的本质并非通常由大量散射中心或材料不均匀引起的散射，而是入射光与光折变材料中的缺陷引起的散射光相干写入了噪声相位光栅，通过光栅的衍射使入射光向散射光转移了能量。其特点是光限幅阈值较小，但是响应速度较慢。

（2）自聚焦（selffocusing）与自散焦（selfdefocusing）[114]。自聚焦与自散焦是一种由光致折射率变化所引起的光束自作用，是感应的透镜效应，是光束在非线性介质中传播时，光束使光束本身遭受到一个波前畸变而引起的。在高斯光束的作用下，由于介质的光学非线性使介质内产生折射率的梯度变化，如果折射率变小，则折射梯度使介质相当于一个凹透镜，通过它的光束被扩束，使入射光在介质内产生自散焦；反之，则产生自聚焦（原理如图 1-15 所示）。通常通过非线性折射的光限幅都是通过自散焦使光束发散来降低输出光功率密度，因此，介质的光致非线性响应越大，输出光束发散得越厉害，输出光功率密度越小，则光限幅效果越好。值得注意的是产生自聚焦或自散焦的关键条件之一就是入射光束必须是高斯分布。

C　非线性散射（plasma scattering）[115]

由线性折射率相匹配而非线性折射率不同的化合物混合而成的非线性光学材料，在弱光入射时非线性折射率不起作用，材料对入射光光学均匀，不产生散射，透过率高，呈高透明性；而在强激光的作用下则具有非线性的光学性质，非线性折射率起作用，材料对强入射光是非光学均匀的强烈散射，进而使透过率降低，实现光限幅。两种介质的线性折射率匹配得越好，对弱光的透过率越高，非线性折射率差值越大，对强激光的散射越强，限制能力越强。

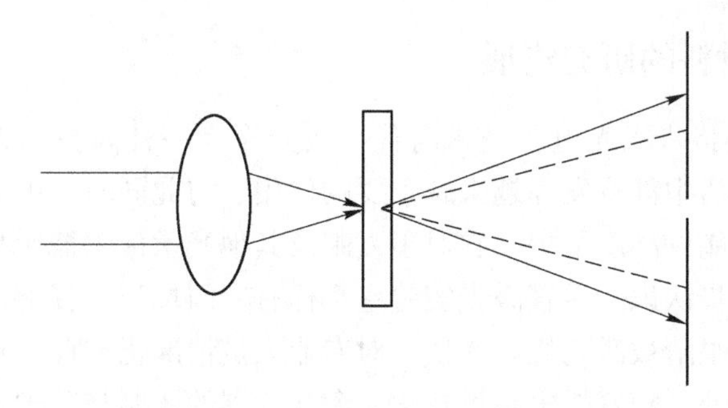

图 1-15 自散焦光限幅原理示意图

D 非线性反射

用于光限幅的非线性反射原理包括非线性界面和反射双稳态两种[116]。

（1）非线性界面。线性材料和非线性材料构成的界面称为非线性界面。当弱辐射由线性介质入射到此界面时，若满足全反射条件，则入射光被全反射；当强光入射时，由于非线性折射率变化较大，破坏了全反射条件，使一部分能量被透射，故检测到的反射光就得到了衰减，达到了光限幅的目的。

（2）反射双稳态。由非线性光学材料构成的光学双稳态是：当弱辐射入射时，透射光呈现低透射态，反射光呈高反射态，则检测反射光；当强辐射入射达到光学双稳态临界值时，透射光呈高透射态，反射光呈低反射态，则反射光被衰减，达到光限幅保护光学器件的目的。现在反射双稳态原理产生的光限幅效果比较差，对强光的调制并不理想，远不如非线性界面原理产生的光限幅效果。

1.5.2.3 对光限幅材料的要求

无论是基于何种原理的光限幅，理想的光限幅材料都需要满足以下的性能指标[117]：

（1）具有大的三阶非线性极化率（$\chi^{(3)}$）。

（2）具有高的线性透过率，即比较低的光损失。

（3）有比较宽的光限幅范围。

（4）有快的响应速度，对从飞秒到微秒级脉宽的入射都有较快的响应。

（5）限幅阈值低，可以将入射激光限制在比较低的能量水平上。

（6）具有高的损坏阈值，能够承受比较高能量的入射。

（7）比较容易机械加工，造价较低，并且能较长时间稳定。

（8）对于非线性吸收原理的光限幅材料来说，反饱和吸收机理要求有较大的激发态对基态的吸收截面积之比（σ_{ex}/σ_{gr}），双光子吸收机理要求有比较大的双光子吸收截面积（δ）。

1.6　光限幅材料的研究进展

21 世纪人类将步入光电子技术时代，激光作为一种高技术无论在科技、国防还是在日常生活中都将发挥越来越重要的作用。与此同时，由于激光束发散非常窄，因而造成能量高度集中，它对于人眼及其他光学传感器所具有的潜在危险及威胁性也被逐步认识。尽管激光实验室都标有专门标记，提醒注意安全，但仍时有工作人员的眼睛被激光烧灼受伤。对专业人员情况仍如此，对一般人的威胁就可想而知。另外，随着战争高科技化，激光武器的研制与防护也已是国防科研中的热点课题之一。目前的激光“武器”主要分为两类：（1）使人“眩晕”而不是致盲；（2）来致盲而使人员永久致残或破坏传感器。脉冲激光是用来致盲的，而连续和准连续激光趋向于使人有不同时间长短的眩晕。有关激光武器的军事潜力已有专著进行了详细的讨论[118]。关于飞行器和汽车驾驶员被激光攻击造成暂时致盲的事件以及有关学生携带激光教鞭作为个人防身工具的报道更表明了激光的危险性[119]，对人员和设备进行激光防护使其免受激光损伤已成为很紧迫的任务。目前已投入应用的激光防护器件大多基于线性光学的原理，一般采用吸收、反射、衍射等手段。这些防护镜对激光具有一定的防护作用，但也存在许多缺点，如防护波段窄、可见光透射率低、防护角度范围受到限制等。随着激光技术的发展，现在激光已涵盖整个可见波段，而且可调谐和多线激光也已得到广泛应用，这些线性光学防护器件显然已不再能满足要求。目前的研究已转向采用非线性光限幅效应来实现激光防护功能[120,121]。

如图 1-16 所示，当激光入射到介质时，一般情况下，输出光强随入射光强的增加而线性增加。但是，对于某些介质，当入射光强达到一定阈值后，输出光强增加缓慢或不再增加，这就是所谓非线性光限幅效应。理想的光限幅效应可用图 1-16 来描述，当入射光强超过阈值后，其输出光强将保持为常数。自从 1964 年首次报道了光限幅现象以来[122]，基于自散（聚）焦、双光子吸收、反饱和吸收、光折变、非线性散射、光学双稳等非线性光学过程的光限幅效应得到了广泛的研究，涉及的材料种类也包括了从气相等离子、半导体、液晶到有机材料等[123]。其中有机及金属有机材料因其比半导体材料高 2~3 个数量级的限幅效应和高达皮秒的响应速度而成为近来的研究重点。

基于各种机制的光限幅材料各有优缺点，如自散（聚）焦光限幅阈值较低，但若要实用，其结构将比较复杂；非线性散射光限幅的输出幅值较低，但限幅阈值通常很高；光折变光限幅的阈值和输出幅值都较小，但材料的损伤阈值一般都很低；双光子吸收光限幅的线性透射率很高，但限幅阈值往往也很高。反饱和吸收光限幅响应速度快、线性透射率高、防护波段宽，是当前光限幅研究中采用得最多的一类[124]。

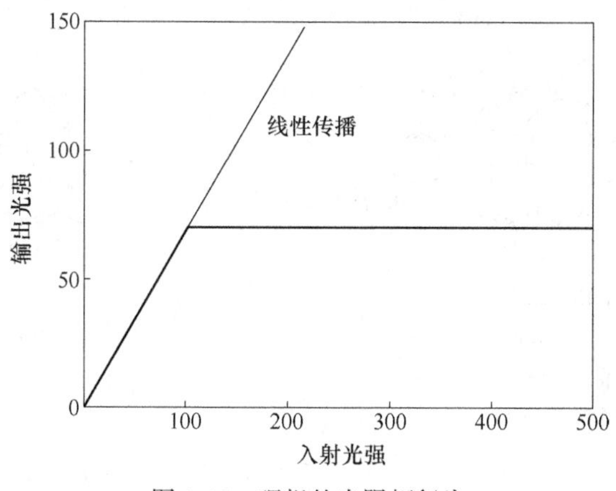

图 1-16 理想的光限幅行为

自从 1967 年首次在阴丹酮染料中观察到反饱和吸收现象以来，直到 20 世纪 80 年代人们才广泛认识到该现象在光限幅、激光脉冲定形及空间光调制等领域的潜在应用前景。目前研究的体系包括酞菁、萘酞菁和卟啉等及其衍生物在内的大环化合物[125~129]，富勒烯分子及其衍生物[129~131]，铁钴类金属有机化合物及其他一些染料体系等[132,133]，图 1-17 所示为其中部分生色团的化学结构式，这些材料的光限幅效应都是激发态反饱和吸收的结果。

1.6.1 酞菁类大环化合物光限幅性能的研究

研究得最广泛的材料是包括酞菁、萘酞菁和卟啉及其衍生物在内的大环化合物。这些材料的 σ_s/σ_g 与 σ_t/σ_g 均远大于 1，对皮秒及纳秒激光均可显示良好的限幅特性。但由于长脉冲的纳秒激光的防护更具实用意义，故而更多的工作关注于如何通过增加三线态量子产率和寿命的分子设计与合成来提高其光限幅性能。酞菁类化合物是目前研究最多的一类光限幅材料，通过其重金属原子效应、环周边化学修饰及衍生物复合效应等来增强其光限幅特性的研究已有广泛的报道。自从氯铝酞菁（ClAlPc）在 532nm 的反饱和吸收被首次报道以来，Perry 等人报道了加进能引入强自旋-轨道相互作用的重金属原子可增强三线态的产生，以铟、锡、铅等为中心原子的酞菁材料的 σ_{eff}/σ_g 比铝、硅酞菁提高近两倍。在共轭环上接上重卤原子或采用含卤的溶剂也可有类似的效应。含铟和铅的酞菁材料已被证明是最灵敏的反饱和吸收光限幅材料。利用轭向取代修饰可进一步提高铟酞菁的限幅特性。朱培旺等人报道了利用与酞菁的化学键合可提高获得优于其母体化合物的限幅特性。一些双酞菁材料和萘酞菁材料的光限幅特性也有报道，在萘酞菁大环的 α-位引入八丁氧基可以使其透过谱带位移近 100nm。与此同时，卟啉及其衍生物的潜力也得到了广泛关注，已经研究了以锌、镁、铜、铜氧、锡等为中

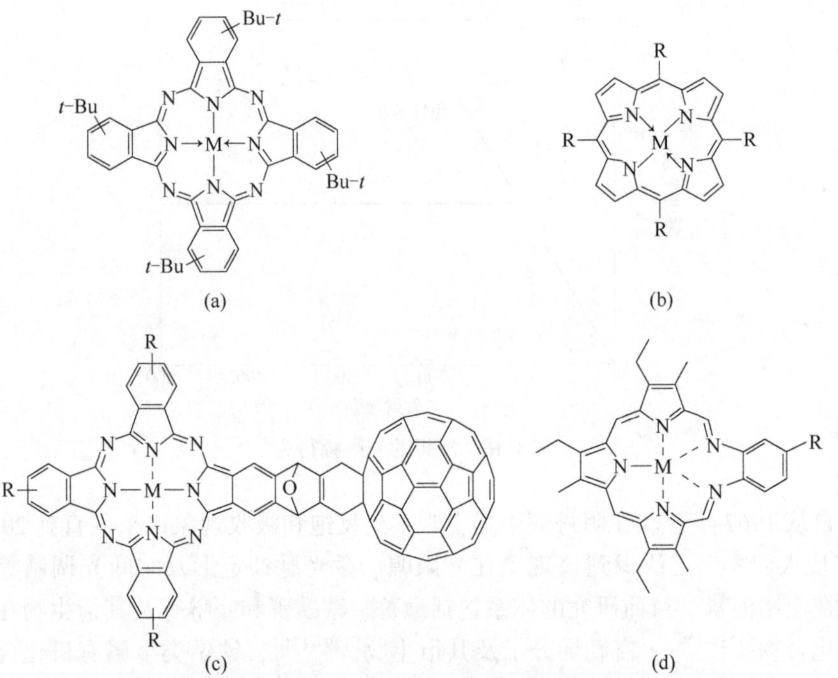

图 1-17　部分反饱和吸收生色团的化学结构示意图

（a）酞菁类；（b）卟啉类；（c）C_{60}与酞菁通过共价键复合的生色团；

（d）"类卟啉" 反对称五氮齿大环金属配合物

M—中心金属原子；R—取代基

心原子的卟啉衍生物的光限幅特性。氮杂卟啉材料的光限幅特性也已经从理论和实验两方面进行了研究。由不同卟啉衍生物的分子特性（骨架、金属插入与卤代）对光限幅性能影响的研究发现，某些重金属原子不利于性能的提高，表明可能存在其三线态形成与衰减间的矛盾。锌-三甲基甲硅烷基乙炔基卟啉具有低的非线性阈值，其限幅特性与铅酞菁类似 。此外，对一些"类卟啉"反对称五氮齿大环金属配合物的纳秒和皮秒光限幅效应的研究表明，其性能也可与铅酞菁相比。对通过采用分子内能量转移技术来提高生色团的限幅特性也进行了尝试。从器件化角度考虑，已把大环染料引入一些固态母体中。Perry 等人发现，通过在焦点前的不同位置引入 3 个厚度和浓度控制的非线性材料片可以优化其性能和动力学范围，该器件的效率比单元器件提高了10 倍。

在以前的工作中，作者及其研究团队曾对四吡咯环状化合物及其金属配合物的光物理和光化学性质及其非线性光学特性展开了详细的研究。具体包括以下几个方面：

（1）单层单核金属酞菁的光物理性质。设计并合成了一系列以第三主族元素为中心金属的酞菁化合物（取代 AlClPc 和 InClPc），通过对大环外侧的修饰和对中心金属的轭向取代，得到具有良好溶解度且在溶液中不易聚集的酞菁化合物，对其光物理和非线性特性开展了研究。得出四吡咯环状化合物及其金属配合物在 532nm 处具有优良的纳秒级激光光限幅性能，该性能来自于较强的反饱和吸收——T-T 吸收，强弱取决于其中心络合的中心金属的种类、周边取代的取代基种类和取代位置。凡是有利于降低分子在光限幅性质测试波长处的基态吸收系数、提高激发三重态的量子产率和吸收截面积的结构因素都有利于提高配合物纳秒级的激光光限幅性能。

（2）芴取代卟啉的光物理性质和三阶非线性光学性质。研究了在空心卟啉的 4 个中间位上引入一个或者两个 9，9-二辛基芴基形成的含双官能团的卟啉-芴二元体的光物理性质和三阶非线性光学性质。随着卟啉-芴二元体中侧链上芬基数量的增加，芴基片段的基态和第一激发单重态的能级差明显减小，整个分子的 π 电子轨道交盖增大，促使芴基片段和中心卟啉瞬态吸收都红移；而且从芴基片段向空心卟啉核的能量传递加剧，最终导致用 355nm 光激发时 S_1 态的荧光发射进一步增强，分子的激发三重态量子产率随着二元体中侧链上芴基数量的增加而降低，并且由于分子聚集受阻、三重态-三重态（T-T）湮灭受到遏制，使三重态寿命延长。

空心卟啉-芴二元体分子具有明显的非线性折射和非线性吸收性质，二阶分子超极化率的实部和虚部分别在 10^{-31}su 和 10^{-32}esu 的数量级，“电子贡献”机理是产生非线性折射的主要原因，双光子吸收是非线性吸收的来源。随着二元体侧链上芴基个数的增加，分子的平面性和刚性得以保持，扩大了分子内 π 电子共轭体系，加剧了分子内电荷离域，增强了受激发后分子内电荷重新分配的剧烈程度，使得卟啉-芴二元体的非线性折射和非线性吸收性质都得到增强。

（3）金属-氮杂卟啉的光物理性质和光限幅性能。设计合成了 6 种具有相同氮杂卟啉配体不同中心金属的金属-氮杂卟啉，和 6 种具有同样中心金属（镁或锌）、周边苯环的对位依次被氢、氯、溴原子取代的金属氮杂卟啉。通过它们的稳态吸收、荧光发射光谱、皮秒和纳秒瞬态吸收光谱等光谱手段研究了金属-氮杂卟啉的结构和性质的关系，发现：1）随着周围 8 个取代苯环的对位分别被氢原子、氯原子和溴原子取代，吸收的 Q 带和 Soret 带都相长波方向略有红移：S_1 态荧光发射的发射强度和寿命依次降低，S_2态荧光发射的发射强度和寿命依次升高；三重态量子产率逐渐增大，寿命则逐渐缩短；通过能量传递敏化产生单重态氧的能力依次提高。2）对于相同的氮杂卟啉配体，络合不同的中心金属稳态吸收的峰位置略有区别；随着中心金属的质量增大，由于系间窜越效应的影响，S_1 态的荧光量子产率逐渐减小，荧光寿命缩短；而 S_2态的荧光强度有所增强，寿命也略有增长；重金属离子的配位提高了激发三重态的量子产率，并缩短了三重态的寿命。提出了一个多能级的模型来解释被 355nm 的单色光激发后，金属-氮杂卟啉分子经历的光物理过程，提出了其可能具有的光敏化和光限幅功能的理论依据。

检测了金属-氮杂卟啉的四氢呋喃溶液对 532nm 的纳秒级激光的光限幅性能，实验数据表明其光限幅的性能取决于其中心络合的中心金属的种类：凡是有利于降低分子在光限幅性能测试波长处的基态吸收系数、提高其激发三重态的量子产率和吸收截面积的中心金属都有利于提高配合物纳秒级的光限幅性能。

（4）三明治酞菁的光物理性质和三阶非线性光学性质。研究了锌卟啉取代和未取代的具有三明治结构的酞菁配合物的光物理性质，通过 Z-扫描实验手段研究了它们的三阶非线性光学性质。三明治酞菁是通过 Eu^{3+} 金属离子把 2 个酞菁连接在一起构成具有三明治立体结构的配合物，由于 2 个大环体系 π 电子较强的相互作用，致使配合物表现出特殊的非线性光学性质。

吸收光谱显示三明治酞菁 $Eu(Pc)_2$ 具有典型酞菁的特征吸收峰，并且 α 位和 β 位取代卟啉对三明治酞菁性质的影响与单层单核酞菁一致，即 α 位取代对酞菁分子电子结构和能级的影响较 β 位取代明显。

$Eu(Pc)_2$ 既没有明显的荧光发射信号，也没有纳秒级和微秒级的瞬态吸收信号的原因是：铕三明治酞菁的 S_1 态能量低于铕的发射能级 D_0，致使铜的特征发射（617nm）观察不到；铕重原子的引入，加强了自旋耦合效应，导致 $Eu(Pc)_2$ 的 S_1 态到 T_1 态的系间窜越增强，所以检测不到分子的 S_1 态荧光；铕离子丰富的 $^7F_2$ 轨道为处于第一激发三重态 T_1 的三明治酞菁提供了比较快捷的无辐射失活途径，促使 T_1 态的失活加快、寿命变短，所以纳秒级的实验装置检测不到分子的瞬态吸收信号。

锌卟啉取代和未取代的三明治酞菁具有很强的三阶非线性吸收和三阶非线性折射性质，其非线性吸收来源于双光子吸收。对铜三明治酞菁的周环结构的修饰和周边取代的变化对分子本身的三阶非线性光学性质的影响很小，分子具有强三阶非线性光学性质和高二阶分子超极化率（γ 值）的关键因素在于引入稀土金属铕为中心金属形成的三明治酞菁的特殊结构、通过与中间稀土金属配合键的电荷转移以及大环之间 π-π 轨道的耦合与相互作用加强。

虽然一些大环化合物具有低非线性阈值，但它们的跃迁带宽较窄（200～300nm），而且器件明显带色造成视觉损耗。通常它们的光致透过率要比线性透过率更低。一般可通过侧基取代在一定程度上调谐其透过谱带，某些时候也可由生色团的混合来重建光谱平衡。到目前为止，人们对酞菁的光限幅研究仍在不断的创新之中，以寻找适合于实际应用的光限幅材料。

1.6.2 富勒烯类化合物光限幅性能的研究

自从 Tutt 等人首先报道了 C_{60} 甲苯溶液的光限幅特性以来，由于富勒烯类化合物比大环染料有更宽的透过谱带，并且在很宽的吸收波段中显示反饱和吸收特性，故而得到了广泛关注，C_{60}甲苯体系也被广泛采用作为评估其他有机非线性光限幅体系的参比物。目前主要集中于研究富勒烯类化合物对不同波长激光的宽带响应及通过化学修饰来改善其溶解性，以便更好地形成高分子光限幅材料，最终试探实现器件化。在532nm波长的测试表明，C_{60}本身要比它的许多衍生物更灵敏。不过C_{60}的在长波长的响应因其在此波长的弱基态吸收而变差，其他的富勒烯衍生物在一定的波长具有更强的响应。Sun等人研究了大量化学修饰的如衍生物的限幅与光物理性能，发现其光限幅性能与C_{60}相近。已把富勒烯类加入如溶胶-凝胶体系、聚甲基丙烯酸甲酯（PMMA）、聚（3-辛基噻吩）膜等不同的固态形式中，发现其非线性性能严格地取决于母体环境。掺杂如衍生物的聚（3-辛基噻吩）薄膜其限幅效应比两种母体提高近2个数量级。侧链悬垂的C_{60}-聚苯乙烯高分子材料的光限幅特性也得到了研究。不过，C_{60}/PMMA膜的限幅效应弱于其溶液响应，这是由于其溶液光限幅包含了反饱和吸收与非线性散射的共同贡献，而膜材中只有反饱和吸收的贡献。最近对富勒烯纳米管材料的光限幅特性的研究更给予了大量的关注，但其限幅机制主要为非线性散射。

1.6.3　其他染料体系光限幅性能的研究

除了上述两类体系外，对铁钴类金属有机化合物及其他一些染料体系的反饱和吸收现象也进行了大量的研究。但目前大多仅局限于对其性能的报道，关于其结构-性能关系的研究还不多见。最先报道的是铁-三钴簇化合物及环戊二烯基$Fe(CO)_4$的光限幅特性；随后又发现了一些光限幅性能优于C_{60}的混合金属簇化合物。近年来又报道了铂-乙炔基类化合物的宽带光限幅效应，研究了$[(Et_4N)_2MS_4Cu_4(SCN)_4(2\text{-pic})_4]$（M = W，Mo；2-pic = 2-甲基吡啶）类化合物的纳秒光限幅响应，一些电荷转移复合物的光限幅效应也有报道。此外，对聚于二炔、含奥生色团及一些菁染料体系的反饱和吸收光限幅效应也有较多的报道。

1.6.4　展望

从酞菁目前的研究结果可以看出，大量更灵敏非线性材料的开发使光限幅器在宽带传感器防护方面应用成为可能。现在已有一些对Q-开关脉冲的非线性阈值明显低于人眼受伤阈值的非线性材料，但要确定它们的确切防护价值还需要做进一步的研究。这些材料都有显著的线性吸收，因此只有在以明显的视觉损耗为代价下其防护才能被实现。为此，进一步的开发工作应在科学研究指导下，对已有材料进行改进，并通过共生复合、预先有序结构和更优化的器件设计来利用已有材料。随着非线性光限幅技术的不断发展，基于有机反饱和吸收材料的宽带、高速、高透过率的激光防护器件将得以使用，并最终实现人眼防护的目标。

酞菁类化合物由于具有优良的反饱和吸收性能和稳定的物理化学性质，基于其光限幅的研究已经引起了广泛的兴趣。因为酞菁化合物有着大的π电子共轭体系，很容易发生分子间的聚集作用，从而影响激发态的性质和光限幅性能。因此，合成出既具有良好的溶解性，又具有优良光限幅性能的酞菁化合物有着十分重要的意义。目前，增加溶解性的重要方法就是增大取代基团的体积，而不同的取代基团势必会影响酞菁化合物的光物理和光限幅性能。此外，结构会影响酞菁环的π电子共轭程度和酞菁环之间的π-π相互作用，进而会影响酞菁化合 物的光物理和光限幅性能。因此，关于酞菁化合物的结构对其自身光物理和光限幅性能的影响规律的研究，对得到具有优良光限幅性能的酞菁材料有着极其重要的意义。

参考文献

[1] Coleman W F. Molecular models of phthalocyanine and porphyrin complexes [J]. J. Chem Educ., 2010, 87 (3): 346.

[2] Gerola A P, Tsubone T M, Santana A, et al. Properties of chlorophyll and derivatives in homogeneous and microheterogeneous systems [J]. J. Phys. Chem. B, 2011, 115 (22): 7364~7373.

[3] Zhu Y Q, Silverman R B. Model studies for heme oxygenase-catalyzed porphyrin meso hydroxylation [J]. Org. Lett., 2007, 9 (7): 1195~1198.

[4] Fritsch J M, McNeill K. Aqueous reductive dechlorination of chlorinated ethylenes with tetrakis (4-carboxyphenyl) porphyrin cobalt [J]. Inorg Chem., 2005, 44 (13): 4852~4861.

[5] Lu H, Kobayashi N. Optically active porphyrin and phthalocyanine systems [J]. Chem. Rev., 2016, 116 (10): 6184~6261.

[6] Lee L K, Sabelli N H, LeBreton P R. Theoretical characterization of phthalocyanine, tetraazaporphyrin, tetrabenzoporphyrin, and porphyrin electronic spectra [J]. J. Phys. Chem., 1982, 86 (20): 3926~3931.

[7] Melville Owen A, Lessard Benoît H, Bender Timothy P. Phthalocyanine-Based Organic Thin-Film Transistors: A Review of Recent Advances [J]. ACS Appl. Mater. Interfaces, 2015, 7 (24): 13105~13118.

[8] Leznoff C C, Lever A B P. Phthalocyanines-Properties and Applications, [M]. New York: 1989.

[9] Frigerio N. Notes-structure of phthalocyanine [J]. The Journal of Organic chemistny, 1961, 26: 2115~2116.

[10] Gutzler R, Perepichka Dmitrii F. π-Electron conjugation in two dimensions [J]. J. Am. Chem. Soc., 2013, 135 (44): 16585~16594.

[11] Hughes D F K, Robb Ian D, Dowding Peter J. Stability of copper phthalocyanine dispersions in

organic media [J]. Langmuir, 1999, 15 (16): 5227~5231.

[12] Liao M S, Kar T, Gorun S M, et al. Effects of peripheral substituents and axial ligands on the electronic structure and properties of iron phthalocyanine [J]. Inorg. Chem., 2004, 43 (22): 7151~7161.

[13] Bregadze V I, Sivaev I B, Gabel D, et al. Polyhedral boron derivatives of porphyrins and phthalocyanines [J]. J Porphyr. Phthalocya., 2001, 5 (11): 767~781.

[14] Konarev D V, Kuzmin A V, Nakano Y, et al. Coordination complexes of transition metals (M= Mo, Fe, Rh, and Ru) with tin (Ⅱ) phthalocyanine in neutral, monoanionic, and dianionic states [J]. Inorg. Chem., 2016, 55 (4): 1390~1402.

[15] Bechtold I H, Eccher J, Faria G C, et al. New columnar Zn-phthalocyanine designed for electronic applications [J]. J. Phys. Chem. B, 2012, 116 (45): 13554~13560.

[16] Ingrosso C, Curri M L, Fini P, et al. Functionalized copper (Ⅱ) phthalocyanine in solution and as thin film: Photochemical and morphological characterization toward applications [J]. Langmuir, 2009, 25 (17): 10305~10313.

[17] Kucinska M, Skupin-Mrugalska P, Szczolko W, et al. Phthalocyanine derivatives possessing 2- (Morpholin-4-yl)ethoxy groups As potential agents for photodynamic therapy [J]. J. Med. Chem., 2015, 58 (5): 2240~2255.

[18] Langner E. H. G, Davis W. L, Shago R F, et al. Spectroscopic and liquid crystal properties of phthalocyanine macromolecules with biomedical applications, metal-containing and metallosupramolecular polymers and materials, Chapter 31, [J]. ACS Symposium Series, 2006. 928, 443-456.

[19] Alsudairi A, Li J, Ramaswamy N, et al. Resolving the iron phthalocyanine redox transitions for ORR catalysis in aqueous media [J]. J. Phys. Chem. Lett., 2017, 8 (13): 2881~2886.

[20] Braun A, Tchemiac J. Products of action of acetic anhydride on phthalamode [J]. Chem. Ber., 1907, 40: 2709~2718.

[21] Diesbach H Y, Dec W E. Quelques sel compleses des o-dinitrilcs avec le cuivre: et lapyridine [J]. Helv. Claim., 1927, 10: 886~888.

[22] Linstead R P, Noble E Q, Wriligt J M. Derivatives of thioPHna, thionPahthen, Pyridine and Pyrazine, and a note on the nomenclature [J]. J. Chera. Soc., 1937, 911~922.

[23] Singh S, Aggarwal A, Dinesh K, et al. Glycosylated porphyrins, phthalocyanines, and other porphyrinoids for Diagnostics and Therapeutics [J]. Chem. Rev., 2015, 115 (18): 10261~10306.

[24] De la Torre G, Vázquez P, Agulló-López F, et al. Role of structural factors in the nonlinear optical properties of phthalocyanines and related compounds [J]. Chem. Rev., 2004, 104 (9): 3723~3750.

[25] Dini D, Calvete M. J. F, Hanack M. Nonlinear optical materials for the smart filtering of optical radiation [J]. Chem. Rev., 2016, 116 (22): 13043~13233.

[26] Nwaji N, Oluwole D O, Mack J, et al. Improved nonlinear optical behaviour of ball type

indium (Ⅲ) phthalocyanine linked to glutathione capped nanoparticles [J]. Dyes and Pigments, 2017, 140: 417~430.

[27] Sanusi K, Amuhaya Edith K, Nyokong T. Enhanced optical limiting behavior of an indium phthalocyanine-single-walled carbon nanotube composite: An investigation of the effects of solvents [J]. J. Phys. Chem. C, 2014, 118 (13): 7057~7069.

[28] Sekhosana K. E, Manyeruke M. H, Nyokong T. Synthesis and optical limiting properties of new lanthanide bis- and tris-phthalocyanines [J]. J. Mol. Struct., 2016, 1121: 111~118.

[29] Oruç Ç, Erkol A, Altındal A. Characterization of metal (Ag, Au) /phthalocyanine thin film/ semiconductor structures by impedance spectroscopy technique [J]. Thin Solid Films, 2017, 636: 765~772.

[30] Hains A W, Liang Z Q, Woodhouse M A, et al. Molecular semiconductors in organic photovoltaic cells [J]. Chem. Rev., 2010, 110 (11): 6689~6735.

[31] Şen Z, Tarakci D K, Gürol I, et al. Governing the sorption and sensing properties of titanium phthalocyanines by means of axial ligands Original research article [J]. Sensor Actuat. B-Chem., 2016, 229: 581~586.

[32] Park J. H, Royer J. E, Chagarov E, et al. Atomic imaging of the irreversible sensing mechanism of NO_2 adsorption on copper phthalocyanine [J]. J. Am. Chem. Soc., 2013, 135 (39): 14600~14609.

[33] Harbeck M, Erbahar D. D, Gürol I, et al. Phthalocyanines as sensitive coatings for QCM sensors: Comparison of gas and liquid sensing properties [J]. Sensor Actuat. B-Chem., 2011, 155 (1): 298~303.

[34] Venuti E, Della Valle R G, Bilotti I, et al. Absorption, photoluminescence, and polarized Raman spectra of a fourfold alkoxy-substituted phthalocyanine liquid crystal [J]. J. Phys. Chem. C, 2011, 115 (24): 12150~12157.

[35] Basova T, Hassan A, Durmuf M, et al. Liquid crystalline metal phthalocyanines: Structural organization on the substrate surface [J]. Coordin. Chem. Rev., 2016, 310: 131~153.

[36] Sorokin A B. Phthalocyanine metal complexes in catalysis [J]. Chem. Rev., 2013, 113 (10): 8152~8191.

[37] Han Z B, Han X, Zhao X M, et al. Iron phthalocyanine supported on amidoximated PAN fiber as effective catalyst for controllable hydrogen peroxide activation in oxidizing organic dyes [J]. J Hazard. Mater., 2016, 320: 27~35.

[38] Karitkey Yadav K, Narang U, Bhattacharya S, et al. Copper Ⅱ phthalocyanine as an efficient and reusable catalyst for the N-arylation of nitrogen containing heterocycles [J]. Tetrahedron Lett., 2017, 58 (31): 3044~3048.

[39] Harutyunyan A R, Kuznetsov A A, Szymczak H, et al. Magnetic and magnetic resonance studies of magnetically diluted phthalocyanine-based molecular magnets [J]. Journal of Magn. and Magn. Mater., 1996, 162 (2~3): 338~342.

[40] Bazarnik M, Brede J, Decker R, et al. Tailoring molecular self-assembly of magnetic

phthalocyanine molecules on Fe- and Co-intercalated graphene [J]. ACS Nano, 2013, 7 (12): 11341~11349.

[41] Zhou Y H, Zeng J, Tang L M, et al. Giant magnetoresistance effect and spin filters in phthalocyanine-based molecular devices [J]. Org. Electron., 2013, 14 (11): 2940~2947.

[42] Raval H N, Sutar D S, Ramgopal Rao V. Copper (Ⅱ) phthalocyanine based organic electronic devices for ionizing radiation dosimetry applications [J]. Org. Electron., 2013, 14 (5): 1281~1290.

[43] Mantareva V, Durmuş M, Aliosman M, et al. Lutetium (Ⅲ) acetate phthalocyanines for photodynamic therapy applications: Synthesis and photophysicochemical properties [J]. Photodiagn. Photodyn., 2016, 14: 98~103.

[44] Göksel M. Synthesis of asymmetric zinc (Ⅱ) phthalocyanines with two different functional groups & spectroscopic properties and photodynamic activity for photodynamic therapy [J]. Bioorgan. Med. Chem., 2016, 24 (18): 4152~4164.

[45] Zhang M. Y, Shao C L, Guo Z C, et al. Highly efficient decomposition of organic dye by aqueous-solid phase transfer and in situ photocatalysis using hierarchical copper phthalocyanine hollow spheres [J]. ACS Appl. Mater. Interfaces, 2011, 3 (7): 2573~2578.

[46] Souza J S, Pinheiro M V B, Krambrock K, et al. Dye degradation mechanisms using nitrogen doped and copper (Ⅱ) phthalocyanine tetracarboxylate sensitized titanate and TiO_2 nanotubes [J]. J. Phys. Chem. C, 2016, 120 (21): 11561~11571.

[47] Xiong Z G, Xu Y M. Immobilization of palladium phthalocyaninesulfonate onto anionic clay for sorption and oxidation of 2, 4, 6-trichlorophenol under visible light irradiation [J]. Chem. Mater., 2007, 19 (6): 1452~1458.

[48] Kobayashi N, Optically active phthalocyanines [J]. Coord. Chem. Rev., 2001, 219~221: 99~123.

[49] Thomas A L. Phthalocyanine research and applications [M]. Boca Raton, Florida: CRC Press, 1990.

[50] Thomas A L. Phthalocyanine Research and Applications [M], CRC, 1990.

[51] Byrne A, Linstead R P, Lowe, A. R. Phthalocyanines part Ⅱ; The preparation of phthalocyanine and some metallic derivatives from o-cyanobenzamide and phthalimide [J]. Chem. Soc., 1934: 1017-1022.

[52] Uchida H, Yoshiyama H., Reddy P Y, et al. The synthesis of metal-free phthalocyanines from phthalonitriles with hexamethyldisilazane [J]. Bulletin of the Chemical Society of Japan, 2004, 77: 1401~1404.

[53] Uchida H, Tanaka H, Ydshiyama H, et al. Novel synthesis of phthalocyanines from phthalonitriles under mild conditions [J]. Synth. Lett., 2002, 10: 1649~1652.

[54] Bilgin A, Ertem B, Gok Y. Synthesis and characterization of novel metal-free phthalocyanines containing four cylindrical or spherical macrotricyclic moieties [J]. Tetrahedron Letters, 2003, 44: 6937~6941.

[55] Liu Y Q, Zhu D B. Synthesis and properties of a novel asymmetrically substituted nitro-tri (z-butyl) phthalocyanatocopper complex [J]. Synthetic Metals, 1995, 77: 1853~1856

[56] Alzeer J, Roth P J C, Luedtke N W. An efficient two-step synthesis of metal-free phthalocyanines using a Zn (Ⅱ) template [J]. Chem. Commun., 2009: 1970~1971.

[57] Christopher J Walsh, Braja K Mandal. A novel method for the peripheral modification of phthalocyanines. Synthesis and third-order nonlinear optical absorption of tetrakis (2, 3, 4, 5, 6-pentaphenylbenzene) phthalocyanine [J]. Chem. Mater., 2000, 12: 287~289.

[58] Chauhan S M S, Agarwal S, Kumari P. Synthesis of metal-free phthalocyanines in functionalized ammonium ionic liquids [J]. Synthetic Communications, 2007, 37: 58~63.

[59] Ceyhan T, Bekaroglu O. The Synthesis of New Phthalocyanines Substituted with 12-Membered Diazadioxa Macrocycles [J]. Monatshefte Für Chemie, 2002, 133: 71~78.

[60] Li J, Wang S, Li S, et al. One-pot synthesis and self assembly of copper phthalocyanine nanobelts through a water-chemical route [J]. Inorg. Chem., 2008, 47: 1255~1257.

[61] Liu B, Zeng H. Hydrothermal synthesis of ZnO nanorods in the diameter regime of 50nm [J]. J. Am. Chem. Soc., 2003, 125: 4430.

[62] Kang E, Wang B, Mao Z, et al. Controllable fabrication of carbon nanotube and nanobelt with a polyoxometalate-assisted nild hydrothermal process [J]. J. Am. Chem. Soc., 2005, 127: 6534.

[63] Ouellette W, Yu M H, O'Connor C J, et al Hydrothermal chemistry of the copper-triazolate system: A microporous metal-organic framework constructed from magnetic (Cu_3 (3-OH) (triazolate)$_3$)$^{2+}$ building blocks, and related materials [J]. An gew. Chem., 2006, 45: 3497.

[64] Xu Y, An L, Koh L. Investigations into the engineering of inorganic/organic solids: hydrothermal synthesis and structure characterization of one-dimensional molybdenum oxide polymers [J]. Chem. Mater., 1996, 8: 814.

[65] Xie B, Qian Y, Zhang S, et al. A hydrothermal reduction route to single-crystalline hexagonal cobalt nanowires [J]. Eur. J. Inorg. Chem., 2006, (12): 2454.

[66] Lezno C C, Lever A B P. Phthalocyanines: Properties and Applications [M]. New York VCH: 1996.

[67] Gubergrits M, Goot R E, Mahlab U, et al., Adaptive power control for satellite to ground laser communication [J]. Int. J. Satellite Commun., 2007, 25: 349.

[68] Ding X M. Shen S Y, Zhou Q F, et al. The synthesis of asymmetrically substituted amphiphilic phthalocyanines and their gas-sensing properties [J]. Dyes and Pigments, 1998, 40: 187.

[69] Yin S C, Xu H, Su X, et al. Preparation and property of soluble azobenzene-containing substituted poly (l-alkyne) s optical limiting materials [J]. Dyes and Pigments, 2007, 75: 675.

[70] Detty M R, Gibson S L, Wagner S J. Current clinical and preclinical photosensitizers for use in photodynamic therapy [J]. J. Med. Chem. 2004, 47: 3897~3915.

[71] Ballesteros B, Campidelli S, de la Torre G, et al. Synthesis, characterization and photophysical properties of a SWNT-phthalocyanine hybrid [J]. Chem. Commun., 2007, 2950.

[72] Kuder J E. Organic Active layer materials for optical-recording [J]. J. Imag. Sci., 1988, 32: 51~56.

[73] Bemede J C. Materials for erasable optical disks [J]. Mater. Chem. Phys., 1992, 32: 189~195.

[74] Torre GDL, Vazquez P, Agulló-López F, et al. Role of Structure factors in the nonlinear optical properties of phthalocyanines and related compounds [J]. Chem. Rev., 2004, 104: 3723~3750.

[75] Hoshino K, Hirasawa Y, Kim S K., et al. Bulk heterojunction photoelectrochemical cells consisting of oxotitanyl phthalocyanine nanoporous films and I_3^-/I^- Redox Couple [J]. J. Phys. Chem. B, 2006, 2/0: 23321.

[76] Khoza P, Nyokong T. Photocatalytic behaviour of zinc tetraamino phthalocyanine-silver nanoparticles immobilized on chitosan beads [J]. J Mol. Catal. A Chem., 2015, 399: 25~32.

[77] Jiang X J, Yeung S L, Lo P C, et al. Phthalocyanine-polyamine conjugates as highly efficientp photosensitizers for photodynamic therapy [J]. J. Med. Chem., 2011, 54: 320~330.

[78] Li L S, Luo Z P, Chen Z, et al. Enhanced photodynamic efficacy of zinc phthalocyanine by conjugating to heptalysine [J]. Bioconjugate Chem., 2012, 23: 2168~2172.

[79] Çakır D, Çakır V, Bıyıklıoğlu Z, et al. New water soluble cationic zinc phthalocyanines as potential for photodynamic therapy of cancer [J]. J. Organomet. Chem., 2013, 745~746: 423~431.

[80] Guzelturk B, Kelestemur Y, Gungor K, et al. Stable and low-threshold optical gain in CdSe/CdS quantum dots: An all-Colloidal frequency up-converted laser [J]. Adv. Mater., 2015, 27 (17): 2741~2746.

[81] Extance A. Military technology: Laser weapons get real [J]. Nature, 2015, 521 (7553): 408~410.

[82] Zohuri B. Directed energy weapons [J]. Springer International Publishing, 2016: 1~26.

[83] Vincenti M A, De C D, Scalora M. Anomalous nonlinear absorption in epsilon-near-zero materials: optical limiting and all-optical control [J]. Opt. Lett., 2016, 41 (15): 3611.

[84] Huo C X, Sun X M, Yan Z, et al. Few-layer antimonene: Large yield synthesis, exact atomical structure and outstanding optical limiting [J]. J. Am. Chem. Soc., 2016, DOI: 10. 1021/jacs. 6b08698.

[85] Senge M, Fazekas M, Notaras E, et al. Nonlinear optical properties of porphyrins [J]. Adv. Mater., 2007, 19 (19): 2737~2774.

[86] Wu X Z, Xiao J C, Sun R, et al. Spindle-type conjugated compounds containing twistacene unit: Synthesis and ultrafast broadband reverse saturable absorption [J]. Adv. Opt. Mater.,

2017, 5 (2): 1600712.

[87] Chen Y, Bai T, Dong N N, et al. Graphene and its derivatives for laser protection [J]. Prog. Mater. Sci., 2016, 84: 118~157.

[88] Zhou Y, Bao Q, Tang L A L, et al. Hydrothermal dehydration for the "green" reduction of exfoliated graphene oxide to graphene and demonstration of tunable optical limiting properties [J]. Chem. Mater., 2009, 21: 2950.

[89] Gan Y, Feng M, Zhan H B. Enhanced optical limiting effects of graphene materials in polyimide [J]. Appl. Phys. Lett., 2014, 104 (17): 171105.

[90] Cheng H X, Dong N N, Bai T, et al. Covalent modification of MoS_2 with poly (Nvinylcarbazole) for solid-state broadband optical limiters [J]. Chem. Eur. J., 2016, 22: 4500~4507.

[91] Feng M, Zhan H B. Facile preparation of transparent and dense CdS-silica gel glass nanocomposites for optical limiting applications [J]. Nanoscale, 2014, 6: 3972~3977.

[92] Li Z G, Gao F, Xiao Z. G, et al. Synthesis and third-order nonlinear optical properties of a sandwich-type mixed (phthalocyaninato) (schiff-base) triple-decker complexes [J]. Dyes and Pigments, 2015, 119: 70~74.

[93] Lezno C C, Lever, A B P Phthalocyanines: Properties and Applications [M]. VCH Publishers, Ltd.: Cambridge, 1989: 1~3.

[94] Sharman W M. van Lier J E. Synthesis and photodynamic activity of novel asymmetrically substituted fluorinated phthalocyanines [J]. Bioconjugate CAew., 2005, 76: 1166~1175.

[95] McKeown N B. Phthlocyanine Materials Synthesis, Structure and Function [M]. Cameridge: Cambridge University Press, 1998.

[96] Miwa H, Ishii K, Kobayashi N. Electronic structures of Zinc and palladium tetraazaporphyrin derivatives controlled by fused Benzo rings [J]. Chem. Eur. J., 2004, 10: 4422~4435.

[97] Gubergrits M, Goot R E, Mahlab U, et al. Adaptive power contnol for sateuite to gronund caser commanication [J]. Int. J. Satellite. Commun., 2007, 25: 349.

[98] Seet B, Wbng T Y. Military laser weapons: Current controversies [J]. Ophthalmic Epidemiology, 2001, (S): 215~226.

[99] Dinell, D. New laser weapon coming together in Wichita [J]. Wichita Business Journal, 2000, 75, 20.

[100] Dunn R J. Operational Implications of Laser Weapons [M]. USA: Northrop Grumman Corporation, 2005.

[101] Service R E, Nonlinear competition heats up [J]. Science, 1995, 267: 1918~1921.

[102] Perry J W. Mansour K. Lee, I. Y. S., et al. Organic optical limiter with a strong nonlinear absorptive response [J]. Science., 1996, 273: 1533~1536.

[103] Hanack M, Dini D, Barthe M, et al. Conjugated macrocycles as active materials in nonlilnear optical processes: Optical limiting effect with phthalocyanines and related compounds [J]. Chem. Record., 2002, 2: 129~148.

[104] Barbosa Neto N M, Mendonca C R, Misoguti L, et al. High-efficiency multipass optical limitef [J]. Optics Letters, 2003, 28: 191~193.

[105] Bredas J L, Adant C, Tackx R, et al. Third-order nonlinear optical response in organic material: theoretical and experimental aspects [J]. Chem. Rev., 1994, 94: 243.

[106] Hanack, M, Schneider, T, Barthel, M, et al. Indium phthalocyanines and naphthalocyanines for optical limiting [J]. Coordin. Chem. Rev., 2001, 219~221: 235.

[107] Perry J W, Mansour K, Lee L-Y S, et al. Organic optical limiter with a strong nonlinear absorption response [J]. Science, 1996, 273: 1533.

[108] Qu S L, Chen Y, Wang Y X, et al. Enhanced optical limiting properties in a novel metallophthalocyanines complex $(C_{i2}H_{25}O)_{g}PcPb$ [J]. Mater. Lett., 2001, 51: 534.

[109] Service R F. Nonlinear competition heats Up [J]. Science, 1995, 267: 1918.

[110] Hanack M, Dini D, Barthel M, et al. Conjugated macrocycles as active materials in nonlinear optical processes: optical limiting effect with phthalocyanines and related compounds [J]. Chem. Record, 2002, 2: 129.

[111] McLean D, Sutherland R, Rogers E, et al. Interpretation of Two Photon Absorption Driven Nonlinear Absorption [J]. Proc. of SPIE. 2005, 593401-1.

[112] Kumar G A, Nonlinear optical response and reverse saturable absorption of rare earth phthalocyanine in DMF solution [J]. J Nonlinear Optical Physics & Materials, 2003, 12: 367~376.

[113] 罗延，赵继然，吴正亮．利用不完全自锁模激光研究 C_{60} 的反饱和吸收效应 [J]. 光学学报，1994，14 (1)：226~230.

[114] Hernandez F E, Yang S. High-dynamic-range cascaded-focus optical limiter [J]. Optics Letters, 2000, 25: 1180~1182.

[115] King S M, Chaure S, Doyle J, et al. Scattering induced optical limiting in Si/SiO_2 nanostructure dispersions [J]. Optics Communications, 2007, 276: 305-309.

[116] 杨在高，高光煌，罗振坤．激光防护器材的研究现状及进展 [J]. 激光杂志，1999，20 (1)：4~8.

[117] Henari F Z. Optical switching in organometallic phthalocyanine [J]. J. Opt. A: Pure Appl. Opt., 2001, 3: 188~190.

[118] Spangler C W. Recent development in the design of organic materials for optical power limiting [J]. J. Mater. Chem., 1999, 9: 2013~2020.

[119] Spangler C W. Recent development in the design of organic materials for optical power limiting [J]. J. Mater. Chem., 1999, 9: 2013~2020.

[120] Denis Vincent, James Cruickshank. Optical limiting with C_{60} and other fiillerenes [J]. Opt. 1997, 36: 7794~7798.

[121] Grout M J. Application of bacteriorhodopsin for optical limiting eye protection filters [J]. Optical Materials, 2000, 14: 155~160.

[122] Gordon J P, Leit R C C, Moore R S. Long-transient effects in lasers with inserted liquid

samples [J]. J. Appl. Phys., 1965, 36: 3~8.

[123] Hollins R C. Materials for optical limiters [J]. Curr. Opin. Solid State Mater. Sci., 1999, 4: 189~196.

[124] Tong R, Wu H, Li B, et al. Reverse saturable absorption and optical limiting performance of fullerene-fimctionalized polycarbonates in femtoseond time scale [J]. Physica B: Condensed Matter, 2005, 366, 192~199.

[125] Chen Y, Dini D, Hanack M, et al. Excited state properties of monomeric and dimeric axially bridged indium phthalocyanines upon UV-Vis laser irradiation [J]. Chemical Communications, 2004, 3: 340~341.

[126] Komorowska K, Brasselet S, Dutier G, et al. Nanometric scale investigation of the nonlinear efficiency of perhydrotriphenylene inclusion compounds [J]. Chemical Physics, 2005, 318: 12~20.

[127] Gan Q, Li S, Morlet-Savary E, et al. Photophysical properties and optical limiting property of a soluble chloroaluminum-phthalocyanine [J]. Opt. Express, 2005, 13: 5424~5433.

[128] Wang S, Gan Q, Zhang Y, et al. Optical-limiting and photophysical properties of two soluble chloroindium phthalocyanines with a- and P-alkoxyl substituents [J]. Chem., Phys. Chem, 2006, 7: 935~941.

[129] Subbiah S, Mokaya R. Photophysical properties of fullerenes and phthalocyanines embedded in ordered mesoporous silica films annealed at various temperatures [J]. J. Phys. Chem. B, 2005, 109: 5079~5084.

[130] Sun Y P, Lawson G E, Riggs J E. Photophysical and nonlinear optical properties of [60] fullerene derivatives [J]. J. Phys. Chem. A, 1998, 102: 5520~5528.

[131] Georgakilas V, Guldi D M, Signorini R, et al. Organic functionalization and optical properties of carbon onions [J]. J. Am. Chem. Soc, 2003, 125. 14268~14269.

[132] Konstantaki M, Koudoumas E, LainE S. C., et al. Substantial non-linear optical response of new polyads based on Ru and Os complexes of modified Terpyridines [J]. J. Phys. Chem. B, 2001, 105: 10797~10804.

[133] Sun W, Zhu H, Barron P M. Binuclear cyclometalated platinum (Ⅱ) 4, 6-diphenyl-2, 2′-bipyridine complexes: Interesting photoluminescent and optical limiting materials [J]. Chem. Mater., 2006, 18: 2602~2610.

2 周边取代基团和中心金属对酞菁光物理和光限幅性能的影响

2.1 引言

非线性光学材料由于在光信息存储和光限幅领域中存在潜在的应用而引起人们广泛的兴趣[1~5]。在所有的光限幅材料中，酞菁由于其特殊的 π 电子大环共轭结构和金属共价键结构而具有良好的光限幅性能[6~9]，加上酞菁具有优良的物理和化学稳定性，其光限幅性能的研究有着潜在的应用价值。

光限幅材料可以有效降低存在潜在危险的激光光束的透过率，使得透过的激光强度在安全的范围之内，从而达到保护人眼和重要的电子通信设备及装置的目的[10~14]。遵循不同的原理，实现光限幅的方式有多种，大致可分为非线性吸收、非线性折射、非线性散射和非线性反射四种[15,16]。酞菁有着能够产生良好反饱和吸收的特殊的光物理性质[17~20]，包括较宽的光限幅窗口、较高的三线态的量子效率和较长的三线态的寿命等，这些都是产生良好光限幅性质的必要条件。反饱和吸收的产生要求三线态的摩尔吸收截面要大于基态的摩尔吸收截面积，这就要求光限幅材料分子具备较宽的光谱窗口，以具备较高的初始透过率[21~26]。对于酞菁化合物而言，其三线态的吸收（即瞬态吸收）发生在 400~600nm 的 Q 带和 B 带之间，引进中心金属和周边取代基团可以有效拓宽酞菁的非线性窗口[27~29]。

一个优良的光限幅材料要求光限幅分子在溶液中具备很好的溶解性，避免聚集体的产生[30~32]。而酞菁化合物由于具有庞大的电子共轭体系，通过 π—π 相互作用很容易发生分子间的聚集，使得酞菁分子的溶解性下降，因此，减少聚集和增大溶解性是保证酞菁分子具有优良光限幅性能的必要条件。引进周边和轴向取代基团是增加酞菁溶解性的有效方法，而不同的取代基团会产生不同的光物理和光限幅性能[33~36]；此外，中心金属的改变同样会影响酞菁的光物理和光限幅性能[37~39]。到目前为止，许多工作侧重于取代基团或中心金属对酞菁光物理性质的研究，并提供了一些重要的指导意义[40~43]。然而，改善酞菁化合物的光物理和光限幅性能以满足实际的应用仍然一项重要的研究任务。为了实现这一目的，对于取代基团和中心金属对酞菁光物理和光限幅性能影响规律系统而又清晰的研究有着重要的意义。

2.2　不同中心金属和周边取代基团的酞菁化合物的合成

大部分的未取代的酞菁为不溶性或难溶性的化合物，为了提高酞菁的溶解度，便于光物理性质和非线性光学性质的研究，有两种途径可供选择：一是在中心金属上引入适当的轭向取代基团，以克服酞菁环的面-面堆积；二是在酞菁环的周围引入适当的基团来克服酞菁分子的聚集。本章结合两种途径于一体，设计了两种α位由不同体积的烷氧基（对叔丁苯氧基和异丁氧基）取代的氯化三价金属（Al，Ga，In）酞菁（4，5，6和7，8，9）。合成路线如图2-1所示。

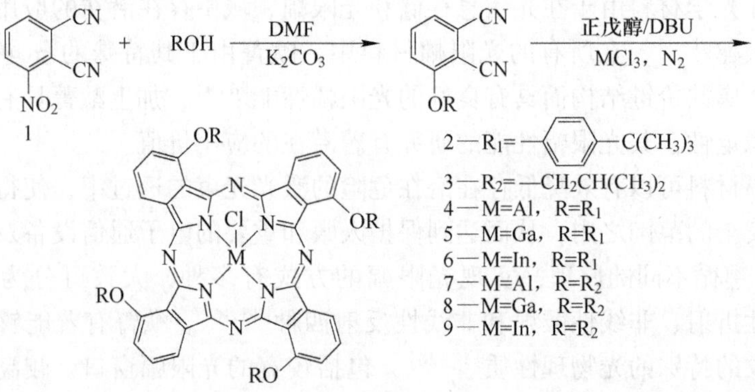

1 + ROH $\xrightarrow[K_2CO_3]{DMF}$ → $\xrightarrow[MCl_3，N_2]{正戊醇/DBU}$

2 — R_1= —C_6H_4—$C(CH_3)_3$
3 — R_2= —$CH_2CH(CH_3)_2$
4 — M=Al，R=R_1
5 — M=Ga，R=R_1
6 — M=In，R=R_1
7 — M=Al，R=R_2
8 — M=Ga，R=R_2
9 — M=In，R=R_2

图2-1　α位由不同烷氧基取代的氯化铝、镓、铟酞菁的合成路线

将3-硝基苯二腈（1）分别与异丁基醇和对叔丁基酚溶解在DMF溶剂中，无水碳酸钾作为催化剂，常温下反应3天，得到两种不同取代基团的α取代苯二腈（2和3）。新取代的苯二腈2和3在正戊醇溶剂下，用DBU作为催化剂，在氮气保护130℃下分别与三价金属（Al、Ga、In）氯化物环合得到6种不同中心金属和周边取代基团的酞菁化合物。得到的酞菁粗产品分别经硅胶柱和蒸镀提纯得到纯的酞菁化合物。采用此合成方法的反应温度较低，反应副产物相对较少，产率较高。经UV-vis，^{1}H-NMR和MALDI-TOF等方法表征证实了这些产物的结构与预期的相符合。由于苯二腈上存在两种不同的α取代位（3-和6-），这些得到的酞菁化合物实际上是由4种同分异构体组成的混合物，这些混合物运用常用的方法（包括高相液相色谱）很难分离开来，由于这些酞菁同分异构体分子的光物理和光限幅性能不会存在太大的差距[38,44]，因此不会影响性能的研究。值得提出的是这些酞菁化合物在绝大多数常见的极性溶剂中有着很好的溶解性，这些溶剂包括二氯甲烷、四氢呋喃、DMF、DMSO、乙醇等，从而有利于其光物理和光限幅性能的研究。

2.3 酞菁化合物光物理性能的研究

2.3.1 基态吸收与荧光光谱

图 2-1 中化合物 4~9 的 THF 溶液（浓度为 4×10^{-6}mol/L）的紫外-可见吸收光谱如图 2-2 所示。

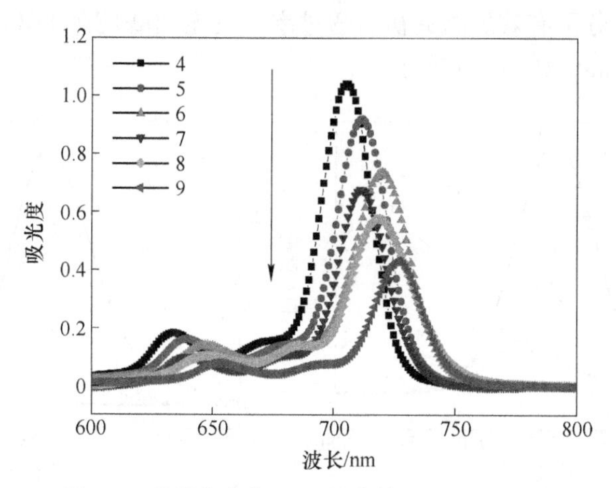

图 2-2 酞菁化合物 4~9 的紫外-可见吸收光谱

对于金属酞菁化合物 4~9，它们的基态吸收光谱包含两个吸收带：长波长方向 700nm 左右带有小肩峰的强吸收的 Q 带以及短波方向（320~360nm）的低而宽的 B 带吸收。随着中心金属的不断增大（由 Al 到 In），酞菁的 Q 带吸收有所红移（7nm 左右）。此外，对于不同的周边取代基团，异丁氧基取代的酞菁化合物（7~9）的吸收相对于对叔丁苯氧基取代的酞菁化合物（4~6）有一定的红移（5nm 左右）。

Q 带的吸收可以归因于从 HOMO 到 LUMO 的跃迁过程，Q 带吸收的位置取决于酞菁化合物的 HOMO 与 LUMO 的能级差，而对于酞菁化合物，HOMO 与 LUMO 的能级差取决于酞菁环的电子云密度，电子云密度越大能级差越小[33]。金属原子，取代空心酞菁的两个 H 原子形成 M-N 共价键，可以看作是电子受体。对于同一主族的金属原子，其电负性相差不大，金属原子越大，M-N 共价键的键长就越长，因此，酞菁环上的电子云密度就越大，HOMO 与 LUMO 之间的能级差也就越小，这就是随着金属的增大酞菁的吸收发生红移的原因；此外，对于不同的周边取代基的酞菁化合物的 Q 带吸收的位移主要取决于取代基团的给电子能力。对于对叔丁苯氧基，苯环的存在会分散部分电子，从而降低基团整体的给电子能力，使得异丁氧基的给电子能力要大于对叔丁苯氧基，因而异丁氧基取代的酞菁

分子有着更低的 S_1 态的能级，这也就是异丁氧基取代的酞菁分子（7~9）比对叔丁苯氧基取代的酞菁分子有着更红的 Q 带吸收的原因所在（4~6）。

所有的酞菁分子（4~9）在极性溶剂中均呈现出很好的溶解性，相对而言，对叔丁苯氧基取代的酞菁化合物（4~6）比异丁氧基取代的酞菁分子（7~9）有着更好的溶解性，这是由于对叔丁苯氧基的庞大的体积更为有效地阻止了酞菁环之间聚集作用的结果。随着金属的增大，酞菁的吸收摩尔消光系数不断减小。表明了重金属酞菁分子有着更高的初始透过率。荧光光谱是在 THF 溶液中测量的，激发波长为 610nm，如图 2-3 所示。

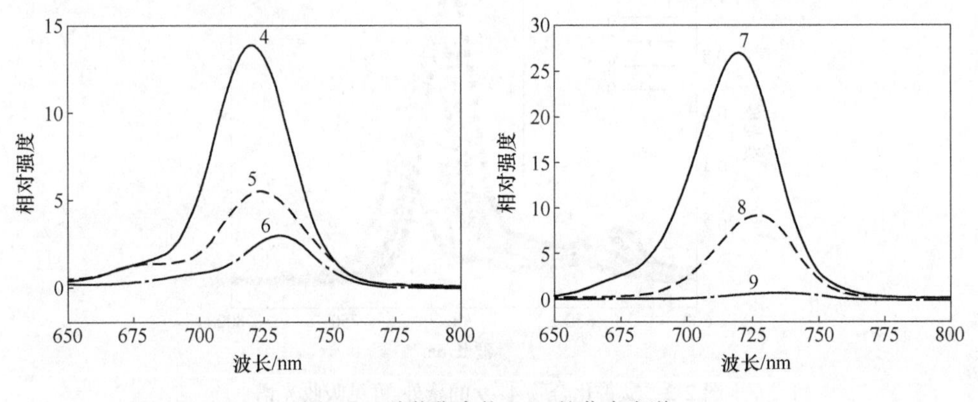

图 2-3 酞菁化合物 4~9 的荧光光谱

由图 2-3 可知，随着金属原子的不断增大，酞菁分子的荧光强度及其荧光量子效率（见表 2-1）迅速下降，而对于不同周边取代酞菁，对叔丁苯氧基取代的酞菁化合物（4~6）比异丁氧基取代的酞菁分子（7~9）有着稍低的荧光效率。图 2-4 所示为化合物 4~9 的荧光衰减曲线，同样可以看出随着金属原子的增大，酞菁分子的荧光寿命也是快速减小，化合物 4~6 的寿命要稍长于 4~9 的寿命（见表 2-1）。

表 2-1 酞菁化合物 4-9 的光物理参数

序号	波长(Q)/nm	波长(B)/nm	摩尔消光系数(Q)/$mol^{-1}\cdot cm^{-1}$	摩尔消光系数(B)/$mol^{-1}\cdot cm^{-1}$	荧光(S_1)/nm	荧光(S_2)/nm	荧光量子产率(S_1)	荧光寿命(S_1)/ns
4	705	334	2.6×10^5	5.7×10^4	719	431	0.197	5.85
5	712	336	2.3×10^3	5.2×10^4	726	432	0.078	2.98
6	720	351	1.8×10^5	5.1×10^4	732	430	0.008	0.51
7	711	323	1.7×10^5	4.8×10^4	720	433	0.314	5.62
8	718	325	1.5×10^5	4.6×10^4	724	430	0.080	2.90
9	724	325	1.1×10^5	4.3×10^4	731	430	0.033	0.39

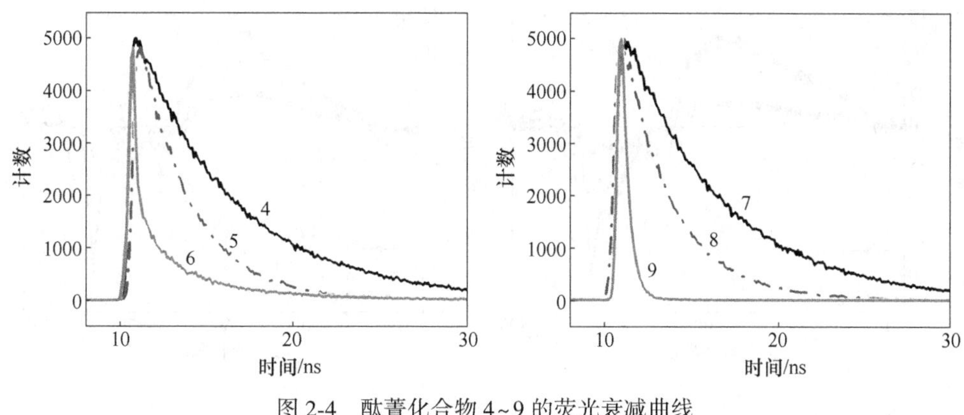

图 2-4 酞菁化合物 4~9 的荧光衰减曲线

荧光效率 Φ_F 和荧光寿命随着中心金属不同而发生很大的变化是由于重原子效应的影响。对于金属酞菁化合物，不同的金属会产生不同的自旋-耦合作用，中心金属越大，自旋-耦合的程度也就越大，从而 S_1 态与 T_1 态之间的能隙差也越小，这就使得更多的分子从 S_1 态系间窜越到 T_1 态，从而降低了荧光效率和荧光寿命。对于对叔丁苯氧基取代的酞菁化合物 4~6，庞大体积的对叔丁苯氧基增加了分子的内转换（IC）作用，从而相对于化合物 7~9 呈现出稍低的荧光量子效率。但是由于化合物 4~6 的 Q 带吸收相对于 7~9 有一定的蓝移，因此，4~6 有着更高的 S_1 态的能级，这就是对叔丁苯氧基取代的酞菁化合物 4~6 相对于异丁氧基取代的酞菁化合物 7~9 有着稍高的 S_1 态的寿命的原因。

2.3.2 瞬态吸收光谱

化合物 4~9 的瞬态吸收光谱是在氮气饱和的 THF 溶液中测量的，使用的激发波长是 355nm。如图 2-5 所示，宽的正信号是激发态的吸收信号，而负的信号则是由于从基态的跃迁引起的漂白峰，漂白信号通常与基态的吸收峰相对应。化合物 4~9 在 450~620nm 之间均显示一个宽的正三线态的吸收峰。化合物 4~6 的吸收波长分别为 560nm、570nm 和 590nm；而 7~9 的吸收峰分别为 570nm、580nm 和 590nm。随着金属的增大，三线态的吸收（T_1T_n）有所红移，表明随着金属的增大，T_1 与 T_n 的能级差减小，从而更容易发生 T_1 到 T_n 的反饱和吸收过程。

此外，计算出了在 532nm 处的三线态减去基态的吸收摩尔消光系数（$\Delta\varepsilon_T$）[43] 以及基态的吸收摩尔消光系数（ε_0），见表 2-2，铟酞菁相对于镓和铝酞菁有着最大的 $\Delta\varepsilon_T$ 值和最小 ε_0 值，表明铟酞菁最容易发生 T_1 到 T_n 的反饱和吸收过程且铟酞菁有着最小的光损伤，即有最大的初始透过率。这些都是产生良好光限幅的基本条件。

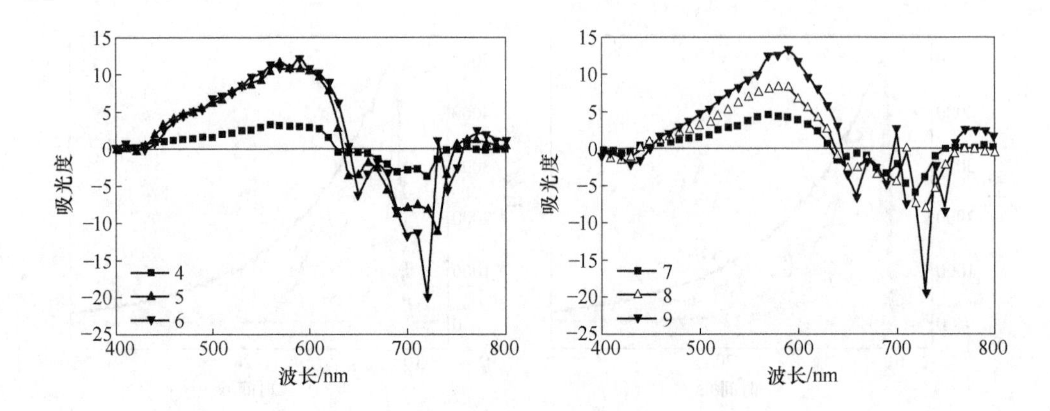

图 2-5　化合物 4~9 的瞬态吸收光谱

表 2-2　酞菁化合物三线态的性能参数

化合物	波长 (T_n)/nm	基态摩尔消光系数/$mol^{-1}\cdot cm^{-1}$	三线态减去基态摩尔消光系数/$mol^{-1}\cdot cm^{-1}$	三线态寿命/μS	系间窜越速率常数/s^{-1}	三线态量子产率 Φ_T
4	560	7.4×10^2	4.8×10^4	251.9	6.4×10^8	0.74
5	570	9.8×10^2	1.7×10^5	87.3	3.9×10^9	0.76
6	590	5.9×10^2	1.8×10^5	21.8	2.3×10^{11}	0.90
7	570	3.1×10^3	6.6×10^4	140.9	3.5×10^8	0.62
8	580	7.6×10^2	1.3×10^5	71.3	2.8×10^9	0.65
9	590	1.4×10^3	2.0×10^5	19.2	5.6×10^{10}	0.73

化合物 4~9 的三线态的衰减曲线如图 2-6 所示，随着金属由 Al 到 In 的不断增大，三线态的寿命同样呈现出迅速减小的趋势；此外，对叔丁苯氧基取代的酞菁化合物 4~6 比异丁氧基取代的酞菁化合物7~9有着稍高的三线态的寿命。

既然 T_1 态的分子是由 S_1 态的分子快速地系间窜越到 T_1 态产生的，因此，三线态产生的量子效率 Φ_T 可以看作为系间窜越的量子效率 Φ_{ST}。参照文献［43］的方法计算出了三线态的量子产率 Φ_T 和系间窜越的速率常数 k_{ST}，见表 2-2。对化合物 4~6，Φ_T 分别为 0.74、0.76、0.90；化合物 7~9 的 Φ_T 分别为 0.62、0.65、0.73，随着金属的增大，三线态的量子产率也随之增大，同样系间窜越的速率常数也不断增大；对于不同的取代酞菁，化合物 4~6 比化合物 7~9 有着更大 Φ_T 和 k_{ST} 值。基于以上的光物理实验和参数，作者引进一个四能级模型来系统阐述这些不同中心金属和周边取代基团的光物理过程，如图 2-7 所示。

一方面，正如前面所讨论的，从基态的吸收光谱可以得出随着金属原子的不

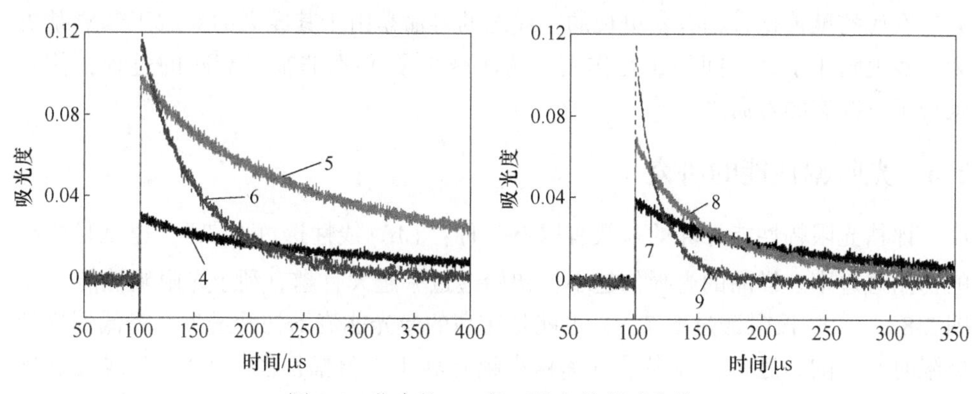

图 2-6 化合物 4-9 的三线态的衰减曲线

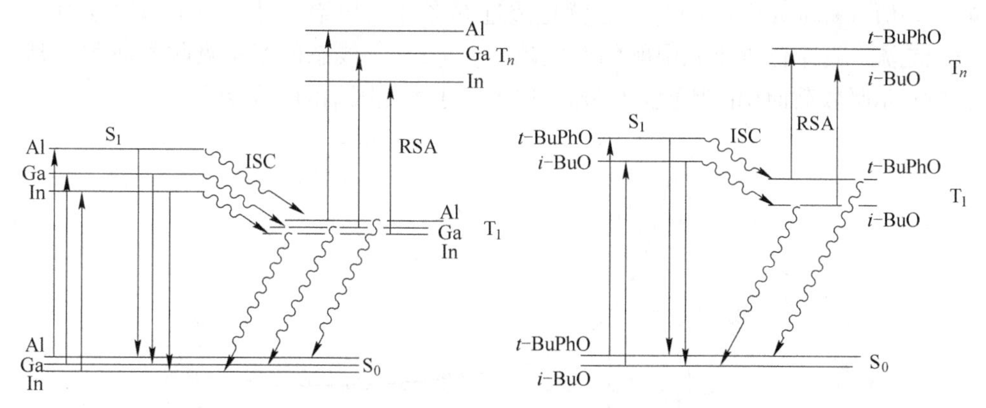

图 2-7 不同中心金属和不同周边取代酞菁化合物的光物理模型

断增大，S_1态的能级随之下降；另一方面，由于金属原子的自旋-耦合作用，随着金属原子的增大S_1态与T_1态之间的能隙差也随之减小。这就是铟酞菁相对于镓和铝酞菁有着最大的三线态量子产率Φ_T和系间窜越的速率常数k_{ST}的原因所在。而对于不同的周边取代酞菁，从吸收光谱可以得出对叔丁苯氧基取代的酞菁化合物比异丁氧基取代的酞菁化合物有着更高的S_1态的能级，而对叔丁苯氧基取代的酞菁化合物有着更高的Φ_T和k_{ST}值可能归因于它同样更高的三线态的能级，反而使得S_1态与T_1态之间的能隙差更小，这一结论同样与对叔丁苯氧基取代的酞菁化合物比异丁氧基取代的酞菁化合物有着更长三线态的寿命相匹配。造成这一结果的原因可能是由于对叔丁苯氧基中苯环的存在改变了酞菁环的电子云密度，从而增加了由S_1到T_1的系间窜越的速度[44]。

三线态的衰减经历两个过程：一个是由T_1到S_0的非辐射跃迁过程；另一个是由T_1到S_0的辐射跃迁过程，伴随着磷光的产生。对于重金属酞菁，由于重原子效应产生的加快系间窜越的过程正是三线态寿命缩短的原因；此外，对叔丁苯氧基取代的酞菁化合物有着更长的三线态的寿命是由于其庞大的对叔丁苯氧基更为有效地阻止了分子间的相互作用，从而减少了 T_1 态非辐射衰减的过程，使它延长了三线态的寿命。

2.4 光限幅性能的研究

评估光限幅性能好坏的参数有以下几种：(1) 线性透过率 T_{lin}，也就是样品的初始透过率。样品的光损伤越小，初始透过率越大，越有利于光限幅性能（见图 2-8）。(2) 极限透过率 T_{lim}，也就是在高的激光能流下初始透过率降低到最低极限时对应的透过率，极限透过率越小越有利于光限幅性能。(3) 非线性衰减因子 NAF，也就是 T_{lin}/T_{lim} 的比值，这个比值越小，光限幅性能越好。(4) 光限幅的阈值（optical threshold），也就是透过率降低到初始透过率一半的时候对应激光能流，这个值越小光限幅的性能越好。(5) 三线态的摩尔吸收截面积与基态的摩尔吸收截面积的比值 σ_{ex}^{T}/σ_0，这个值越大光限幅的性能越好。

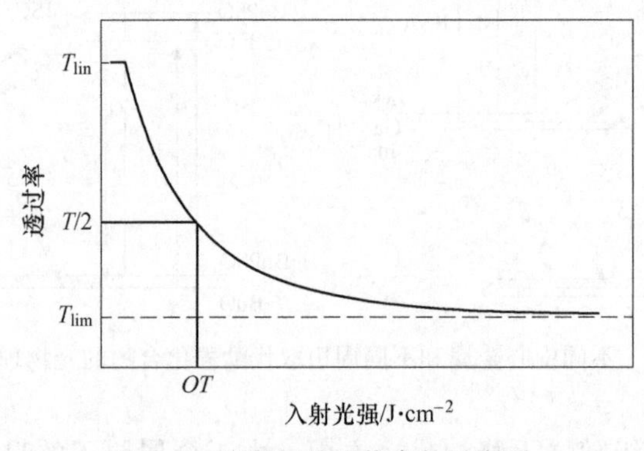

图 2-8 光限幅的性能参数示意图

化合物 4~9 的光限幅性能测试是在氮气饱和的 THF 溶液中进行的，所有的样品具有相同的 74% 的初始透过率。如图 2-9 所示，化合物 4~9 都显示了较好的光限幅性能，随着激光能流的增加，透过率以非线性的规律快速地下降。

所有的样品具有同样的初始透过率，但有着不同的极限透过率。从图 2-8 可以看出，铟酞菁与镓和铝酞菁相比有着最大的 *NAF* 值和 σ_{ex}^{T}/σ_0 比值，从而使得它有着最好的光限幅性能；然而对于化合物 4 有着比化合物 5 更大的 *NAF* 值和 σ_{ex}^{T}/σ_0 比值，使得它有着更好的光限幅性能。而对于不同的周边取代酞菁，由于光物理性质的不同其光限幅性能也存在着一定的差异，如图 2-10 所示。与异丁氧基取代的酞菁化合物相比，对叔丁苯氧基取代的酞菁化合物有着更大的 *NAF* 值和 σ_{ex}^{T}/σ_0 比值，从而呈现出更好的光限幅性能。

由于光限幅性能是由反饱和吸收（也就是三线态的吸收）产生的，因此光

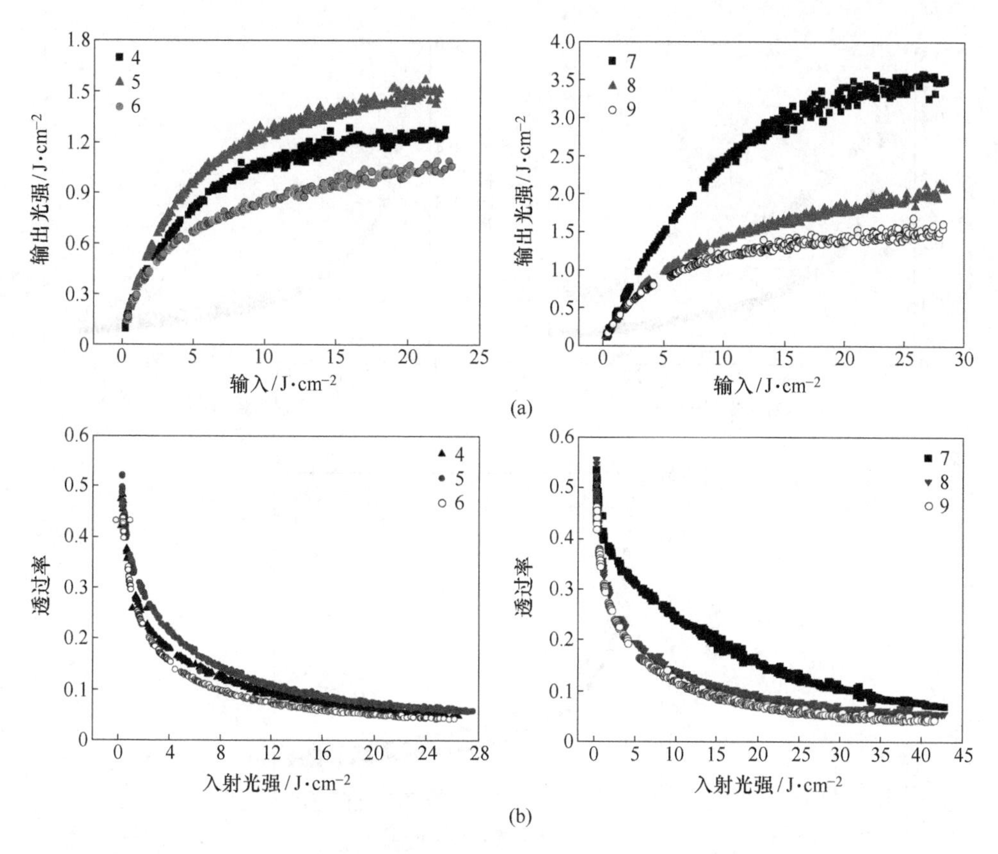

图 2-9 化合物 4~9 的光限幅性能曲线

（a）入射光对出射光能流的性能曲线；（b）入射光对透过率的性能曲线

限幅性能的差异可以取决于三线态光物理性质的差异，尤其是系间窜越的速率常数 k_{ST}、三线态的量子产率 Φ_T、三线态的寿命 τ_T 以及三线态减去基态的吸收摩尔消光系数 $\Delta\varepsilon_T$ 等，都是影响光限幅性能的重要参数。

铟酞菁虽然有着最短的三线态的寿命，但有着最快的系间窜越速率常数 k_{ST}、最高的三线态的量子产率 Φ_T、三线态减去基态的摩尔吸收消光系数 $\Delta\varepsilon_T$。对于酞菁化合物，其微秒级的长寿命对纳秒级的激光来说足可以使它三线态的分子实现反饱和吸收的过程，因此即使铜酞菁的寿命相对较短，但它有很强的反饱和吸收能力，因而有最好的光限幅性能；三线态的寿命不是影响光限幅性能的绝对条件，但它是产生光限幅的一个重要的参数，高的三线态量子效率和长的三线态寿命可以促使更多的三线态分子实现反饱和吸收的过程，从而增大光限幅效应。对于化合物 4 比 5 的光限幅性能更好，应该归因于其非常长的三线态的寿命。此外，对叔丁苯氧基取代的酞菁化合物 4~6 比异丁氧基取代的酞菁化合物7~9有更

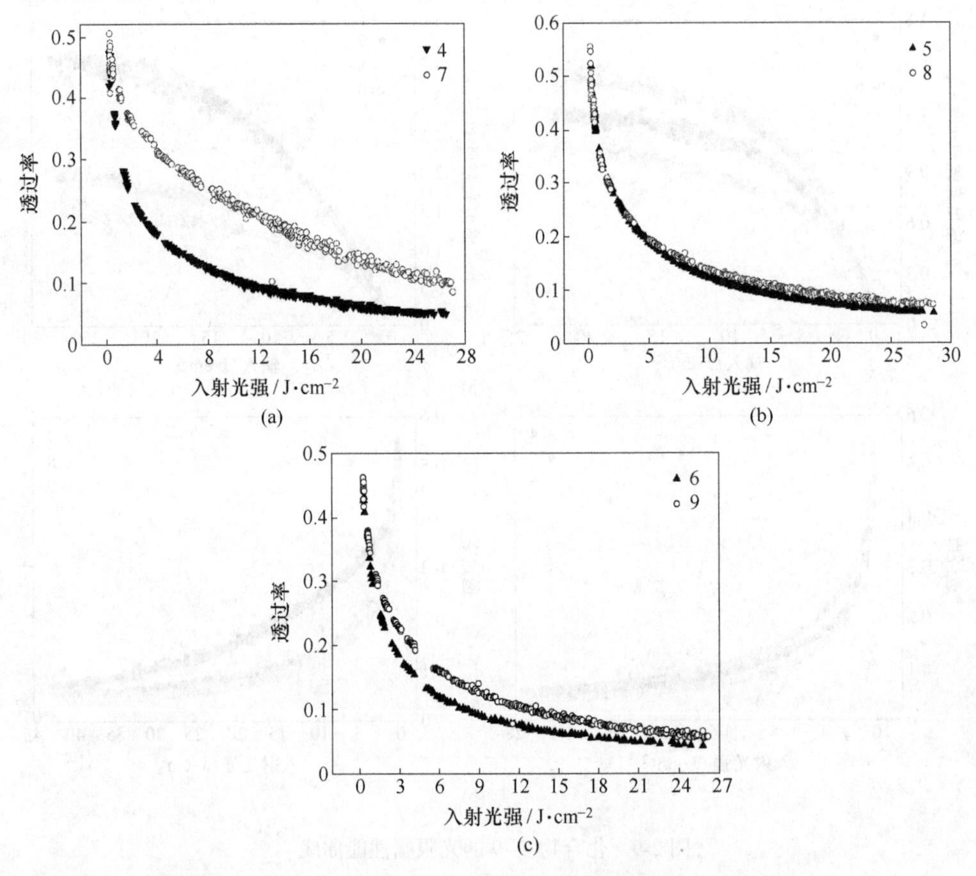

图 2-10 两种不同的取代酞菁化合物的光限幅性能对比图

（黑色为对叔丁苯氧基取代的酞菁化合物；灰色为异丁氧基取代的酞菁化合物）

好的光限幅性能，是因为它有着更高的三线态的量子产率 Φ_T、三线态减去基态的摩尔吸收消光系数 $\Delta\varepsilon_T$ 和三线态的寿命 τ_T。

在此，作者引进一个五能级的模型来阐述光限幅产生的机制，以及评估光限幅性能的基本参数，并进一步分析这些酞菁化合物光限幅差异的原因。如图 2-11 所示，基态的分子吸收一个光子到达 S_1 态，部分 S_1 态的分子会快速地系间窜越到 T_1 态，当照射的激光足够强时，T_1 态的分子会继续吸收另外一个光子到达更高的激发态 S_n 和 T_n 态。此时当激发态的吸收截面积大于基态的吸收截面积时，由 S_1 到 S_n 和 T_1 态到 T_n 态的吸收就是反饱和吸收，这一过程也是产生反饱和吸收的主要原理。然而，对于纳秒级的光限幅效应来说，酞菁化合物的 S_1 的寿命很短，而三线态 T_1 的寿命很长，相对于 T_1 态到 T_n 态的吸收，由 S_1 到 S_n 的吸收的概率很小，可以忽略不计。因此，对于酞菁化合物通常把 T_1 态到 T_n 态的吸收称为反饱和吸收。因而，基态的吸收截面积 σ_0 和激发态的吸收截面积 σ_{ex} 是决定光限幅性能的重要参数。一个好的光限幅材料应该具备低的基态吸收截面积和高的三线态的吸收截面积，从而保证具有低的光损伤或高的初始透过率 T_{lin} 和高的激发态减去基态的吸收摩尔消光系数 $\Delta\varepsilon_T$。正因为如此，可以通过衡量的 σ_{ex}^T/σ_0 和 $NAF=T_{lin}/T_{lim}$ 比值来评估光限幅性能的参数。

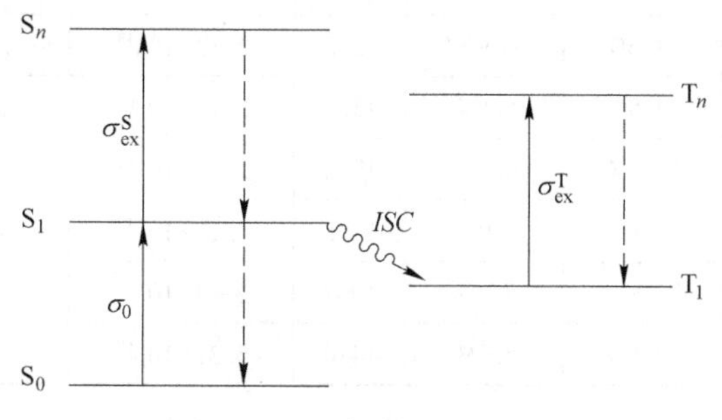

图 2-11 反向饱和吸收机理

用 532nm 的激光激发样品，基态（S_0）的 α 取代氯化铝酞菁分子吸收光子跃迁到第一激发单重态（S_1）。基态的吸收截面积（σ_0）可以根据公式 $\varepsilon=4.34\times10^{-4}\sigma_0 N_0$ 和 532nm 处的消光系数 ε 计算得出（N_0 是阿伏伽德罗常数）。在低入射光强条件下，样品分子线性吸收，其线性透过率（T_{lin}）用式（2-1）计算：

$$T_{lin}=e^{-\sigma_0 NL} \tag{2-1}$$

式中，N 为样品的分子数浓度；L 为样品的有效光程长度。

处于 S_1 态的分子不仅通过荧光辐射和非辐射过程失活回到基态，而且通过较快的速度系间窜越（ISC）到三重态 T_1。激发态吸收使这个寿命的第一激发三重态再次跃迁到更高级的激发三重态这个额外的瞬态吸收就是反饱和吸收（RSA），也就是纳秒光限幅性能的产生机理。在高入射光强的条件下，基态和激发单重态布居数可以忽略，$T_1 \to T_n$ 的跃迁主导吸收，所以非线性极限透过率（T_{lin}）可以用式（2-2）来表示：

$$T_{lim}=e^{-\sigma_{ex} NL} \tag{2-2}$$

式中，σ_{ex} 是三重态的吸收截面积。

于是如式（2-3）所示，线性透过率和极限透过率的比值就将三重态的吸收截面积和基态的吸收截面积联系起来。

$$\frac{T_{lin}}{T_{lim}} \approx e^{-(\sigma_{ex}-\sigma_0)NL} \tag{2-3}$$

根据以上 3 个方程，通过酞菁 4~9 的 THF 溶液样品的光限幅实验的数据，可以计算出所有酞菁化合物的激发态吸收截面积和激发态对基态吸收截面积的比

值 σ_{ex}/σ_0，并可以通过该比值来评价一个化合物分子光限幅能力的强弱。通过表 2-3 可以看出 σ_{ex}^T/σ_0 值与 *NAF* 以及光限幅的性能非常的吻合。

表 2-3　酞菁化合物的光限幅性能参数

化合物	浓度/mol · L^{-1}	初始透过率 T_{lin}	极限透过率 T_{lim}	*NAF*	基态吸收截面积 σ_0/cm^2	三线态吸收截面积 σ_{ex}^T/cm^2	σ_{ex}^T/σ_0
4	1.72×10^{-4}	74.6%	4.9%	15.2	2.82×10^{-18}	2.11×10^{-17}	7.5
5	1.28×10^{-4}	74.8%	5.6%	13.3	3.71×10^{-18}	2.58×10^{-17}	7.0
6	2.29×10^{-4}	74.3%	4.3%	17.2	2.24×10^{-18}	1.69×10^{-17}	7.6
7	4.29×10^{-4}	73.8%	11%	6.65	1.17×10^{-18}	4.09×10^{-17}	3.5
8	1.73×10^{-4}	73.9%	7.2%	10.2	2.94×10^{-18}	2.15×10^{-17}	7.3
9	9.70×10^{-5}	73.6%	5.1%	14.0	5.37×10^{-18}	3.94×10^{-17}	7.4

到目前为止，对于大多数酞菁化合物的研究绝大多数都是在液体中进行的，而要实现酞菁光限幅的实际应用，对于酞菁的固体器件的研究必须引起高度重视。特别是在当今激光武器迅猛发展的今天，作为激光防护材料的光限幅材料，其器件的研究有着重要的意义。因此，本章中采用改进的溶胶-凝胶法制备固体器件酞菁，并研究其光物理和光限幅性能，为酞菁的光限幅的实际应用提供指导。

综上，本章合成了 6 种含有不同中心金属（Al，Ga，In）和 2 种不同周边取代基团（对叔丁苯氧基和异丁氧基）的酞菁化合物，研究并分析了它们的光物理和光限幅性能。从酞菁的光限幅性能的实际应用角度出发，一个好的酞菁光限幅材料要求酞菁化合物具备良好的溶解性，吸收光谱有比较宽的光学窗口、较低的基态摩尔吸收消光系数（低的基态吸收截面积）、较高的三线态的摩尔吸收消光系数（高的三线态吸收截面积），以保证具有较高的 σ_{ex}^T/σ_0 和 *NAF* 值。光限幅的产生是由三线态的反饱和吸收引起的，三线态的光物理性能是影响光限幅的主要参数，比如系间窜越的速率常数、三线态的量子产率、三线态的寿命、三线态的摩尔消光系数等都是产生良好光限幅的必要参数。

通过研究不同中心金属和周边取代基团的酞菁化合物的光物理和光限幅性能之间的关系，可以得出重金属酞菁由于重原子的自旋-耦合作用，使得它具有更低的 S_1 和 T_1 态间的能隙差，从而有着更快的系间窜越的速率常数和更大的三线态的量子产率，再加上重原子酞菁有更高的三线态的吸收摩尔消光系数，使得重原子酞菁有着更好的光限幅性能；具有庞大体积的周边取代基团不仅可以增加酞菁化合物的溶解性，而且可以减弱酞菁分子之间的 π-π 相互作用，从而降低激发态（尤其是三线态）非辐射失活的概率，使得具有更长的三线态寿命和三线态的量子产率，从而具有更好的光限幅性能。

因此，合成出大体积周边取代基团的重金属酞菁化合物可以得到具有较好光限幅性能的材料，这一结果为酞菁光限幅化合物的设计、合成提供了合理的信息，对酞菁作为光限幅材料的应用有着重要的意义。

参 考 文 献

[1] Perry J W, Nalwa H S, Miyata S. Nonlinear optics of organic molecules and polymers [J]. Boca Raton, 1997: 813.

[2] Hanack M, Dini D, Barthel M, et al. Conjugated macrocycles as active materials in nonlinear optical processes: Optical limiting effect with phthalocyanines and related compounds [J]. Chem. Rec., 2002, 2: 129~148.

[3] Wohrle D, Meissner D. Organic solar cells [J]. Adv. Mater., 1991, 3: 129~138.

[4] Mhuircheartaigh E M N, Giordani S, Blau W J. Linear and nonlinear optical characterization of a tetraphenylporphyrin-carbon nanotube composite system [J]. J. Phys. Chem. B, 2006, 110: 23136~23141.

[5] Ao R, Kilmmert L, Haarer D, Present limits of data storage using dye molecules in solid matrices [J]. Zdv. Mater., 1995, 7: 495~499.

[6] Leznoff C C. Lever A B P. Phthalocyanines: Properties and Applications[M]. Weinheim: VCH, 1989.

[7] De la Torre G, Vazquez P, Agullo-Ldpez F, et al. Role of structure factors in the nonlinear optical properties of phthalocyanines and related compounds [J]. Chem. Rev., 2004, 104: 3723~3750.

[8] Perry J W, Mansour K, Lee I Y S., et al. Organic optical limiter with a strong nonlinear absorptive response [J]. Science, 1996, 273: 1533~1536.

[9] Dini D, Barthel M, Hanack M. Phthalocyanines as active materials for optical limiting [J]. Eur. J. Org. Chem., 2001, 20: 3759~3769.

[10] Tutt L W, Kost A. Optical limiting with C-60 in polymethyl methacrylate [J]. Opt. Lett., 1993, 18: 334~336.

[11] Hanack M, Schneider T, Barthel M, et al. Indium phthalocyanines and naphthalocyanines for optical limiting [J]. Coord. Chem. Rev., 2001, 219~221: 235~258.

[12] Chen Y, Hanack M, Araki Y, et al. Axially modified gallium phthalocyanines and naphthalocyanines for optical limiting [J]. Chem. Soc. Rev., 2005, 34: 517~529.

[13] Slodek A, Wohrle D, Doyle J J, et al. Metal complexes of phthalocyanines in polymers as suitable materials for optical limiting [J]. Macromol Symp., 2006, 235: 9~18.

[14] Chen Y, Fiyitsuka M, OTlaherty S M, et al. Strong optical limiting of soluble axially substituted gallium and indium phthalocyanines [J]. Adv. Mater., 2003, 15: 899~902.

[15] Marder S R, Sohn J E, Stucky G D. Materials for Nonlinear Optics—Chemical Perspectives [M]. ACS Symposium Series, 1991: 626.

[16] Bredas J L, Adant C, Tackx P, et al. 3rd-order nonlinear-optical response in organic materials-theoretical and experimental aspects [J]. Chem, Rev., 1994, 94: 243~278.

[17] Tutt L W, Boggess T F. A review of optical limiting mechanisms and devices using organics, fullerenes, semiconductors and other materials [J]. Prog. Quantum Electron., 1993, 77: 299~338.

[18] Senge M O, Fazekas M, Notaras E G A, et al. Nonlinear optical properties of porphyrias [J]. Adv. Mater., 2007, 19 (19): 2737~2774.

[19] Xia T, Hagan D J, Dogariu A, et al. Optimization of optical limiting devices based on excited-state absorption [J]. Appl. Opt., 1997, 56: 4110~4122.

[20] Sun Y P, Riggs J E. Organic and inorganic optical limiting materials-From fullerenes to nanoparticles [J]. Int. Rev. Phys. Chem., 1999, 18: 43~90.

[21] Blau W, Byrne H, Dennis W M, et al. Reverse saturable absorption in tetraphenylporphyrins [J]. Opt. Commun., 1985, 56: 25~29.

[22] Dini D, Hanack M, Meneghetti M. Nonlinear. optical properties of tetrapyrazinoporphyrazinato indium chloride complexes due to excited-state absorption processes [J]. J. Phys. Chem. B, 2005, 109: 12691~12696.

[23] Riggs J E, Sun Y P. Optical limiting properties of mono-and multiple-functionalized fullerene derivatives [J]. J. Chem. Phys., 2000, 112: 4221~4230.

[24] Wei T H, Hagan D J, Sence M J, et al. Coulter [J]. Appl. Phys. B, 1992, 54: 46~51.

[25] Dini D, Calvete M J F, Hanack M, et al. Nonlinear transmission of a tetrabrominated Naphthalocyaninato Indium Chloride [J]. Chem. B, 2006, 110: 12230~12239.

[26] Sun W, Byeon C C, McKerns M M, et al. Optical limiting performances of asymmetric pentaazadentate porphyrin-like cadmium complexes [J]. Phys. Lett., 1998, 73: 1167~1169.

[27] OTlaherty S M, Hold S V, Cook M, et al. Molecular engineering of peripherally and axially modified phthalocyanines for optical limiting and nonlinear optics [J]. Adv. Mater., 2003, 15: 1932.

[28] Perry J W, Mansour K, Marder S R, et al. Enhanced reverse saturable absorption and optical limiting in heavy-atom-substituted phthalocyanines [J]. Opt. Lett., 1994, 19: 625~627.

[29] Bajema L, Gouterman M, Meyer B. Spectra of porphyrins: 11. absorption and fluorescence spectra of matrix isolated phthalocyanines [J]. J. Mol. Spectrosc., 1968, 27: 225~235.

[30] Tutt L W, Kost A. Optical limiting performance of C-60 and C-70 solutions [J]. Nature, 1992, 356: 225~226.

[31] Chen Y, Hanack M, Tlaherty S M O, et al. An axially grafted charm bracelet type indium phthalocyanine copolymer [J]. Macromolecules, 2003, 36: 3786~3788.

[32] Subbiah S, Mokaya R. Photophysical properties of fullerenes and phthalocyanines embedded in ordered mesoporous silica films annealed at Various temperatures [J]. J. Phys. Chem. B, 2005, 109: 5079~5084.

[33] Kobayashi N, Sasaki N, Higashi Y, et al. Regiospecific and nonlinear substituent effects on

the electronic and fluorescence spectra of phthalocyanines [J]. Inorg. Chem., 1995, 34: 1636~1637.

[34] Bian Y, Wang R, Jiang J, et al. Synthesis, spectroscopic characterisation and structure of the first chiral heteroleptic bis (phthalocyaninato) rare earth complexes [J]. Chem. Commun., 2003: 1194~1195.

[35] Sun W, Wang G, Li Y, et al. Axial halogen ligand effect on photophysics and optical power limiting of some indium naphthalocyanines [J]. J. Phys. Chem. A, 2007, 111: 3263~3270.

[36] Linsky J P, Paul T R, Nohr R S, et al. Studies of a series of haloaluminum, -gallium, and -indium phthalocyanines [J]. Inorg. Chem., 1980, 19: 3131~3135.

[37] Auger A, Blau W J, Bumham P M, et al. Nonlinear absorption properties of some 1, 4, 8, 11, 15, 18, 22, 25-octaalkylphthalocyanines and their metallated derivatives [J]. Mater. Chem., 2003, 13: 1042~1047.

[38] Nyokong T. Effects of substituents on the photochemical and photophysical properties of main group metal phthalocyanines [J]. Goord. Chem. Rev, 2007, 257: 1707~1722.

[39] Rager C, Schmid G, Hanack M. Influence of substituents, reaction conditions and central metals on the isomer distributions of 1 (4)-Tetrasubstituted phthalocyanines [J]. Chem. Eur. J., 1999, 5, 280~288.

[40] Calvete M J F, Yang G Y, Hanack M. Porphyrins and phthalocyanines as materials for optical limiting [J]. Synth. Met., 2004, 141: 231~243.

[41] Kobayashi. N. Optically active phthalocyanines [J]. Coord. Chem. Rev., 2001, 219-221: 99~123.

[42] Gan Q, Li S, Morlet-Savary F, et al. Photophysical properties and optical limiting property of a soluble chloroaluminum-phthalocyanine [J]. Opt. Express, 2005, 13: 5424~5433.

[43] Wang S, Gan Q, Zhang Y, et al. Optical-limiting and photophysical properties of two soluble chloroindium phthalocyanines with a- and p-alkoxyl substituents [J]. Chem. Phys. Chem., 2006, 7: 935~941.

[44] Kobayashi N. Optically active phthalocyanines [J]. Coord. Chem. Rev., 2001, 219-221: 99-122.

3 萘酞菁的合成、光物理及光限幅性能的研究

3.1 引言

本章系统研究了一系列不同中心金属和周边取代基团的光物理和光限幅性能[1~3]，并研究了光物理和光限幅性能之间的关系以及产生良好光限幅性能的基本条件，得出重金属酞菁有着更好的光限幅性能，大的周边取代基团不仅可以增大酞菁的溶解性，还可以减少分子间的聚集，延长三线态的寿命和增大三线态量子产率。并在此基础上进一步研究结构对酞菁光物理和光限幅性能的影响，合成了具有更大 π 电子共轭体系的八-对叔丁苯氧基取代的金属萘酞菁化合物，研究了它们的光物理和光限幅性能，并与相应的酞菁化合物进行比较，找出共轭程度对光物理和光限幅性能的影响以及它们之间的关系，为实现酞菁光限幅性能的应用提供理论依据。

3.2 取代金属萘酞菁化合物的合成

金属酞菁的合成方法有许多种，最常见的是用邻苯二腈作为原料，经环合得到酞菁环状物。因此，对于萘酞菁的合成必须要得到相应的原料邻萘二腈化合物，未取代的邻萘二腈可以在市场上买到，而本章中的八-对叔丁苯氧基邻萘二腈则需经合成得到[4~6]。具体的合成路线如图 3-1 所示。

本章合成了具有两种不同中心金属的对叔丁苯氧基取代的萘酞菁化合物。首先邻二甲苯在溴素的作用下，冰浴环境下分别在其 2 个甲基的对位上取代 2 个溴原子得到 4,5-二溴邻二甲苯（化合物 1）；将化合物 1 的 2 个甲基用 NBS 作为溴化剂，偶氮二异丁腈为催化剂，在 CCl_4 溶液中紫外光下经过二溴甲基化以后得到化合物 2；化合物 2 与反式的丁二腈（富马腈）环合得到二溴代的萘二腈 3；随后用对叔丁基苯酚将萘二腈的两个溴取代后得到新取代的萘二腈原料 4；原料 4 在正戊醇溶剂中用 DBU 作为催化剂，在 140℃ 氮气保护下分别与 $GaCl_3$ 和 $InCl_3$ 作用经环合得到相应的萘酞菁化合物 5a 和 6a。随着酞菁环的增大，酞菁的热稳定性有所下降，因此为了提高反应的产率，必须降低反应的温度，相对于其他的合成路线[7~9]，由于该反应的温度较低，采用此方法合成的产物的产率相对较高。得到的粗产物经硅胶柱提纯和真空蒸馏除去杂质以后得到纯净的萘酞菁化合物。这些化合物经 UV-vis，^{1}H-NMR 和 MALDI-TOF 等方法表征证实了这些产物的结构

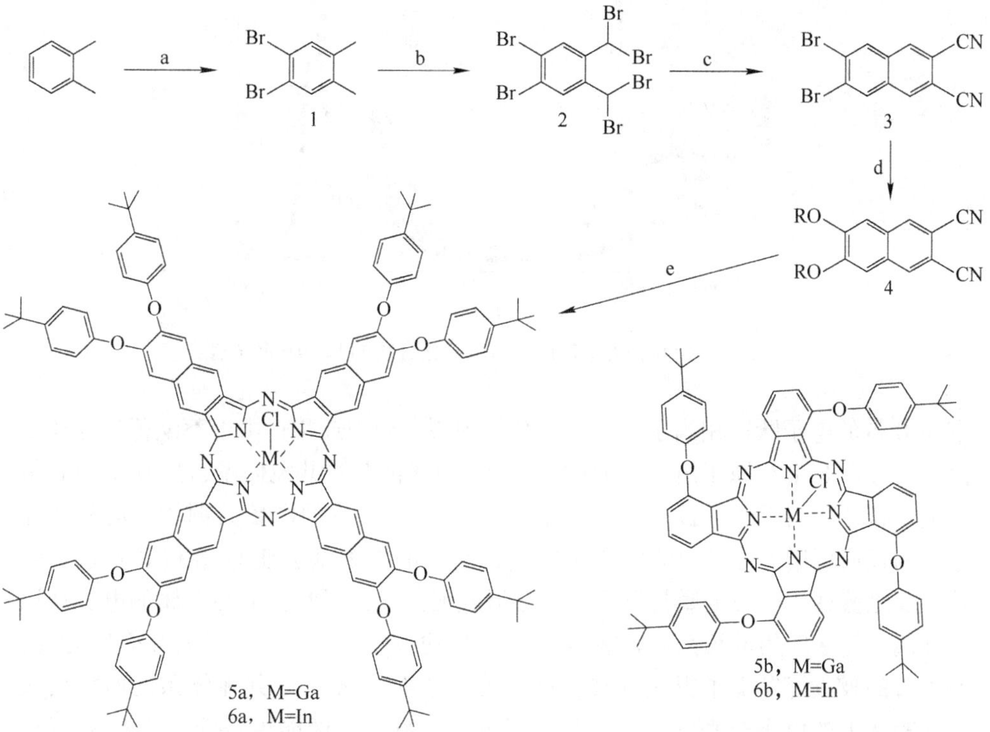

图 3-1 萘酞菁的合成路线以及与之作对比的相应的酞菁化合物

a—Br_2,I_2,-5~0℃，16h；b—NBS，AIBN，UV 照射，CCl_4，8h；c—富马腈，NaI，DMF，80℃，10h；d—4-叔丁基苯酚，K_2CO_3，DMF，100℃，8h；e—MCl_3，DBU，正丁醇，36h

与预期的相符。值得提出的是，这些酞菁化合物在绝大多数常见的极性溶剂中有着很好的溶解性，这些溶剂包括二氯甲烷、四氢呋喃、DMF、DMSO、乙醇等，从而有利于其光物理和光限幅性能的研究。为了便于对比其性能，合成了相对应的金属酞菁化合物 5b 和 6b，研究了它们的光物理和光限幅性能。

3.3 萘酞菁化合物的光物理和光限幅性能

3.3.1 基态吸收与荧光光谱

萘酞菁化合物 5a、6a 及其参照物 5b、6b 的基态吸收曲线如图 3-2 所示，化合物 5a、6a 的 Q 带吸收的最大吸收峰分别在 799nm 和 802nm，而相应的酞菁化合物 5b、6b 的最大吸收峰分别为 714nm 和 722nm。根据现代分子轨道理论，Q

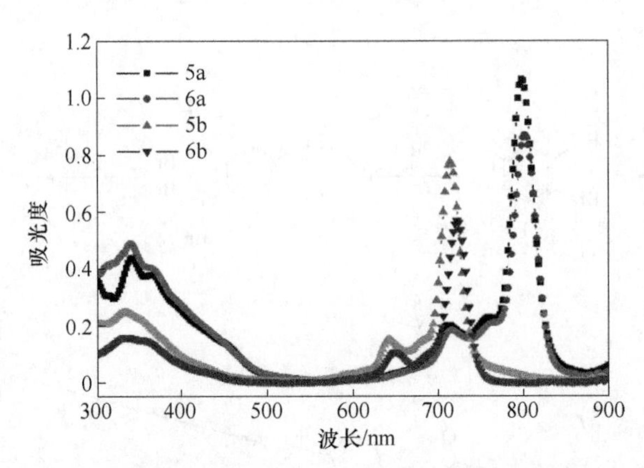

图 3-2　金属萘酞菁和相应的酞菁化合物的基态吸收光谱

带和 B 带的电子跃迁相当于电子云由分子中心向四周迁移，由于萘酞菁的内环是由 8 个 N 和 8 个 C 原子组成的 16 中心 18 π 电子的芳香共轭体系，故 Q 带和 B 带的电子跃迁相当于电子云从 8 个 N 和 8 个 C 原子组成的内环共铜体系向外环迁移。而任何可增大分子内的氮原子电子云密度的因素都会使 Q 带和 B 带发生红移，反之蓝移。中心金属与氮原子间会形成配位键，因此，中心金属的电负性以及金属与氮之间的键长都会影响 Q 带和 B 带的吸收峰波长。与酞菁化合物相比，萘酞菁的吸收峰发生了很大红移。这是由于萘酞菁 π 电子共轭体系的增加增大了共轭环上的电子云密度，从而萘酞菁化合物的 S_1 态的能级降低，使得 S_0 和 S_1 的能隙差缩小，Q 带的吸收发生红移。而比较 B 带的吸收光谱，萘酞菁的 B 带的红移比 Q 带的红移小得多，从而使得萘酞菁化合物有着更宽更接近于红外区域的光限幅的窗口。将吸收光谱和荧光光谱归一化以后，根据两光谱的交点对应的波长可以算出萘酞菁和酞菁的 S_1 态的能级。计算公式为：

$$E\lambda = 1.243 \times 10^{-6}(\mathrm{eV \cdot m}) \tag{3-1}$$

$$E = 1.243 \times 10^{-6}/\lambda(\mathrm{eV}) \tag{3-2}$$

由式（3-1）、式（3-2）计算得到的萘酞菁和酞菁化合物的 S_1 态的能级分别为 1.5eV 和 1.7eV 左右，表明萘酞菁有着更低的 S_1 态的能级，从而更加有利于从 S_1 态到 T_1 态的系间窜越过程的发生。为了进一步考证萘酞菁化合物的溶解性，选用了化合物 6a，测量了它不同浓度下的吸收光谱，并作出了吸光度随浓度的变化曲线，如图 3-3 所示。

当萘酞菁的浓度在 1.0×10^{-4} mol/L 以下时，基本符合 Beer 定律，这一事实与作者预期的想法相一致，那就是 8 个庞大的对叔丁苯氧基以及轭向的氯原子可以有效地阻止萘酞菁分子间的聚集，增加萘酞菁的溶解性。

萘酞菁化合物 5a、6a 及其参照物 5b、6b 的荧光光谱如图 3-4（a）所示，化

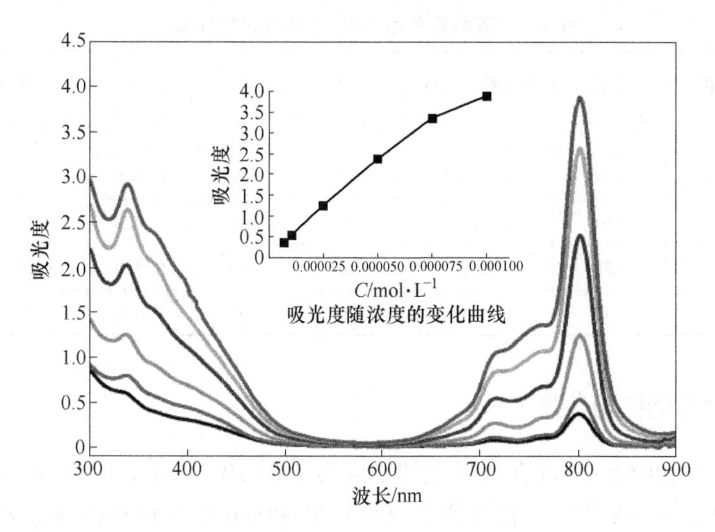

图 3-3 不同浓度下化合物 6a 的吸收曲线

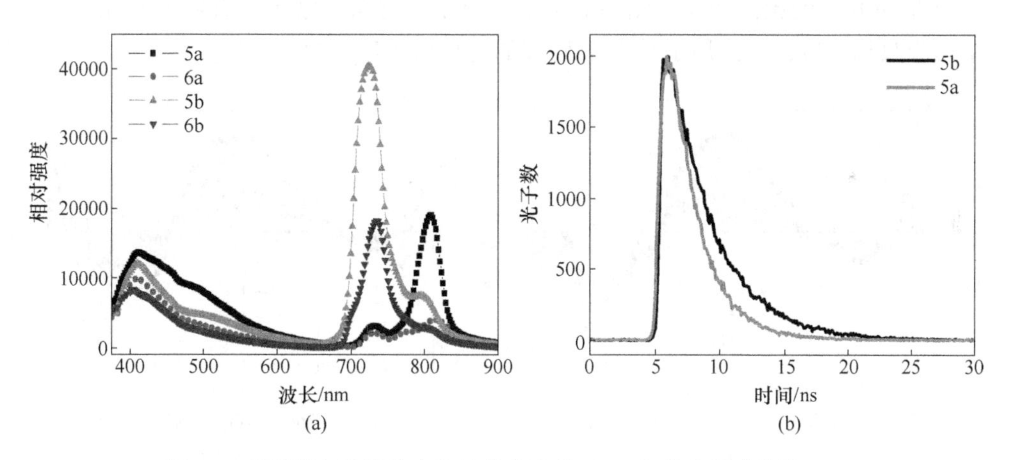

图 3-4 萘酞菁与酞菁化合物的荧光光谱（a）与荧光衰减曲线（b）

合物 5a、6a 的荧光分别在 809nm 和 813nm，与化合物 5b、6b 的 723nm 和 735nm 相比，其 Stokes 位移相差不多。由于萘酞菁化合物与酞菁相比有着更低的 S_1 态的能级，使得它有着更低的荧光强度和荧光量子产率，（见表 3-1）。此外，还测量了萘酞菁与酞菁的荧光衰减曲线，如图 3-4（b）和表 3-1 所示，萘酞菁化合物 5a、6a 的寿命分别为 2.51ns 和 0.71ns，酞菁化合物 5b、6b 的寿命分别为 3.66ns 和 0.76ns。萘酞菁的寿命要低于酞菁的寿命，这是由于萘酞菁有着更低的 S_1 态能级的缘故，既加快了分子从 S_1 态衰减到 S_0 态速度，也加快了分子由 S_1 态系间窜越到 T_1 态的速度，从而降低了 S_1 态的寿命。

表 3-1　萘酞菁和酞菁化合物的光物理参数

化合物	波长（Q）/nm	波长（B）/nm	消光系数（Q）/mol^{-1} · cm^{-1}	荧光（Q）/nm	荧光（B）/nm	荧光量子产率（S_1）	荧光寿命（S_1）/ns	能级（S_1）/eV
5a	799	340	2.1×10^5	809	411	0.066	2.51	1.55
6a	802	339	1.7×10^5	813	411	0.028	0.71	1.54
5b	714	331	1.5×10^5	723	406	0.429	3.66	1.73
6b	722	335	1.1×10^5	735	403	0.030	0.76	1.71

3.3.2　三线态的性能参数

萘酞菁化合物 5a、6a 在氮气饱和浓度为 5.0×10^{-5} mol/L 的 THF 溶液中的瞬态吸收光谱如图 3-5 所示，化合物 5a 和 6a 在 600nm 左右呈现很强的瞬态吸收信号（正信号），也就是三线态有 T_1 到 T_n 的反饱和吸收信号；另外可以清楚地看到 Q 带和 B 带的漂白峰，如图中的负信号所示，它与萘酞菁化合物 Q 带和 B 带基态吸收相对应，是经历了从 S_1 态跃迁的过程后产生的漂白信号。

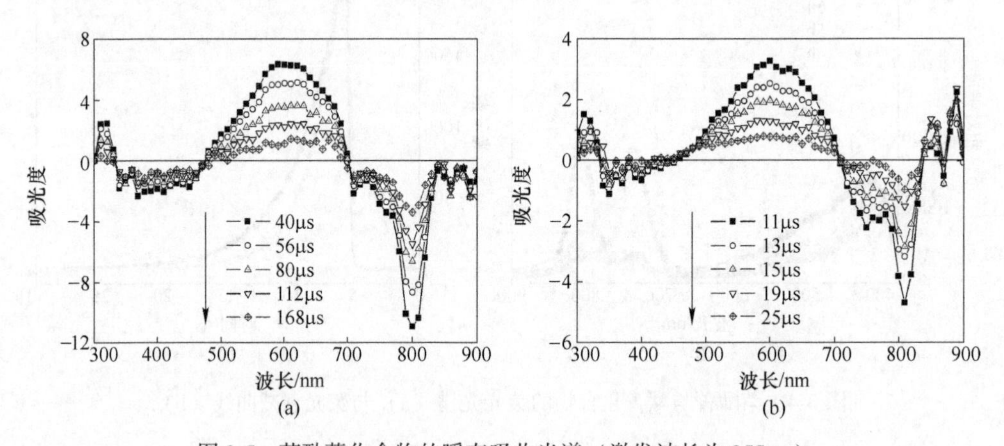

图 3-5　萘酞菁化合物的瞬态吸收光谱（激发波长为 355nm）

化合物 5a、6a 的三线态的最大吸收波长分别为 610nm 和 620nm，和酞菁化合物 5b、6b 的三线态吸收（分别为 580nm 和 590nm）相比有了较大的红移。这说明与酞菁相比，萘酞菁有着更低的 T_1 到 T_n 的能级差，更容易实现由 T_1 到 T_n 的反饱和吸收过程。将萘酞菁与酞菁的瞬态吸收相比，从图 3-6 中可以看出在同一浓度和激光强度下，萘酞菁的三线态的吸光度值要远远高于酞菁化合物，这进一步说明了萘酞菁化合物有着更强的三线态的吸收，更有利于光限幅效应的产生。

通过闪光光解作者测量并计算了萘酞菁化合物 5a、6a 和相应酞菁化合物 5b、

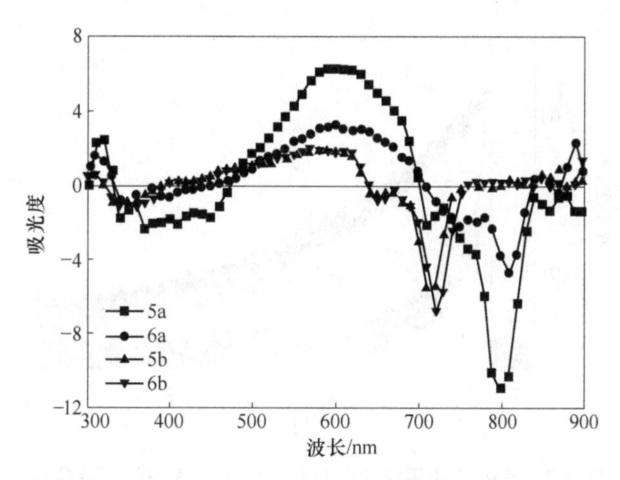

图 3-6 同一浓度和激光强度下萘酞菁和酞菁化合物的瞬态吸收光谱

6b 的三线态的量子产率 Φ_T 和系间窜越的速率常数灯 k_{ST}。由表 3-2 可以看出，与酞菁化合物 5b、6b 相比，化合物 5a、6a 有着更快的系间窜越的速率常数；此外，化合物 5a、6a 的 Φ_T 值分别为 0.70 和 0.72，而化合物 5b、6b 的 Φ_T 值分别为 0.51、0.62，可以看出，萘酞菁化合物的量子产率要明显高于酞菁化合物，从而将会有更多的三线态分子发生反饱和吸收过程。这是由于萘酞菁有着更低的 S_1 态的能级，从而有着更低的 S_1 与 T_1 之间的能隙差，增大了系间窜越发生的概率，这就是三线态量子产率高的原因。而这一结果也与前面讨论的光物理过程相吻合。三线态减去基态的吸收摩尔消光系数和基态的吸收摩尔消光系数 ε_0 可以通过计算得到（见表 3-2），遵循同样的规律，萘酞菁有着更大的 $\Delta\varepsilon_T$ 的值，这与有更大的吸光度值相符合，也进一步证实了萘酞菁化合物有着更好的三线态的吸收。

表 3-2 萘酞菁和酞菁化合物的三线态的物理参数

化合物	吸收波长（T_n）/nm	基态摩尔消光系数/$mol^{-1}\cdot cm^{-1}$	三线态减去基态摩尔消光系数/$mol^{-1}\cdot cm^{-1}$	三线态寿命/μs	系间窜越速率常数/s^{-1}	三线态量子产率 Φ_T
5a	610	3.0×10^3	12.8×10^4	71.4	4.2×10^9	0.70
6a	620	2.6×10^3	12.6×10^4	8.3	2.1×10^{10}	0.72
5b	580	1.2×10^3	6.4×10^4	114.2	3.5×10^8	0.51
6b	590	6.1×10^2	7.2×10^4	24.1	2.7×10^9	0.62

通过闪光光解测量了它们三线态的寿命，如图 3-7 所示。萘酞菁化合物 5a、6a 的三线态的寿命分别为 71.4μs 和 8.3μs，而酞菁化合物 5b、6b 的寿命为

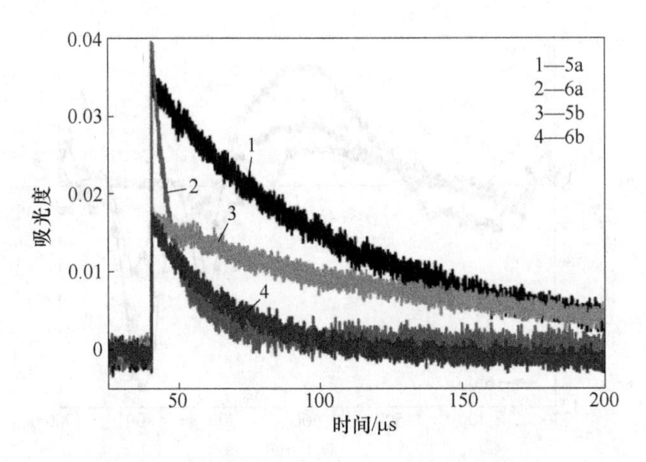

图 3-7　萘酞菁和相应的酞菁化合物的三线态的衰减曲线

114. 2μs 和 24. 1μs。可以看出萘酞菁化合物的寿命要明显低于酞菁化合物的寿命，但是对于酞菁化合物，三线态的寿命不是影响光限幅性能的绝对条件，但它是产生光限幅的一个重要的参数，这是因为酞菁化合物的微秒级的长寿命对纳秒级的激光来说足可以使酞菁三线态的分子实现反饱和吸收的过程。

3. 4　萘酞菁的光限幅性能

萘酞菁化合物 5a 和 6a 与酞菁化合物 5b 和 6b 的光限幅性能对比曲线如图 3-8 所示，它们在纳秒激光脉冲作用下具有较好的光限幅特性，在低光强下化合物 5a 和 5b 有着相同的初始透过率（70%），化合物 6a 和 6b 的初始透过率为 56%。从图 3-8 可以看出，在低光强下输出光强随着入射光强的增加而线性增加，而在高光强下随着入射光强的增加输出光强增加较小，呈明显的非线性，透过率随着输入光强的增加而非线性地降低，当透过率下降到线性透过率的 1/2 时，输入阈值即为限幅阈值，萘酞菁化合物 5a 和 6a 的限幅阈值分别为 0. 26J/cm^2 和 0. 15J/cm^2，对应于酞菁化合物 5b 和 6b 的 0. 46J/cm^2 和 0. 22J/cm^2，限幅阈值要小得多。当射入的激光足够强时，透过率会达到一个极限值，这时可以得出一个衡量光限幅好坏的性能参数，非线性衰减因子 $NAF = T_{\mathrm{lin}}/T_{\mathrm{lim}}$。萘酞菁化合物 5a 和 6a 的 NAF 值为 10. 4 和 16，酞菁化合物 5b 和 6b 的 NAF 值为 8. 8 和 14，萘酞菁的 NAF 值要高于酞菁化合物的 NAF 值。从光限幅的阈值和非线性衰减因子的角度分析，表明萘酞菁与相对应的酞菁化合物相比有着更好的光限幅性能。

正如前面讨论的，一方面，萘酞菁由于其 π 电子共轭体系的增加，使得共轭环上的电子云密度增大，这就降低了萘酞菁的 S_1 态的能级，使得 S_1 与 T_1 态之间的能隙差缩小，从而加快了 S_1 态分子的系间窜越过程，增大了三线态分子的生

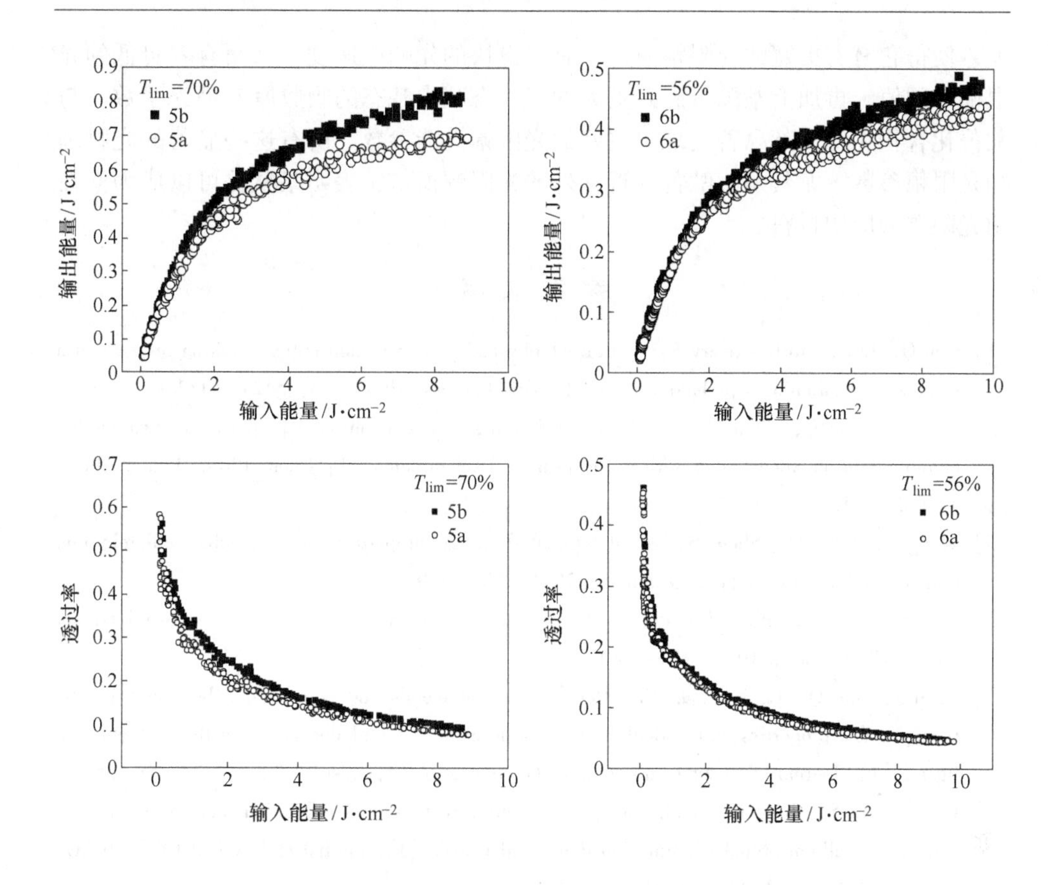

图 3-8 萘酞菁与酞菁化合物的光限幅性能对比

成量子产率，使得更多的三线态的萘酞菁分子发生反饱和吸收，从而显示出比酞菁化合物更好的光限幅性能；另一方面，萘酞菁其 π 电子共轭体系的增加，加快了对光的相应速度，使得萘酞菁有着更低的光限幅的阈值，再加上萘酞菁有着更大的三线态减去基态的吸收摩尔消光系数，表现出更好的光限幅性能参数，因此，与酞菁化合物相比，萘酞菁有着更宽的光限幅的窗口，更强的三线态的吸收，具有更好的光限幅性质，尤其是其近红外区域的光限幅窗口使得萘酞菁化合物成为潜在的光限幅应用材料。

综上所述，本章合成了 2 种不同中心金属（Ga 和 In）的八-对叔丁苯氧基取代的萘酞菁化合物，研究了它们的光物理和光限幅性质。庞大的周边取代基团和轴向氯原子有效地增大了化合物的溶解性，为各项溶液性能的测量和光限幅性能的应用提供了前提条件。萘酞菁化合物由于其 π 电子共轭体系的增加，使得它有着更低的 S_1 态的能级和更小的 S_1 与 T_1 态之间的能隙差，从而有着更快的系间窜越速率常数和更高的三线态的量子产率。此外，萘酞菁的 π 电子共轭体系的增加，使得它有着更宽的光限幅窗口，有着更快的光响应速度，从而有着更低的光限幅的阈值，再加上萘酞菁有着更大的三线态减去基态的吸收摩尔消光系数，与酞菁化合物相比，萘酞菁表现出更好的光限幅性能参数。所有这些显著的光物理和光限幅参数，尤其是萘酞菁的近红外的光限幅窗口，表明萘酞菁可以成为潜在的光限幅的应用材料。

参考文献

[1] Gan Q, Li S, Morlet-Savary F, et al. Photophysical properties and optical limiting property of a soluble chloroaluminum phthalocyanine [J]. Opt. Express, 2005, 13: 5424~5433.

[2] Wang S, Gan Q, Zhang Y, et al. Optical-limiting and photophysical properties of two soluble chloroindium phthalocyanines with a- and p-alkoxyl substituents [J]. Chem. Phys. Chem., 2006, 7: 935~941.

[3] Wang S, Gan Q, Shen S, et al. Optical limiting properties of a soluble chloroindium phthalocyanine [J]. Acta Chim Sinica, 2004, 22: 2209.

[4] Crossley A W, Smith S. Derivatives of o-xylene part Ⅳ synthesis of 4,5-dibromo-3-o-xylenol [J]. J. Chem. Soc., 1913, 103: 989.

[5] Chen J, Gan Q, Li S, et al. The effects of central metals and peripheral substituents on the photophysical properties and optical limiting performance of phthalocyanines with axial chloride ligand [J]. Journal of Photochemistry and Photobiology A Chgemistry, 2009, 207: 58~65.

[6] Chen J, Li S, Gong F, et al. Photophysics and triplet-triplet annihilation analysis for axially substituted gallium phthalocyanine doped in solid matrix [J]. Journal of Physical Chemistry C, 2009, 113 (27): 11943~11951.

[7] Kobayashi N, Nakajima S-I, Ogata H, et al. Synthesis, spectroscopy, and electrochemistry of tetra-tert-butylated tetraazaporphyrins, phthalocyanines, naphthalocyanines, and anthracocyanines, together with molecular orbital calculations [J]. Chem. Eur. J., 2004, 10: 6294.

[8] Yang G Y, Hanack M, Lee Y W, et al. Synthesis and nonlinear optical properties of fluorine-containing naphthalocyanines [J]. Chem. Eur. J., 2003, 9: 2758.

[9] 格里菲思 J. 颜色与有机分子结构 [M]. 侯毓汾，吴祖旺，胡家振，等译. 北京：化学工业出版社，1985：243~244.

4 酞菁的器件化及其光物理和光限幅性能的研究

4.1 引言

为了得到具有优良性能的光限幅材料，已经对许多化合物进行了广泛的研究，其中包括富勒烯化合物、卟啉化合物、酞菁化合物以及一些其他的金属有机化合物等[1~8]。早在 1989 年，氯化铝酞菁化合物（PcAlCl）作为酞菁的衍生物，第一次进行了光限幅性质的研究，研究发现氯化铝酞菁在甲醇溶液中存在反饱和吸收（RSA），并且被证实有着很好的光限幅性能[8,9]。随后 Perry 以及他的合作人员报道了四叔丁基取代的氯化铟酞菁有着很强的非线性吸收响应。近些年，Shirk、Hanack 及其合作人员报道了一系列可溶的轭向取代或桥键相连接的锑和铟的酞菁化合物的非线性性质[10~13]。直到现在，为了得到具有更好的光限幅性能以及为了拓展光限幅的窗口从可见到达近红外区域，以满足光限幅材料的实际应用，人们仍然在努力进行对于光限幅材料的研究[14]。有着更大 π 电子共轭体系的萘酞菁化合物将会有着更宽的光限幅窗口来实现反饱和吸收和光限幅性能，将会成为潜在的光限幅材料用于实际。金属萘酞菁化合物由于其强的光学非线性和快的光学响应引起了人们广泛的兴趣[15~17]。

然而，到目前为止，许多基于光限幅的研究都是在溶液状态下进行的。为了实现光限幅性能的实际应用，分散在固体介质中的固化的光限幅材料必须引起更多的重视。其中一个最为有效的方法就是溶胶-凝胶法，这一方法是把不同种类的有机和金属有机化合物混合到无机介质中，经过缩合—溶胶-凝胶—固化后形成固体材料[18~21]。

溶胶-凝胶法作为低温或温和条件下合成无机化合物或无机材料的重要方法，在软化学合成中占有重要地位[22~25]。其在制备玻璃、陶瓷、薄膜、纤维、复合材料等方面获得重要应用，更广泛地用于制备纳米粒子。溶胶-凝胶法的化学过程首先是将原料分散在溶剂中，然后经过水解反应生成活性单体，活性单体进行聚合，开始成为溶胶，进而生成具有一定空间结构的凝胶，经过干燥和热处理制备出纳米粒子和所需要材料。

溶胶-凝胶法与其他方法相比具有许多独特的优点[26~28]：

（1）由于溶胶-凝胶法中所用的原料首先被分散到溶剂中形成低黏度的溶液，因此，就可以在很短的时间内获得分子水平的均匀性，在形成凝胶时，反应物之间很可能是在分子水平上被均匀地混合。

（2）由于经过溶液反应步骤，那么就很容易均匀定量地掺入一些微量元素，实现分子水平上的均匀掺杂。

（3）与固相反应相比，化学反应将容易进行，而且仅需要较低的合成温度，一般认为溶胶-凝胶体系中组分的扩散在纳米范围内，而固相反应时组分扩散是在微米范围内，因此反应容易进行，温度较低。

（4）选择合适的条件可以制备各种新型材料。

迄今为止，有一些工作已经侧重于研究固体薄膜或掺杂在固体基质中的光限幅材料的研究，并提供了一些重要的现实指导意义[29~32]。然而，溶胶-凝胶法仍然存在一些较大的缺陷。由于凝胶中存在大量微孔，在干燥过程中又将会逸出许多气体及有机物，并产生收缩，因而容易造成形成的固体器件存在一些物理缺陷[33~35]，如容易碎裂、透明性不好、机械和热力学稳定性不好等，成为光限幅实际应用的主要障碍。因此，要实现酞菁化合物固体器件的实际应用，在制备器件的过程中必须避免这些缺陷的产生。

之前的工作中作者研究了一系列不同中心金属和周边取代基团的酞菁和萘酞菁化合物光物理和光限幅性能[36,37]，并得到一些具有优良光限幅性能的酞菁化合物。本章在此基础上采用改进的溶胶-凝胶法制备出了一种掺杂了酞菁（1,2,3）或萘酞菁（4）化合物的新型固体器件，并研究了它们的光物理和光限幅性能，得到的固体器件均一、稳定、透明性好，克服了传统溶胶-凝胶法的缺陷，而且得到的固体器件与溶液相比有着更好的光限幅性能，存在着潜在的应用前景。

4.2 酞菁和萘酞菁固体器件的制备

掺杂的酞菁和萘酞菁化合物的结构式如图 4-1 所示，分别为 3 种不同中心金属（Al，Ga，In）酞菁化合物和 Ga 的萘酞菁化合物，化合物 1，2，3 的合成和化合物 4 的分别在第 2 章和第 3 章中合成得到。

化合物 1~4 的相应的固体器件是采用改进的溶胶-凝胶法制备得到的。其制备过程如图 4-2 所示，将 1mL 的正硅酸乙酯（TEOS）和 3mL 的 γ-(2，3-环氧丙氧基）丙基三甲氧基硅烷（KH560）混合到称量瓶中，加入 pH = 2 的盐酸水溶液，在常温下搅拌 2h 后，加入 0.1mL 的 5%的硅酸钠溶液并继续搅拌 2h，随后加入相应的酞菁或萘酞菁的 CH_2Cl_2溶液并继续搅拌 4h。直到混合溶液均一、透明且稍微有一点黏稠时，将混合溶液转移到特制的石英皿中，真空 60℃ 下除去气泡后，在常温下干燥 2 天，然后在 120℃ 下干燥 3 周可得到均一透明、硬度高、致密性好的固体酞菁或萘酞菁的器件。

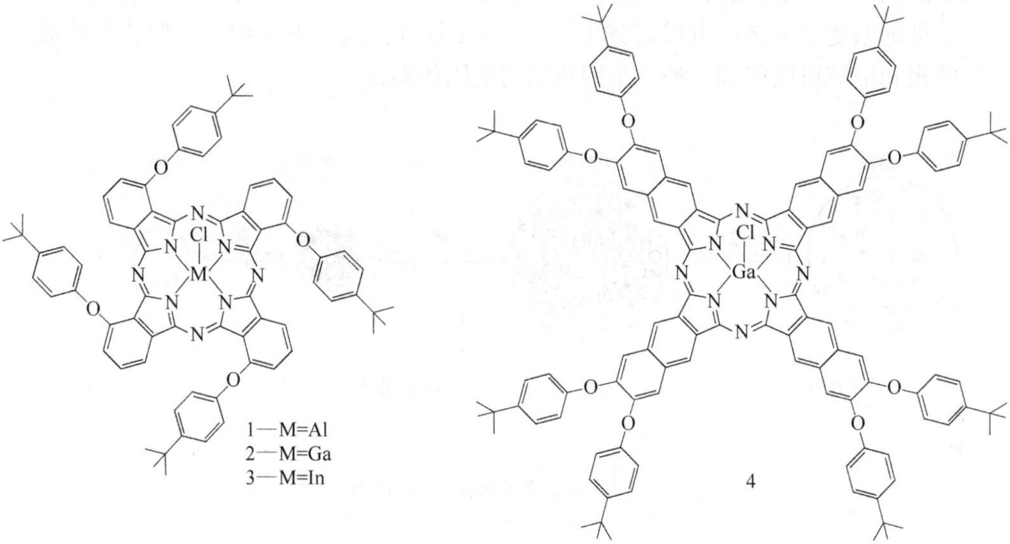

1—M=Al
2—M=Ga
3—M=In

图 4-1 掺杂的酞菁和萘酞菁化合物的结构式

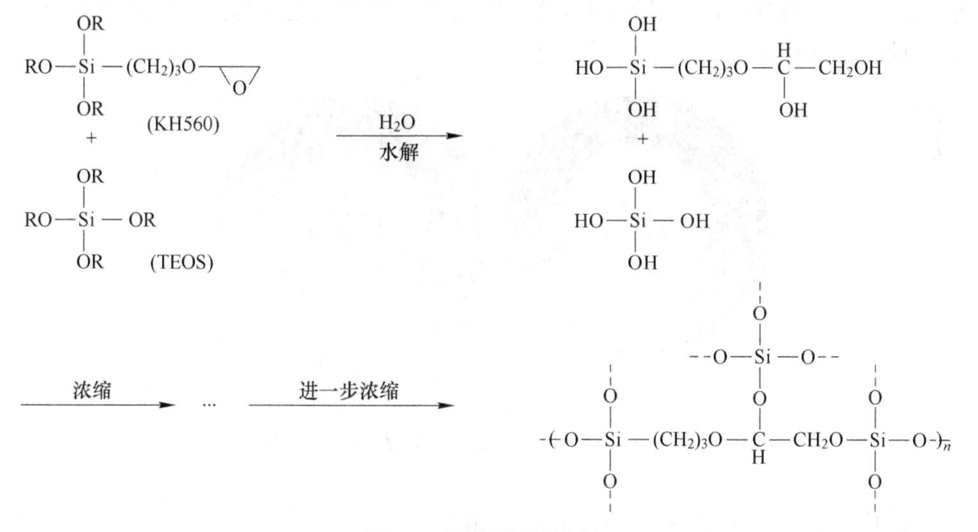

图 4-2 固体器件的制备

这一改进的溶胶-凝胶法用来制备的固体酞菁或萘酞菁器件的形成过程如图4-3所示，正硅酸乙酯（TEOS）和γ-(2，3-环氧丙氧基）丙基三甲氧基硅烷（KH560）的混合溶液在盐酸水溶液的作用下充分水解并缩合后产生一种新的溶胶相（sol），这一相中形成的固体颗粒悬浮在甲醇和水的混合溶液中。将此溶胶相经过进一步的聚合浓缩以后得到另一种新的凝胶相（gel），这一凝胶相主要由网状的固体大分子组成并夹杂着许多水解过程中形成的甲醇和水溶液。将此凝胶在较低的温度下干燥后可以得到干凝胶（xerogel），高温下继续干燥除去其中残留的水和甲醇可以得到一种三维网状结构的固体器件。

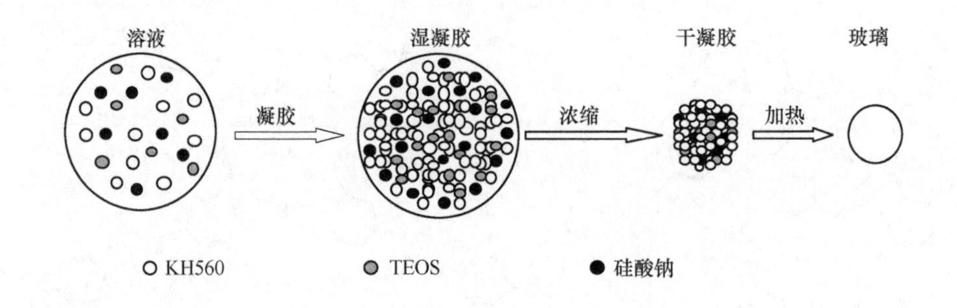

图 4-3　固体器件的形成示意图

如图 4-4 所示，这种嵌入在特制的石英皿中的固体酞菁和萘酞菁的器件均一、透明，并且有着很好的机械和热稳定性，非常适合于进行光物理和光限幅性能的研究。值得提出的是这种固体器件可以用来打磨抛光使其接近于玻璃并可以潜在地用于保护人眼和光学传感器等。

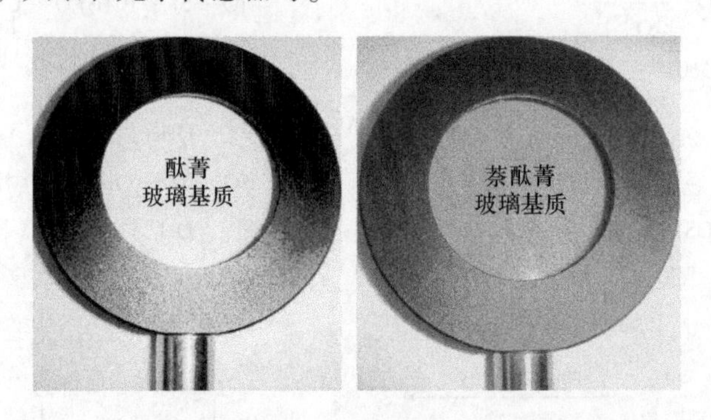

图 4-4　酞菁化合物 2 和萘酞菁化合物 4 的固体器件示意图

传统的溶胶-凝胶法采用的是直接水解缩合单一的正硅酸乙酯，得到的固体膜或器件都存在着许多问题，如容易脆裂、散热性不好、抗激光能力差等问题，且不利于加工，从而使其实际应用受到了限制。因此，为了解决这一问题，作者及其研究团队在传统的溶胶-凝胶法上做了一些改进，引进了长链的有机硅化合物 KH560 和无机盐硅酸钠。对于 KH560，由于存在较长的有机烷基链，当和正硅酸乙酯一起水解缩合时，形成的是无机-有机混杂的网状分子结构，与单一的由正硅酸乙酯水解缩合得到的无机网状分子相比，柔韧性有了很大的提高，从而使形成的固体器件不容易碎裂。对于硅酸钠，一方面作为无机盐嵌入在由于干燥溶剂挥发形成的固体器件的孔洞之中，使得形成的固体器件更加结实牢固；另一方面，硅酸钠可以作为一种黏合剂，将水解缩合后的固体颗粒牢牢地黏合在一起，使得固体器件更加牢固、不易碎裂；此外，硅酸钠作为一种无机化合物均匀地掺杂在固体器件之中，还可以增大固体器件在受激光照射时的散热性能，从而增大器件的抗激光能力。

采用这种改进的溶胶-凝胶法可以有效地解决传统方法的弊端。但是，掺杂的化合物的比例对形成的固体器件的物理性能有很大的影响，因此找到一个合适的比例是非常重要的。作者制备出了许多 TEOS、KH560 和硅酸钠的不同比例下的固体器件，发现在 KH560 的量较少的情况下仍然会出现碎裂的问题，但 KH560 太多会导致得到的固体器件硬度不够、抗激光能力差的问题，硅酸钠加入的量太多会导致得到的固体器件均一透明性受到影响。因此，作者采用了上文所述的比例，3mL 的 KH560 和 1mL 的正硅酸乙酯混合，再掺入 0.1mL 5%的硅酸钠溶液，发现得到的固体器件均一、透明性较好，且有很好的机械稳定性和抗激光能力。

4.3 固体器件的光限幅性能的研究

基于制备的酞菁和萘酞菁化合物的良好的物理性能，作者测量了酞菁化合物 1~4 的光限幅性能，如图 4-5 所示，化合物 1~4 在固体器件中和在 THF 溶液中分别有着相同的初始透过率，分别为 56%、70%、51%和 65%，可以看出，在较低的激光能流下，透过激光强度随着入射激光能流的增大而几乎线性增加，但在较高的激光能流下，透过光强随着入射光强的增加而非线性的增加，特别是入射激光强度增加到限幅阈值的时候，透过激光强度的增加速率迅速下降，几乎接近一个水平值，相应的透过率也迅速减少。在实验所能达到的最高入射激光能流时，化合物 1~4 对应的极限透过率在固体介质中分别为 2.7%、3.1%、1.9%、2.6%，在 THF 溶液中分别为 5.1%、5.0%、3.7%、4.7%。因此，可以得出衡量它们的光限幅性能参数：非线性衰减因子 $NAF = T_{\rm lin}/T_{\rm lim}$，分别在固体介质中为 20.7、22.6、25.9、24.4，在 THF 溶液中为 11.2、14.0、13.5、13.7。可以得出化合物 1~4 器件化以后的非线性衰减因子要明显高于在 THF 溶液中，进一步说明了器件化后的化合物 1~4 与 THF 溶液相比有着更好的光限幅性能。此外，当透过率下降到初始透过率一半的时候，在固体介质中化合物 1~4 有着更小的光限幅阈值（见表 4-1)，特别是萘酞菁化合物 4，它的光限幅阈值为 0.096J/cm^2，与曾经报道的化合物相比是一个很小的值，说明萘酞菁化合物有着很好的光限幅性能，尤其是其固体器件。从图 4-5 中也可以看出器件化以后化合物的光限幅性能有了明显的提升。

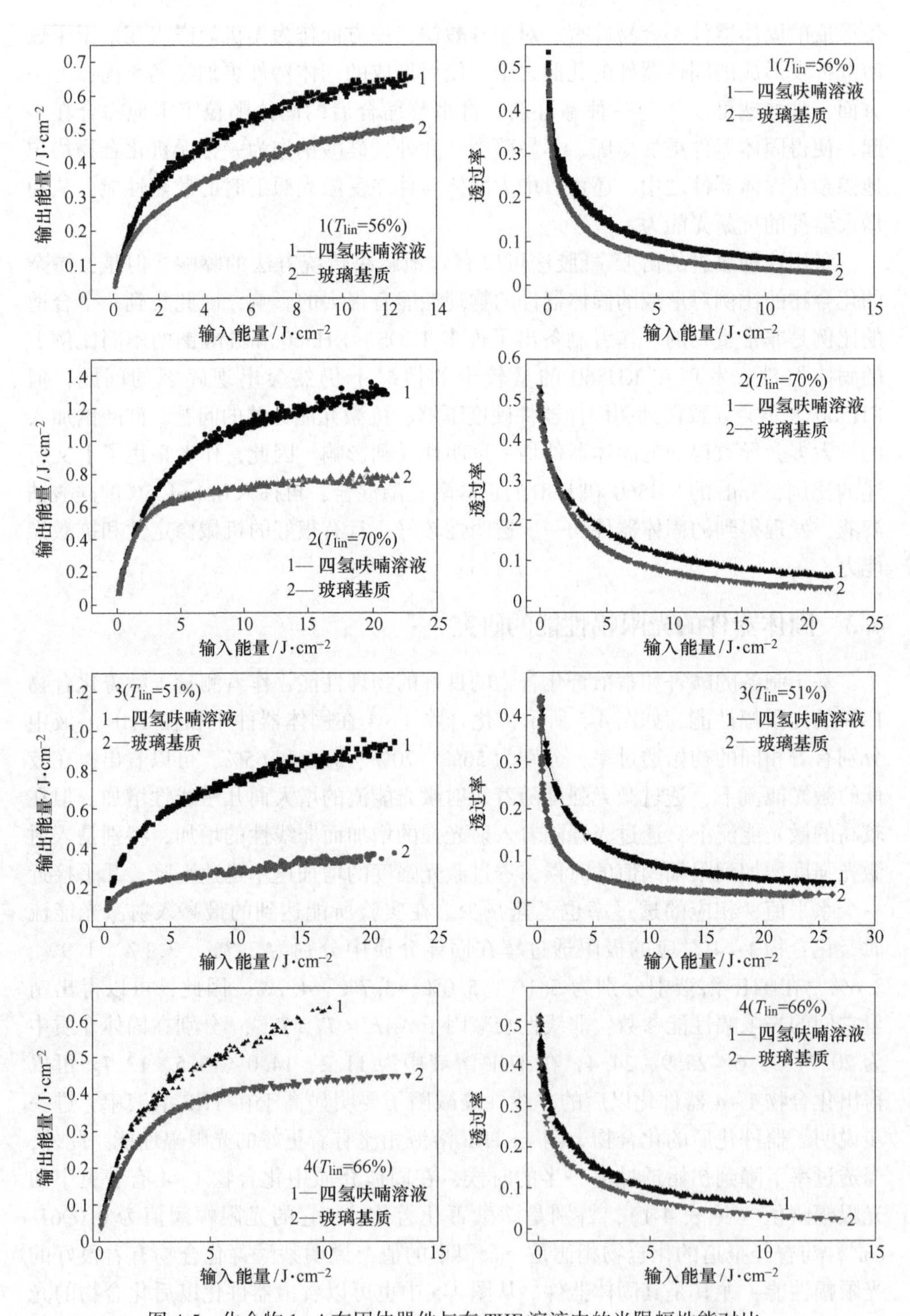

图 4-5　化合物 1~4 在固体器件与在 THF 溶液中的光限幅性能对比

为了进一步证实这一结论，作者计算了三线态吸收截面积与基态的吸收截面积的比值σ_{ex}/σ_0。如表4-1所示，器件化以后，化合物1~4的σ_{ex}/σ_0值明显增大了，这一比值大约为THF溶液中的2~4倍，表明化合物1~4在固体介质中有着更大的激发态的吸收截面积和更低的基态吸收截面积。在相同的初始透过率下，化合物在固体介质中的浓度要大于THF溶液中，反过来说明在相同的浓度下化合物1~4的固体器件更高的初始透过率，更加有利于光限幅性能的增加。

表4-1 化合物1~4的光限幅性能参数

化合物		浓度/$mol\cdot L^{-1}$	光限幅阈值/$J\cdot cm^{-2}$	初始透过率 T_{lin}/%	极限透过率 T_{lim}/%	*NAF*	σ_{ex}/σ_0
四氢呋喃	1	2.3×10^{-4}	0.43	56	5.1	11.2	9.4
	2	1.5×10^{-4}	0.55	70	5.0	14.0	6.2
	3	3.2×10^{-4}	0.61	51	3.7	13.5	5.4
	4	1.9×10^{-4}	0.32	65	4.7	13.7	7.1
固体基质	1	5.2×10^{-4}	0.23	56	2.7	20.7	12.0
	2	2.6×10^{-4}	0.31	70	3.1	22.6	20.6
	3	5.2×10^{-4}	0.21	51	1.9	25.9	18.6
	4	2.8×10^{-4}	0.096	65	2.6	24.4	30.1

此外，非常重要的一点就是所得到的固体器件有着很强的抗激光能力，大约是实验所用的最大激光能流30J/cm^2，在这一最大值时，仍然没有看到固体器件上存在明显的激光损伤的痕迹。固体器件的这一良好的抗激光能力也可以从图4-5的曲线看出来，在不同的时间具有相同强度的激光能流打在样品的同一位置上时，所得到的光限幅曲线的波动范围在固体介质中很小，但在THF溶液中相对要大一些，这一点从图4-5表现出来就是固体的光限幅曲线比较平滑细小，而THF溶液中的曲线比较粗糙。这一良好的抗激光能力对于酞菁化合物的光限幅性能的实际应用有着重要的意义。

4.4 酞菁和萘酞菁固体器件的光物理性能的研究

众所周知，光限幅性能主要是由于激发态的反饱和吸收（RSA）作用引起，因此，激发态的光物理性质和光物理参数，如k_{isc}、Φ_F和$\Delta\varepsilon_T$等都是影响光限幅性能的重要参数。为了更加深入了解固体介质中光限幅性能增加的机制，作者测量并分析了化合物1~4的光物理性质。

图4-6所示为化合物1~4在固体介质和在THF中的基态吸收对比曲线，可以看出器件化以后Q带的吸收峰几乎没有发生变化。酞菁化合物1~3在710nm左右，萘酞菁化合物4的Q带吸收在800nm左右，均有一个较强的S_0~S_1吸收以

及在短波长处有一个小的肩峰，峰的形状没有太大的变化。然而，在 B 带吸收处化合物 1~4 的固体器件与 THF 溶液相比有着很强的吸收峰，作者认为这一强的吸收主要是由于背景化合物产生的，固体器件中存在着大量的由正硅酸乙酯和 KH560 等化合物水解后形成的 Si—O 键，而这一 Si—O 键也正是造成固体介质中 B 带强的吸收峰的原因所在。作者通过测量没有水解的 TEOS 和 KH560 也同样发现了这一较强的吸收峰，证实了作者的推测。

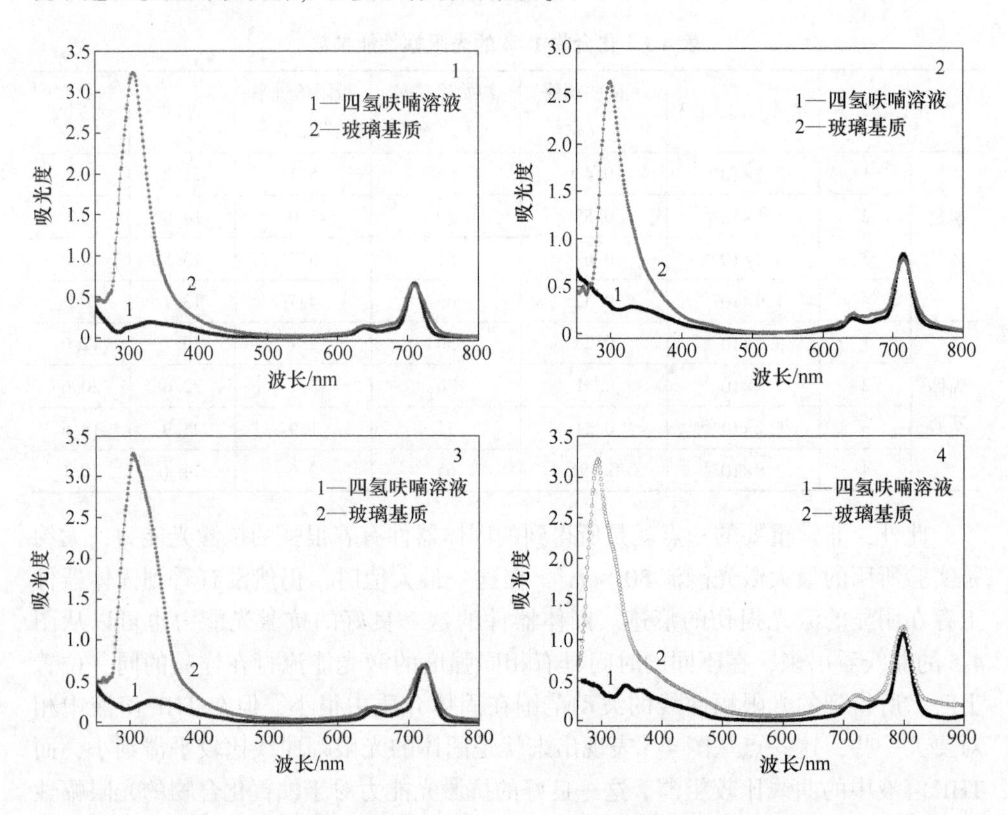

图 4-6 酞菁化合物（1~3）和萘酞菁化合物（4）在固体介质和 THF 中的基态吸收光谱

将化合物 1~4 掺杂到固体介质中以后，固体介质的刚性环境有效地限制了酞菁或萘酞菁分子的迁移以及 π-π 相互作用，从而大大降低了分子的非辐射跃迁过程，使得化合物 1~4 的固体器件有着稍大的荧光量子效率 Φ_F，见表 4-2。此外，将化合物 1~4 的 Q 带的吸收光谱和荧光发射光谱归一化以后重叠在一起可以得到一个交点，由交点处对应的波长可以计算出化合物 1~4 的 S_1 态的能级。所得到的 S_1 态的能级见表 4-2，酞菁化合物的 S_1 态的能级约为 1.7eV，萘酞菁化合物的 S_1 态的能级约为 1.5eV。将化合物掺杂到固体介质以后其 S_1 态的能级略有下降，这就意味着固体介质中的酞菁化合物有着更低的 S_1 态与 T_1 态之间的能级差，这一更低的能级差更加有利于从 S_1 态到 T_1 态的系间窜越过程的发生。这种由能级差引发的系间窜越过程的差异，势必会影响到三线态性质的差异。因此，在固体器件和在 THF 溶液中将会看到不同的三线态性质。

表 4-2 化合物 1~4 的光物理参数

化合物		波长（Q）/nm	荧光（S_1）/nm	荧光量子产率（S_1）	交叉波长/nm	能级（S_1）/eV
四氢呋喃	1	708	719	0.105	711.5	1.75
	2	714	723	0.024	716.7	1.73
	3	722	732	0.015	721.3	1.72
	4	800	809	0.009	802.3	1.55
固体基质	1	707	714	0.138	720.9	1.72
	2	715	725	0.032	725.7	1.71
	3	721	728	0.022	728.5	1.70
	4	804	814	0.017	806.8	1.54

通过闪光光解，作者进一步测量并分析了化合物 1~4 在固体介质和在 THF 中的三线态的性质。图 4-7 所示为化合物 1~4 分别在固体介质和 THF 溶液中的瞬态吸收曲线。在 THF 溶液中，化合物 1~4 的瞬态吸收光谱可以清楚地呈现出来，一个来自于三线态吸收的 500~700nm 处的正信号和一个由于从基态跃迁产生的负信号的漂白峰，这一漂白峰和基态的吸收峰是相对应的。而在固体介质中，正信号的三线态的吸收峰仍然可以清楚地看到，所不同的是负信号的漂白峰被分裂成 2 个或者多个部分，负信号的强度减弱甚至有的出现了正的信号。作者把这一现象归因于固体介质的刚性环境有效地阻止了分子的非辐射跃迁发生的概率，从而使得更多三线态分子发生由 T_1 态到 T_n 态的反饱和吸收过程，有着更宽的瞬态吸收过程，这就使得在漂白峰的 *B* 带区域既存在着负信号的漂白峰，也存在着正信号的三线态的吸收峰，这两种过程互相竞争。在 THF 中，三线态的吸收较弱，负信号的漂白峰成为主要的部分，而在固体介质中三线态的吸收有所增强，从而打乱了原有的漂白信号，将漂白峰分裂而变得不清楚，甚至出现了正的信号。这些差别在瞬态吸收光谱中反映为不同的形状。

在 THF 溶液中化合物 1~4 的三线态最大吸收峰（反饱和吸收）分别为 560nm、580nm、590nm 和 610nm，而在固体介质中分别为 590nm、590nm、600nm 和 640nm。三线态的最大吸收波长在固体介质中比 THF 溶液有所红移，进一步说明了固体介质中有着更宽的三线态的吸收区域，并且较长的三线态的最大吸收波长更有利于发生由 T_1 态到 T_n 态的反饱和吸收过程。这一点也可以从 ΔOD 值上看出，尽管固体介质的厚度（0.3cm）要小于 THF 的比色皿的厚度（1cm），

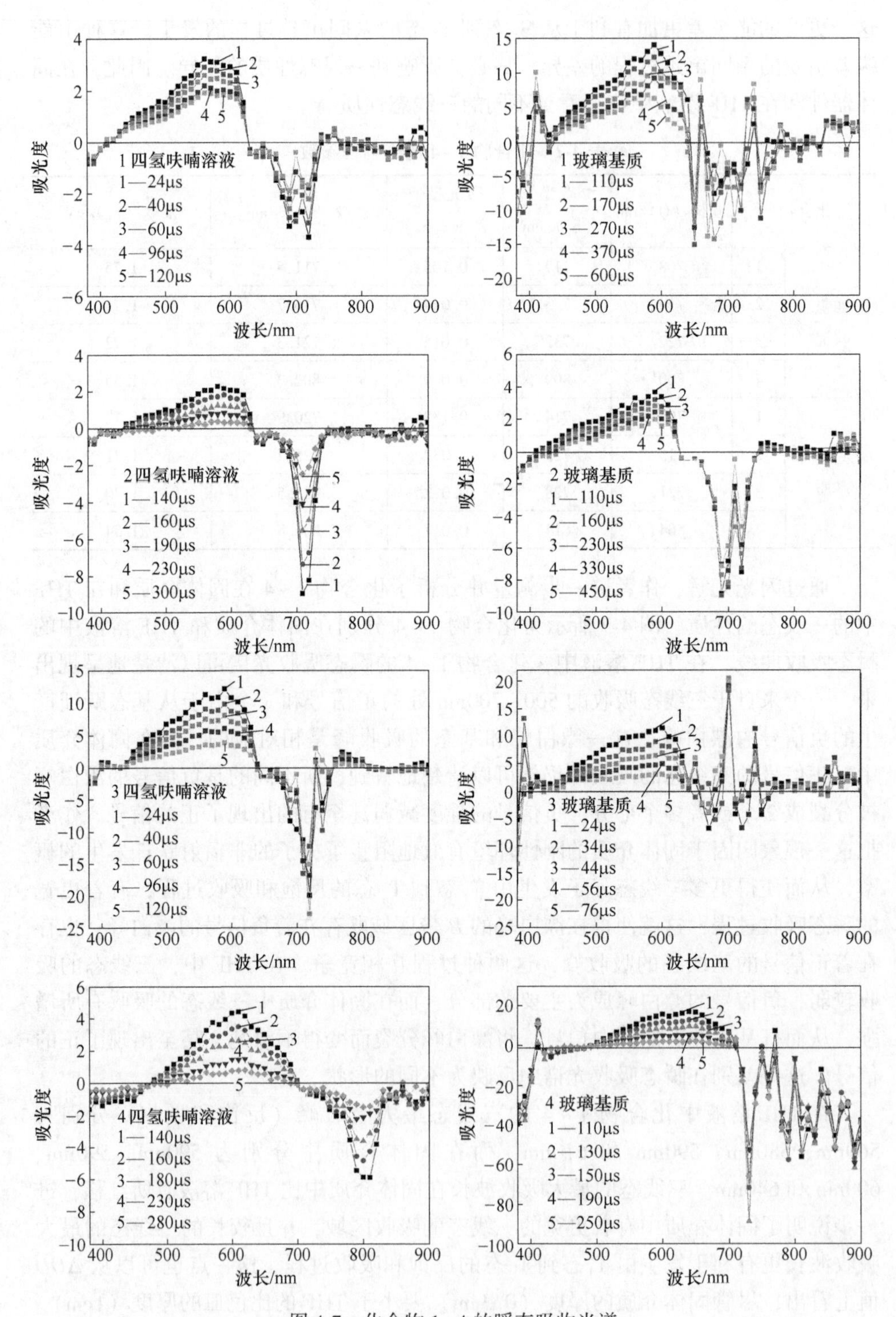

图 4-7　化合物 1~4 的瞬态吸收光谱

但是固体介质的三线态的 ΔOD 值反而大于 THF 溶液中。三线态减去基态的吸收摩尔消光系数（$\Delta\varepsilon_T$）见表 4-3，在固体介质中化合物有着更大的 $\Delta\varepsilon_T$ 值，进一步说明了与 THF 溶液相比，固体器件化合物更容易发生从 T_1 态到 T_n 态的反饱和吸收过程，更有利于光限幅性能的产生。此外，与 THF 溶液相比，固体器件中的酞菁化合物有着更大的三线态的量子产率，在固体介质中分别为 0.55、0.83、0.94 和 0.94；在 THF 溶液中分别为 0.44、0.69、0.81 和 0.88。更大的三线态的量子效率可以保障更多的三线态分子发生从 T_1 态到 T_n 态的反饱和吸收过程。

表 4-3 化合物 1~4 的三线态的物理参数

化合物		最大吸收波长 (T)/nm	三线态减去基态消光系数 /$mol^{-1}\cdot cm^{-1}$	三线态寿命 /μs	三线态量子产率 Φ_T
四氢呋喃	1	560	2.48×10^4	210.2	0.44
	2	580	3.39×10^4	90.0	0.69
	3	590	4.77×10^4	24.1	0.81
	4	610	7.26×10^4	59.7	0.88
固体基质	1	590	2.93×10^4	370.5	0.55
	2	590	6.09×10^4	300.5	0.83
	3	600	1.61×10^5	39.9	0.94
	4	640	1.44×10^5	88.9	0.94

化合物 1~4 的三线态衰减曲线如图 4-8 所示，可以明显看到在固体介质中化合物有着更长的三线态的寿命，经过拟合后得到的三线态的寿命见表 4-3，在固体介质中分别为 370.5μs、300.5μs、39.9μs 和 88.9μs，在 THF 溶液中分别为 210.2μs、90.0μs、24.1μs 和 59.7μs。可以很明显地看出掺杂在固体介质中的化合物 1~4 有着很长三线态的寿命，并且要远远长于化合物在 THF 中的三线态的寿命，固体介质中的寿命大约是 THF 溶液的 2~3 倍。在固体介质中化合物 1~4 完全符合单指数衰减，可以很好地用单指数衰减公式拟合，而在 THF 溶液中化合物的衰减速度较快，存在不止一个衰减途径，不能很好地用单指数方程式拟合。这是由于在 THF 中，酞菁化合物分子可以自由的迁移，从而大大增加了分子之间的碰撞概率，分子的碰撞势必会增加三线态的衰减途径，比如 T-T 湮灭、T-S 湮灭等，这就是在溶液中三线态寿命要远远低于固体介质中的原因。在溶液中，三线态分子可能存在两种衰减途径，一个是 T_1-S_0 的所有的单指数过程的总和，另一个则可能是由于分子间相互作用引起的双分子的 T-T 湮灭过程。

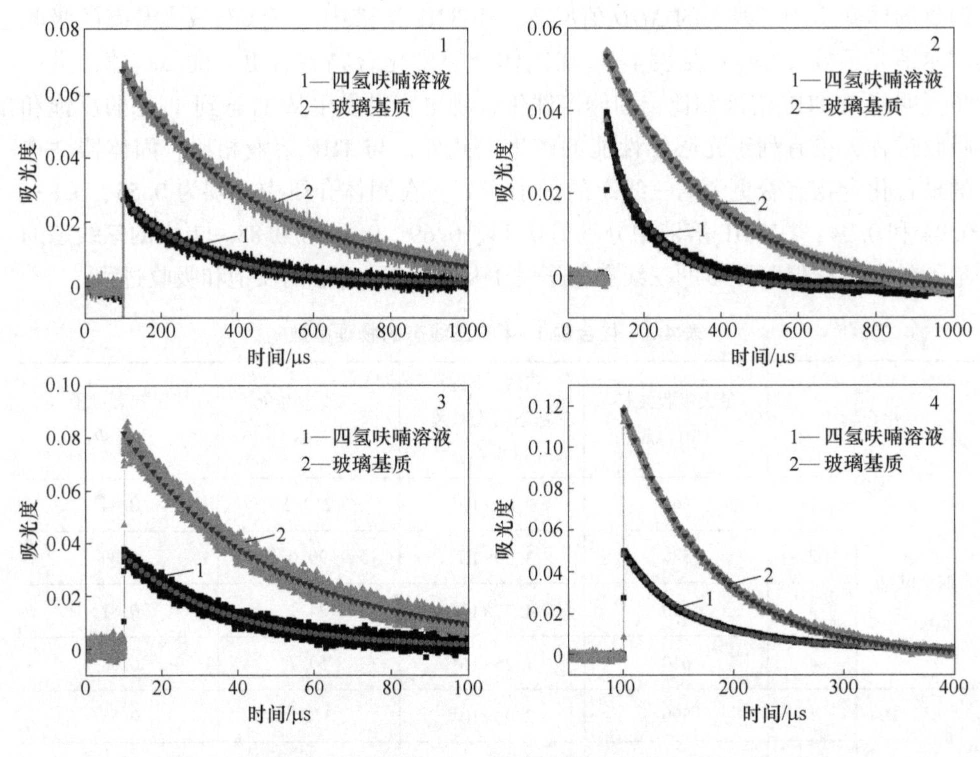

图 4-8　化合物 1~4 的三线态的衰减曲线

正如前面所述，对于酞菁化合物而言，光限幅的产生主要来自于三线态的吸收，也就是反饱和吸收。而反饱和吸收的产生取决于三线态的一些重要的物理参数，如三线态的量子产率 Φ_T、三线态的寿命 τ_T、三线态减去基态的吸收摩尔消光系数 $\Delta\varepsilon_T$等。大的三线态的量子产率和长的三线态的寿命将会使得更多的三线态分子发生反饱和吸收过程，而大的三线态减去基态的吸收摩尔消光系数会使得三线态分子更容易发生 T_1-T_n的反饱和吸收过程。酞菁和萘酞菁化合物分子掺杂到固体介质中以后，刚性的环境有效地抑制了分子的扩散和分子的碰撞过程的发生，从而有效地减少了激发态分子非辐射衰减的途径，既增大了 S_1态分子的系间窜越的概率，增大了三线态的量子产率 Φ_T，又延长了三线态的寿命 τ_T。此外，再加上在固体介质中有着更低的 T_1-T_n的能级差，有着更大的三线态减去基态的吸收摩尔消光系数 $\Delta\varepsilon_T$。也正是这些不同的三线态的光物理参数决定了在固体介质中，酞菁和萘酞菁化合物有着更好的光限幅性能，通过对光限幅的测量证实了这一推理，可以明显地看出固体器件的光限幅性能要远远高于 THF 溶液中。更重要的是，所制备的固体器件均一、透明，且有着很好的机械稳定性和抗激光能力，有着潜在的应用前景。

参考文献

[1] Tang B Z, Xu H, Lam J W Y, et al. C-60-containing poly (1-phenyl-1-alkynes): Synthesis, light emission, and optical limiting [J]. Chem. Mater., 2000, 12: 1446.

[2] Torre G D L, Vazquez P, Agullo-Lopez F, et al. Role of structure factors in the nonlinear optical properties of phthalocyanines and related compounds [J]. Chem. Rev., 2004, 104: 3723~3750.

[3] Sun W F, Zhu H J, Barron P M. Binuclear cyclometalated platinum(n) 4,6-diphenyl-2,2 -bipyridine complexes: Interesting photoluminescent and optical limiting materials [J]. Chem. Mater., 2006, 18: 2602.

[4] Calvete M, Yang G Y, Hanack M. Porphyrins and phthalocyanines as materials for optical limiting [J]. Synth. Met., 2004, 141: 231~243.

[5] Chen Y, Fiyitsuka M, O'Flaherty S M, et al. Strong optical limiting of soluble axially substituted gallium and indium phthalocyanines [J]. Mater., 2003, 15: 899~902.

[6] Gao J, Li Q, Zhao H, et al. One-pot synthesis of uniform Cu_2O and CuS hollow spheres and their optical limiting properties [J]. Chem. Mater., 2008, 20: 6263.

[7] Sun Y-P, Riggs J E, Rollins H W, et al. Strong optical limiting of silver-containing nanocrystalline particles in stable suspensions [J]. J. Phys. Chem. B, 1999, 103: 77.

[8] Zhou G. J, Wong W Y, Cui D M, et al. Large optical-limiting response in some solution-processable polyplatinaynes [J]. Chem. Mater., 2005, 17: 5209.

[9] Peny J W, Mansour K, Lee I-Y S, et al. Organic optical limiter with a strong nonlinear absorptive response [J]. Science, 1996, 273: 1533~1536.

[10] Shirk J S, Pong R G S, Bartoli F J, et al. Optical limiter using a lead phthalocyamne [J]. Appl. Phys. Lett., 1993, 63: 1880.

[11] Chen Y, Zhuang X D, Zhang W A, et al. Synthesis and characterization of phthalocyanine-based soluble light-harvesting CIGS complex [J]. Chem. Mater., 2007, 19: 5256.

[12] Hanack M, Schneider T, Barthel M, et al. Indium phthalocyanines and naphthalocyanines for optical limiting [J]. Coord. Chem. Rev., 2001, 219~221: 235~258.

[13] Chen Y, Fujiktsuba M, O′Flaherty ≤ M, et al. Strong optical limiting of soluble axially substituted gallium and indium phthalocyanines [J]. Adv. Mater., 2003, 15: 899~902.

[14] Bouit P A, Wetzel G, Berginc G, et al. Near IR nonlinear absorbing chromophores with optical limiting properties at telecommunication wavelengths [J]. Chem. Mater., 2007, 19: 5325.

[15] Dini D, Calvete M J F, Hanack M, et al. Nonlinear transmission of a tetrabrominated naphthalocyaninato indium chloride [J]. J. Physic. Chem. B, 2006, 110: 12230~12239.

[16] Chen Y, Hanack M, Araki Y, et al. Axially modified gallium phthalocyanines and naphthalocyanines for optical limiting [J]. Chem. Soc. Rev, 2005, 34: 517~529.

[17] Yang G Y, Hanack M, Lee Y W, et al. Fluorinated naphthalocyanines displaying simultaneous reverse saturable absorption at 532 and 1064nm [J]. Adv. Mater., 2005, 17: 875.

[18] Kim J K, Kang D J, Bae B S. Wavelength-dependent photosensitivity in a germanium-doped sol-gel hybrid material for direct photopatteming [J]. Adv. Fund. Mater., 2005, 15: 1870.
[19] Lebeau B, Sanchez C. Sol-gel derived hybrid inorganic-organic nanocomposites fibre optics [J]. Curr. Opin. Solid. State Mater. Sci., 1999, 4: 11.
[20] Sanchez C, Ribot F, Lebeau B. Molecular design of hybrid organic-inorganic nanocomposites synthesized via sol-gel chemistry [J]. J. Mater. Chem., 1999, 9: 35.
[21] Dubois G, Vblksen W, Magbitang T, et al. Molecular network reinforcement of sol-gel glasses [J]. Adv. Mater., 2007, 19: 3989.
[22] Bronshtein A, Aharonson N, Avnir D, et al. Sol-cel matrixes doped with atrazine antibodies: Atrazine binding properties [J]. Chem. Mater., 1997, 9: 2632~2639.
[23] Deshpande K, Dave B C, Gebert M S. Controlled dissolution of organosilica sol-gels as a means for water-regulated release/delivery of actives in fabric care applications [J]. Chem. Mater., 2006, 18: 4055~4064.
[24] Duoss E B, Twardowski M, Lewis J A. Sol-cel inks for direct-write assembly of functional oxides [J]. Adv. Mater., 2007: 19: 3485~3489.
[25] Cam F, Colin A, Achard M F, et al. Rational design of macrocellular silica scaffolds obtained by a tunable sol-gel foaming process [J]. Adv. Mater., 2004, 16: 140~144.
[26] Fang L, Kulkami S, Alhooshani K, et al. Germania-based, Sol-gel hybrid organic-inorganic coatings for capillary microextraction and gas chromatography [J]. Anal. Chem,, 2007, 79: 9441~9451.
[27] Tran C D, Grishko V I, Challa S. Molecular state and distribution of fullerenes entrapped in sol-gel samples [J]. J. Phys. Chem. B, 2008, 112: 14548~14559.
[28] Shchukin D G, Sukhorukov G B. Nanoparticle synthesis in engineered organic nanoscale reactors [J]. Adv. Mater., 2004, 16: 671~682.
[29] Vedda A, Chiodini N, Di Martino D, et al. Insights into microstructural features governing Ce^{3+} luminescence efficiency in sol-gel silica glasses [J]. Chem. Mater., 2006, 18: 6178.
[30] Zhang H, Zelmon D E, Deng L, et al. Optical limiting behavior of nanosized polyicosahedral gold-silver clusters based on third-order nonlinear optical efiects [J]. J. Am. Chem. Soc., 2001, 123: 11300~11301.
[31] Slodek A, Wöhrle D, Doyle J J, et al. Metal complexes of phthalocyanines in polymers as suitable materials for optical limiting [J]. Macromol. Symp., 2006, 235: 9~18.
[32] Khan A, Campos L M, Mikhailovsky A, et al. Holographic recording in cross-linked polymeric matrices through photoacid generation [J]. Chem. Mater., 2008, 20: 3669.
[33] Azenha M A, Nogueira P J, Silva A F. Unbreakable solid-phase microextraction fibers obtained by sol-gel deposition on titanium wire [J]. Anal. Chem., 2006, 78: 2071~2074.
[34] Yu J H, Ju H X. Preparation of porous titania sol-gel matrix for immobilization of horseradish peroxidase by a vapor deposition method [J]. Anal. Chem., 2002, 74: 3579~3583.
[35] Pradhan A R, Macnaughtan M A, Raftery D. Preparation of zeolites supported on optical

microfibers [J]. Chem. Mater., 2002, 14: 3022~3027.

[36] Gan Q, Li S, Morlet-Savary F, et al. Photophysical properties and optical limiting property of a soluble chloroaluminum phthalocyanine [J]. Opt. Express, 2005, 13: 5424~5433.

[37] Wang S, Gan Q, Zhang Y, et al. Optical-limiting and photophysical properties of two soluble chloroindium phthalocyanines with a-and P-alkoxyl substituents [J]. Chem. Phys. Chem., 2006, 7: 935~941.

5 固体基质中的铟酞菁的光物理和T-T湮灭过程

5.1 引言

酞菁类化合物的应用取决于其自身的光物理性能。然而，酞菁分子由于其庞大的 π 电子平面环状共轭体系使得它有着很强的分子间的相互作用。这种分子间的相互作用会强烈影响酞菁化合物的光物理性能，尤其是激发态分子之间的荧光猝灭过程，比如单重态与单重态的自淬灭和三重态与三重态之间的自淬灭过程等[1~5]。

众所周知，酞菁化合物的光限幅性能主要是由反饱和吸收（三线态的吸收）产生[6~10]，对于酞菁化合物，其光限幅性能主要取决于酞菁的三线态的性质，如系间窜越的速率常数 k_{isc}[11]、三线态的量子产率 Φ_T和三线态的寿命 τ_T等。通常大的三线态的量子产率和长的三线态的寿命会使得更多三线态分子发生反饱和吸收过程，更加有利于光限幅性能。

然而，T-T 的湮灭过程是一个引起三线态淬灭的重要过程[12,13]，这一过程的发生可能会大大削弱光限幅效应的产生。T-T 的湮灭可以看作为一个短范围内的能量转移过程[14]：$T_1+T_1\rightarrow S_1+S_0$，在这一过程中两个三线态的分子发生 T-T 湮灭作用产生一个单重激发态分子和一个基态分子[15~17]。此外，T-T 湮灭的产生还伴随着一些其他的过程，比如由 T-T 湮灭生成的 S_1态产生的延迟荧光、内转换以及系间窜越过程。三线态的衰减通常有两个主要的途径，一个是直接由 T_1态和 S_0态单指数衰减过程；另一个就是两个三线态分子间以 T-T 湮灭形式发生的双指数衰减过程。这两个过程是互相竞争的过程，它们取决于三线态分子的浓度和它们的扩散速率常数。

最近几年，为了实现酞菁光限幅的实际应用，一些研究人员已经着手于酞菁固体器件或固体膜光限幅性能的研究，结果表明分散在固体介质中的酞菁化合物与溶液中的相比有着更好的光限幅性能[11,18~20]，包括作者及其研究团队制备的固体酞菁器件也得出了同样的结论。由于激发态分子的迁移是受扩散速度控制的[21~23]，因此 T-T 湮灭在液体溶液和在刚性环境中的影响程度将会有着很大的差别。为了更加深入了解液体样品和固体样品的光限幅性能的差异，需要对它们的 T-T 湮灭过程进行更加深入的研究。到目前为止，已经通过研究延迟荧光和磷光来研究分子的 T-T 湮灭过程[24~26]，但是对于荧光和磷光很弱的酞菁一类化合物的 T-T 湮灭过程的研究却很少。因此，T-T 湮灭的速率常数将会是一个很重要的参数来用于研究酞菁化合物的光物理过程及其对光限幅的影响机理。

作者及其研究团队研究了一系列不同中心金属和周边取代基团的酞菁化合物的光物理和光限幅性能[27~29]，并在此基础上制备出了一些具有良好光限幅性能的酞菁和萘酞菁的固体器件，结果表明器件化的酞菁化合物与溶液下的相比有着更好的光限幅性能。为了进一步了解在不同的分散介质中酞菁化合物分子的光限幅存在差异的机制，本章制备出了一种新颖的掺杂了取代的氯化镓酞菁的固体样品，分别研究了它们不同浓度的固相和液相下光物理性能，以便研究浓度和分散相对 T-T 湮灭作用的影响，进而分析讨论 T-T 湮灭作用对酞菁化合物光限幅性能的影响，运用所推理的模型评估了 T-T 湮灭的速率常数和 T-T 湮灭的百分比例。对光物理过程进行了详尽的讨论，得到的结果将会为酞菁类化合物的实际应用提供一些有用的指导信息。

5.2 新型酞菁固体器件的制备

将 2g 双酚 A 环氧树脂（EP3302UCL-A）和 1g 聚胺（EP3302UCL-B）的混合物加入称量瓶中，常温下搅拌混合液体直到两种成分充分混合，然后加入不同浓度的四-(4-叔丁苯氧基)-氯化镓酞菁的二氯甲烷溶液，充分搅拌直到混合液体均一透明后，将混合液体在真空下放置 2h 以除去里面掺杂的气泡，然后将此混合液体小心地转移到特制的石英皿（50mm×2mm）中，在 80℃ 下加热 8h 就可以得到一种均一、透明、具有较强硬度的新型的酞菁固体器件。本节分别制备了 8 种不同浓度的酞菁固体器件，分别为 1（5.0×10^{-6}mol/L）、2（7.5×10^{-6}mol/L）、3（1.0×10^{-5}mol/L）、4（5.4×10^{-5}mol/L）、5（1.0×10^{-4}mol/L）、6（2.5×10^{-4}mol/L）、7（5.0×10^{-4}mol/L）、8（1.0×10^{-3}mol/L），为了和固体样品做对比配置了相同 8 种不同浓度的 THF 溶液的液体样品作为参照。

双酚 A 环氧树脂和聚胺在常温下就可以发生聚集和固化作用，不同的温度下固化所需的时间不一样。此外，液相化合物固化以后通常体积的变化都会很大，但是这两种混合物在固化前后体积的变化很小，几乎可以忽略不计。这样可以非常准确地确定固体样品的浓度，而不至于出现较大的误差。重要的是所得到固体样品均一、透明、坚硬，非常适合于对其光物理性能的研究（见图 5-1）。

5.3 固体介质中酞菁的光物理性能

5.3.1 基态吸收和稳态荧光光谱

图 5-2 所示为不同浓度下在固体基质中和在 THF 溶液中样品的基态吸收光

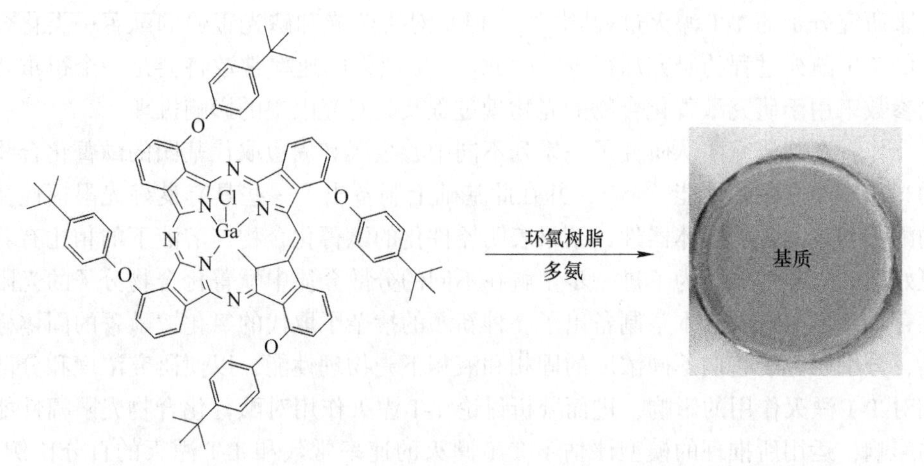

图 5-1　酞菁化合物（TBP-GaPc）的分子式以及所制备的酞菁固体器件

谱，可以看出，镓酞菁化合物在溶液和固体基质中基态的吸收光谱非常类似，均在 Q 带的长波方向有一个较强的S_0-S_1吸收峰和在短波向有一个小的肩峰，在 B 带 350nm 左右有一个较宽的 Soret 带吸收，镓酞菁在固体介质和在 THF 溶液中的最大吸收峰分别为 723nm 和 714nm。从图中可以看出，在两种不同的介质中镓酞菁的吸收峰存在一个较为明显的差异，就是在 THF 溶液中 680nm 处存在一个较为明显的额外的小肩峰，而且随着浓度的不断增大，这一肩峰也有所增大。作者把这一肩峰归因于聚集作用的结果，而且在这一肩峰附近随着浓度的增大吸光度明显地偏离比尔定律，进一步说明了聚集体的产生。然而，这一小的肩峰并没有存在于固体样品的吸收光谱之中，虽然透过固体样品的光程只有 0. 2cm，要远远小于液体样品的 1cm，但是在相同的浓度下所有固体样品的吸光度都要高于液体样品，这些结果充分说明了酞菁化合物在 THF 溶液中要比在固体介质中更容易发生分子间的聚集作用。

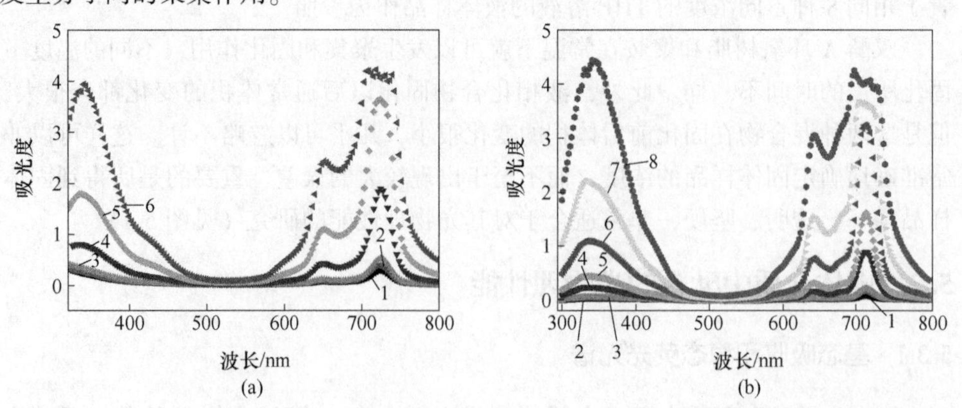

图 5-2　不同浓度下镓酞菁在固体介质（a）和在 THF 溶液（b）中的基态吸收光谱

酞菁化合物（TBP-GaPc）Q 带的稳态荧光光谱如图 5-3 所示，荧光光谱与吸收光谱是互相对称的关系。从图中可以看出，对于较低浓度的样品 1、2 和 3，掺杂在固体基质中的 TBP-GaPc 呈现出较低的 Stokes 位移，然而在 THF 溶液中的样品则有着很大的 Stokes 位移，这是因为固体基质的刚性环境减少了荧光衰减过程中分子因非辐射跃迁损耗的能量，而 THF 溶液中的分子的能量损耗要大得多。然而在较高的 4、5、6、7 和 8 的浓度之下，可以看到荧光光谱有着较大的红移，对于固体样品，由于固体基质的聚合物对酞菁分子的隔绝作用，使得酞菁分子之间的相互作用的影响随着浓度的增加变化很小，因此，对于这些高浓度下固体样品的荧光发生较大的红移则应该归因于酞菁分子的强的自吸收过程。由图 5-3 和图 5-4 可以看出，酞菁化合物 TBP-GaPc 的基态吸收和荧光光谱位置很靠近，这是由于酞菁分子较大的 π 电子平面环状共轭体系大大减少了分子的振动和迁移消耗的能量，使得 Stokes 位移较小。因此，酞菁分子发生自吸收的作用很强，特别是在浓度较大的情况下。然而在 THF 溶液中，随着浓度的增加分子之间的相互作用和自吸收作用会同时发生很大的增强，从而使得荧光光谱发生了更大的红移，如图 5-4 所示，尤其是在较高的浓度之下所看到的荧光光谱更宽更红移，这一结果是由能量弛豫、自吸收和分子间的相互作用共同作用而产生的。

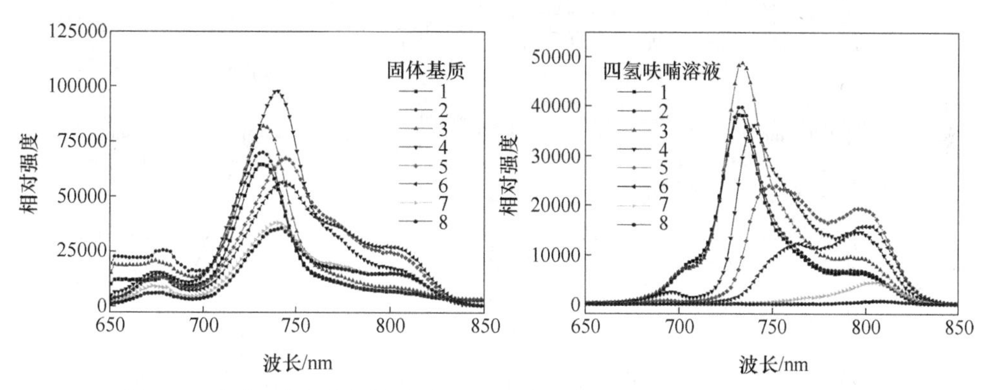

图 5-3　酞菁化合物在固体基质和 THF 溶液中不同浓度下的稳态荧光光谱

5.3.2　时间分辨荧光光谱

为了进一步研究酞菁分子在固体基质和在 THF 溶液中分子聚集作用，测量了不同浓度下酞菁化合物（TBP-GaPc）的时间分辨荧光光谱，如图 5-4 和表 5-1 所示。在 THF 溶液中，在 1.0×10^{-5}mol/L 的较低浓度下最大的荧光峰在 728nm 处，用双指数拟合得到两个寿命分别为 τ_1 = 3.8ns(94.7%) 和 τ_2 = 17.3ns(5.3%)，此外在 785nm 处可以看到一个很明显的小肩峰，寿命分别为 τ_1 =4.2ns(90.5%) 和 τ_2 = 16.7ns(9.5%)，这时在 Q 带吸收峰附近没有看到明显的自吸收过程。当浓度增加到 1.0×10^{-4} mol/L 时，荧光最大峰红移到了 742nm 处寿命分别为 τ_1 = 4. 3ns(93. 2%) 和 τ_2 = 19. 0ns(6. 8%)，在 785nm 处的肩峰更宽更强了，寿命分别为 τ_1 = 4. 4ns(88. 3%) 和 τ_2 = 21. 0ns(11. 7%)。当浓度继续增加到 1.0×10^{-3} mol/L 时，可以明显看到瞬态荧光变得更宽更红移了，最大峰在 752nm 处，寿命为 τ_1 = 4. 3ns(93. 0%) 和 τ_2 = 17. 7ns(7. 0%)，785nm 处的肩峰更宽更强了，寿命分别为 τ_1 = 4. 5ns(78. 2%) 和 τ_2 = 15. 1ns(21. 8%)。这时在较大的浓度下 Q 带的吸收中心 714nm 左右可以看到很明显的自吸收过程，在刚开始激发的时候荧光就几乎全部消失。在低浓度下 728nm 处寿命大约为 4ns 的荧光峰是由溶液中的单体产生的，随着浓度的增加在最大荧光峰处 τ_1 和 τ_2 所占比重变化很小（见表 5-1），只是略有增加；但是在 785nm 的肩峰处，τ_1 的比重由低

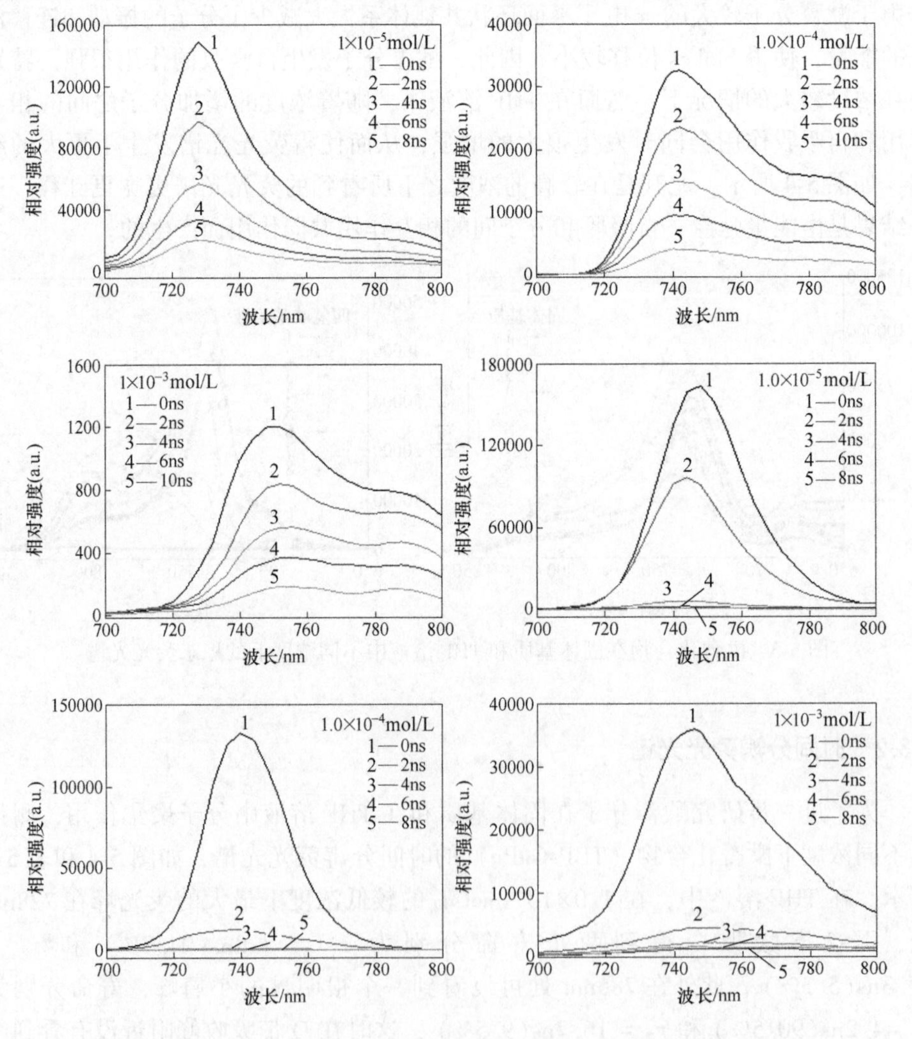

图 5-4 酞菁化合物 TBP-GaPc 不同浓度下在固体基质和 THF 溶液中的时间分辨荧光光谱

表 5-1 由双指数拟合所得到的不同浓度下固体介质和溶液中的瞬态荧光寿命

样 品		荧光波长/nm	第一寿命 τ_1/ns	比重 A_1/%	第二寿命 τ_2/ns	比重 A_2/%
四氢呋喃	1.0×10^{-5}mol/L	730	3.8	94.7	173	5.3
		785	4.2	90.5	16.7	9.5
	1.0×10^{-4}mol/L	745	4.3	93.2	19.0	6.8
		785	4.4	88.3	21.0	11.7
	1.0×10^{-3}mol/L	745	4.3	93.0	17.7	7.0
		785	4.5	78.2	15.1	21.8
固体基质	1.0×10^{-5}mol/L	745	0.60	96.3	2.7	3.7
	1.0×10^{-4}mol/L	746	0.44	96.1	2.4	3.9
	1.0×10^{-3}mol/L	746	0.34	92.9	2.2	7.1

浓度时的90.5%下降到最大浓度时的78.2%，而τ_2的比重由低浓度时的9.5%上升到最大浓度时的21.8%。这一结果表明在785nm处的肩峰是由两种不同种类激发态的发光产生的，一种就是由于酞菁分子的振动吸收产生小肩峰，它与酞菁的振动吸收相对应，寿命为4ns左右，与单体的寿命相吻合；另一种就是由酞菁聚集体或复合物产生的峰，有一个较长的寿命约为20ns，随着浓度的增大，长寿命的百分比也增大，这充分证明了随着浓度的增加酞菁分子的聚集作用也不断增大的事实。通常对于酞菁化合物，由振动吸收产生的荧光和由聚集体产生的荧光的位置很接近，在稳态和瞬态荧光光谱中很难辨别开来，因此785nm处的又宽又强的肩峰是它们共同作用的结果。在较高的浓度下，由单体产生的荧光峰迅速消失是自吸收增强和聚集体或复合物增加的共同作用的结果。

然而，在固体基质中的瞬态荧光光谱中几乎没有看见785nm处的小肩峰，表明固体基质的刚性环境有效地限制了分子的震动和分子间的相互作用，使得由分子的振动吸收产生的荧光和聚集体或复合物产生的荧光很弱，以至于在瞬态荧光光谱中看不到。最大荧光峰分别在1.0×10^{-5}mol/L浓度下为745nm，寿命为$\tau_1=0.60$ns(96.3%)和$\tau_2=2.7$ns(3.7%)；1.0×10^{-4}mol/L浓度下为746nm，寿命为$\tau_1=0.44$ns(96.1%)和$\tau_2=2.4$ns(3.9%)；1.0×10^{-3}mol/L浓度下为746nm，寿命为$\tau_1=0.34$ns(92.9%)和$\tau_2=2.4$ns(7.1%)。随着浓度的增大最大荧光峰几乎没有发生位移且随着浓度的增加τ_1的百分比变化很小，甚至在最高浓度的1.0×10^{-3}mol/L下也没有看到明显的小肩峰存在。这些事实充分表明酞菁化合物TBP-GaPc掺杂在固体基质中以后，分子的聚集体或复合物的形成要远远小于THF溶液中的分子。寿命为0.4ns左右的τ_1是由单体产生的荧光寿命，而具有较长寿命的τ_1约为3ns则是由长波方向的少量的聚集体或复合物产生的荧光寿命，虽然在瞬态荧光测量中 785nm 处的信号很弱。

非常有意思的是，在固体介质中，由单体和聚集体或复合物产生的荧光的衰减要远远大于 THF 溶液，在 THF 溶液中的荧光寿命大约是在固体基质中的荧光寿命的 10 倍左右。在固体基质中刚性的环境可以有效地阻止激发态分子的迁移和振动，从而激发态分子的非辐射跃迁衰减过程也会相应减少。因此，系间窜越过程将会成为 S_1 态的分子的主要失活过程。通常情况下，对于固体样品将会有更长的激发态的寿命，然而所研究的这种固体基质下分子的 S_1 态寿命与溶液的相比却要短很多，表明在固体介质中 S_1 态的分子有着更快的系间窜越过程。这种更快的系间窜越过程可以从闪光光解得到的系间穿越速率常数 k_{isc} 得到证实，并在后面的内容中进行详细的讨论。

5.3.3　闪光光解实验

作者进行了酞菁化合物 TBP-GaPc 在固体基质和氧气饱和的 THF 溶液中的闪光光解实验。图 5-5 所示为酞菁化合物 TBP-GaPc 在两种不同介质中的瞬态吸收光谱，正的 ΔA 信号是瞬态物种 T_1 的吸收信号，负的 ΔA 信号则是由基态的跃迁产生的漂白峰。从图中可以看出在固体基质中和在 THF 溶液中均有一个很宽的强的正信号的三线态的吸收峰，最大吸收峰分别在 600nm 和 580nm 左右。值得提出的是在 THF 溶液中可以很明显地看到 Q 带和 B 带的漂白峰，分别在 670~740nm 和 320~400nm 区域，然而在固体基质中不但没有看到 Q 带和 B 带的负信号的漂白峰，反而在 Q 带和 B 带附近看到了正的信号峰。对于酞菁化合物 TBP-GaPc 不论掺杂在固体基质中还是分散在 THF 溶液中，三线态的吸收过程和 Q 带以及 B 带的漂白过程应该在激发后同时发生，然而在漂白峰区域出现的正的信号表明在这些区域附近存在着更强更宽的瞬态吸收过程，这种正的信号的产生是由

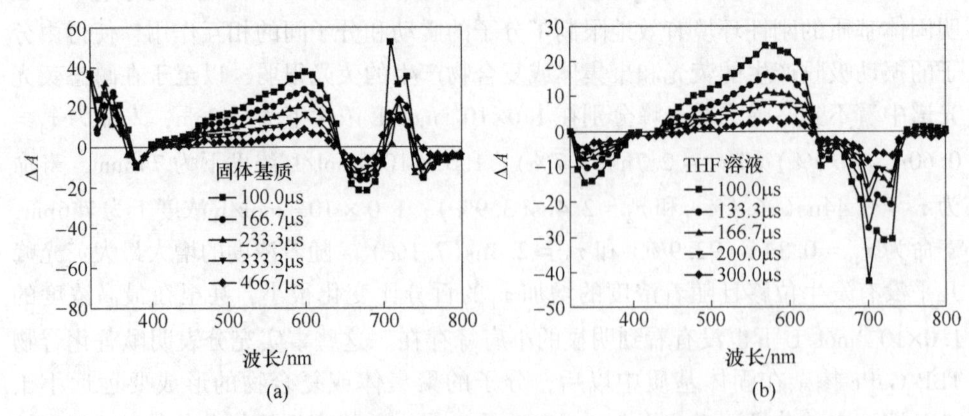

图 5-5　酞菁化合物 TBP-GaPc 分别在固体基质（a）和氩气饱和的 THF 溶液中（b）的瞬态吸收光谱（激发波长为 355nm）

于瞬态吸收和基态的漂白共同作用的结果，瞬态吸收的作用大于基态漂白作用时就会出现正的信号，而大多数情况下在 Q 带和 B 带附近的瞬态吸收都是很弱的，因而出现的大多都是负的信号。这一现象也充分说明了在固体基质中酞菁分子有着更强的瞬态吸收，包括单线态和三线态的吸收过程。

同时，还计算了三线态减去基态的摩尔吸收消光系数 $\Delta\varepsilon_T$值，在固体基质和 THF 溶液中分别为 6.55×10^4mol/(L·cm) 和 2.88×10^4mol/(L·cm)，可以看出在固体基质中有一个更大的三线态减去基态的摩尔吸收消光系数 $\Delta\varepsilon_T$值，进一步说明了掺杂在固体基质中的酞菁分子更容易发生由 T_1到 T_2的反饱和吸收过程。从三线态的最大吸收峰可以看出固体基质中的 T_1到 T_2之间能级差更低，也就决定了由 T_1到 T_2的反饱和吸收过程更容易发生。此外，用锌酞菁 ZnPc（Φ_T = 0.65）作参比[28]，计算出了三线态的生成量子产率，在固体基质和 THF 溶液中分别为 0.85 和 0.61，固体基质中的要明显高于 THF 溶液中。经过计算[28]还得出系间窜越速率常数 k_{isc}在固体基质和 THF 溶液中分别为 1.93×10^9/s 和 1.61×10^8/s，固体介质中的速率常数要高出一个数量级。高的三线态的量子产率 Φ_T主要取决于大的系间窜越速率常数 k_{isc}，而这一结论也正好与前面讨论的在固体基质中 S_1态的寿命要远远小于 THF 溶液中的原因相吻合。从前面讨论的基态吸收光谱中，固体和 THF 溶液中的最大吸收峰分别为 714nm 和 723nm，表明掺杂在固体基质中的 TBP-GaPc 分子有着更低的 S_1态的能级，从而使得 TBP-GaPc 分子有着更低的 S_1与 T_1态之间的能级差，可以理所当然地认为更低的 S_1与 T_1态之间的能级差势必会使得 S_1态的分子发生更快的系间窜越过程。

此外，还对固体基质和 THF 溶液中样品进行了延迟荧光实验的测量，采用 355nm 的激光作为激发波长，分别在激发后 2000ns、200μs 和 10ms 的时间段进行了检测，结果没有发现任何的延迟荧光信号峰。这一事实表明对酞菁类化合物而言，不管是由 S_0激发产生的 S_1态还是由 T-T 湮灭产生的 S_1态分子都主要以非辐射跃迁的方式进行衰减，以产生荧光的辐射跃迁的方式是很弱的，其中系间窜越是一个主要的衰减过程，这一点从系间窜越的速率常数和三线态的量子产率均可以推断出来。

5.4 三线态的衰减过程的研究

5.4.1 三线态的衰减过程

S_0态的分子吸收一个光子到达 S_1态，然后大部分 S_1态的分子会快速地系间窜越到 T_1态。三线态是一个非常重要的过程[30,31]，它能够产生许多的衰减和光物理过程，如方程式所示：

$$S_1 \xrightarrow{k_F + k_{IC}} S_0 + h\nu/\Delta \tag{5-1}$$

$$S_1 \xrightarrow{k_{isc}} T_1 \tag{5-2}$$

$$T_1 + h\nu \xrightarrow{RSA} T_n(n=2,\ 3,\ \cdots) \tag{5-3}$$

$$T_1 + A \xrightarrow{SEN} S_0 + {}^3A \tag{5-4}$$

$$T_1 + O_2 \longrightarrow S_0 + {}^1O_2 \tag{5-5}$$

$$T_1 \xrightarrow{k_1} S_0 + h\nu/\Delta \tag{5-6}$$

$$T_1 + T_1 \xrightarrow{k_2} S^* + S_0 \tag{5-7}$$

式中，k_1为总的单指数衰减速率常数；k_2为 T-T 湮灭的速率常数；k_{isc}为系间窜越的速率常数。

式（5-3）是反饱和吸收过程，它直接取决于三线态的量子产率和三线态的寿命；式（5-4）和式（5-5）分别是光敏化和单线态氧的产生过程，这两个过程可以通过除去体系中存在的敏化剂和氧气的方式而很容易地避免其发生；式（5-6）是三线态以内转换（IC）和磷光（$h\nu$）方式衰减的单指数过程；式（5-7）是 T-T 湮灭过程，通常伴随着延迟荧光的过程。因此，酞菁化合物的反饱和吸收过程 RSA（式（5-3））主要受系间窜越过程（式（5-2））、单指数衰减过程（式（5-6））和 T-T 湮灭过程（式（5-7））的影响。

因此，为了进一步考查酞菁化合物 TBP-GaPc 的三线态分子在固体介质和 THF 溶液中的衰减过程，测量了它们的三线态的衰减曲线，如图 5-6 和表 5-2 所示。可以明显地看出，在固体介质中，TBP-GaPc 化合物有着更长的三线态的寿命，通常要比 THF 溶液中长 3 倍左右。此外，随着酞菁分子浓度的增加，不管在固体基质中还是在 THF 溶液中分子的三线态寿命都逐渐减小。在较低的浓度时，ΔA 值随着酞菁浓度的增大呈现线性的增加，但在较高浓度时 ΔA 值随浓度

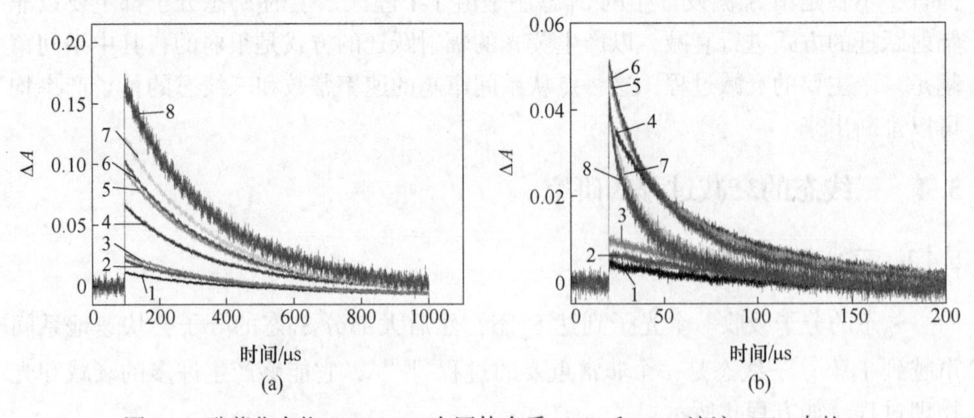

图 5-6　酞菁化合物 TBP-GaPc 在固体介质（a）和 THF 溶液（b）中的不同浓度下三线态的衰减曲线

表 5-2 酞菁化合物 TBP-GaPc 在固体介质和 THF 溶液中的三线态的过程参数

化合物		浓度 /mol · L^{-1}	三线态寿命 τ_T/μs	单指数衰减常数 k_1/s^{-1}	T-T 湮灭常数 k_2/s^{-1}	ΔA_0	T-T 湮灭衰减浓度
固体基质	1	5.0×10^{-6}	285.7	(3.50±0.01)×10^{-3}	(2.40±0.14)×10^{-3}	0.0309	1.05
	2	7.5×10^{-6}	281.7	(3.55±0.02)×10^{-3}	(2.30±0.13)×10^{-3}	0.0425	134
	3	1.0×10^{-5}	277.8	(3.60±0.05)×10^{-3}	(2.10±0.10)×10^{-3}	0.0520	1.51
	4	5.0×10^{-5}	277.8	(3.60±0.01)×10^{-3}	(2.00±0.33)×10^{-3}	0.122	3.24
	5	1.0×10^{-4}	274.7	(3.64±0.01)×10^{-3}	(2.20±0.15)×10^{-3}	0.146	3.80
	6	2.5×10^{-4}	273.2	(3.66±0.01)×10^{-3}	(1.90±0.13)×10^{-3}	0.158	4.28
	7	5.0×10^{-4}	275.5	(3.63±0.01)×10^{-3}	(1.80±0.11)×10^{-3}	0.190	4.4
	8	1.0×10^{-3}	273.2	(3.66±0.02)×10^{-3}	(2.10±0.21)×10^{-3}	0.248±0.001	6.51
四氢呋喃	1	5.0×10^{-6}	77.5	(12.9±0.22)×10^{-3}	(241±1.82)×10^{-3}	0.0092	7.74
	2	7.5×10^{-6}	76.3	(111±0.14)×10^{-3}	(253±2.61)×10^{-3}	0.0099	8.52
	3	1.0×10^{-5}	75.7	(13.2±0.13)×10^{-3}	(249±1.38)×10^{-3}	0.0168	13.1
	4	5.0×10^{-5}	74.6	(13.4±0.16)×10^{-3}	(254±1.57)×10^{-3}	0.0606	33.4
	5	1.0×10^{-4}	71.4	(14.0±0.06)×10^{-3}	(265±332)×10^{-3}	0.0736	37.3
	6	2.5×10^{-4}	63.2	(15.8±0.09)×10^{-3}	(280±4.47)×10^{-3}	0.0845	40.2
	7	5.0×10^{-4}	62.1	(16.1±0.12)×10^{-3}	(395±2.77)×10^{-3}	0.0914	46.8
	8	1.0×10^{-3}	61.3	(16.3±0.21)×10^{-3}	(421±2.68)×10^{-3}	0.101	50.9

的增加非线性的增大，甚至在 THF 溶液中 ΔA 值反而有所下降。在固体介质中，酞菁的三线态分子衰减得较慢，基本符合单指数的衰减过程，而在 THF 溶液中三线态的分子衰减得更快，尤其是在较高的浓度下不是很遵循单指数衰减。这些结果表明，在固体基质中，刚性的环境有效地阻止了三线态分子的扩散和分子之间的相互作用，从而使得在固体基质和在 THF 溶液中由于分子扩散的差异而导致三线态的分子将会有着不同的衰减模式。

三线态的扩散过程是一个非常重要的能够导致 T-T 湮灭过程发生的光物理过程[32,33]。两个三线态的分子经过扩散后发生碰撞时就可能发生 T-T 湮灭过程，产生一个单线态和一个基态的分子，从而引起三线态的大量损耗。T-T 湮灭过程很大程度上取决于三线态的浓度[21,34~36]，高浓度下三线态分子的碰撞频率越高，发生 T-T 湮灭的可能性就越大。这就是为什么随着浓度的升高三线态分子的寿命下降的原因。T-T 湮灭也取决于分子的扩散速率常数[12,23,37~39]，快的扩散速度同样会增大分子的碰撞概率，增大 T-T 湮灭的发生概率。毫无疑问，在 THF 溶液中酞菁分子的扩散速率要远远大于在固体介质中，从而有着更大程度的 T-T 湮灭过程和较快的三线态的衰减速度。在固体介质中刚性的环境较大程度地限制了分子的迁移，酞菁的三线态分子仅仅可以在一个很小的空间内移动或者振动，而且只能和与它们相邻的分子发生碰撞，尽管如此这样的碰撞过程是非常小的，尤其在浓度较低的情况下。这就是在固体介质中三线态的寿命较长的原因。

5.4.2　T-T 湮灭的推导和计算

三线态分子是由 S_1 态到 T_1 态的系间窜越的过程（式（5-2））产生的，然后三线态的衰减经历着两个主要的过程：一个是通过磷光和内转换的方式直接由 T_1 到 S_0 的单指数衰减过程；另一个就是式（5-6）和式（5-7）所描述的伴随延迟荧光和能转换的 T-T 湮灭过程。因此，需要解决处理的是两个不同的方程式（5-8）和式（5-9）：

$$-\frac{\mathrm{d}c_{\mathrm{T_1}}}{\mathrm{d}t} = k_1 c_{\mathrm{T_1}} + k_2 c_{\mathrm{T_1}}^2 - k_{\mathrm{isc}} c_{\mathrm{S_1}} \tag{5-8}$$

$$-\frac{\mathrm{d}c_{\mathrm{S_1}}}{\mathrm{d}t} = -k_2 c_{\mathrm{T_1}}^2 + (k_{\mathrm{isc}} + k_{\mathrm{F}} + k_{\mathrm{ic}}) c_{\mathrm{S_1}} \tag{5-9}$$

式中除了考虑三线态的衰减之外还考虑了系间窜越过程产生的三线态的生成过程。这里的系间窜越过程来自于两种不同的 S_1 态分子：一种是直接由基态分子激发产生的 S_1 态，另一种则是由 T-T 湮灭产生的 S_1 态。对于直接由基态分子激发产生的 S_1 态分子发生的系间窜越过程，相对于微秒级的酞菁分子的三线态的寿命来说这一过程是非常短暂的。此外，这一系间窜越过程是一个用于产生三线态 T_1 的前期过程，接着才发生 T-T 湮灭过程。事实上，由基态分子激发产生的 S_1 态仅仅能存在于 T-T 湮灭过程的早期，并且 S_1 态是纳秒级的寿命，相对于三线态的微秒级寿命是非常短暂的，在 T-T 湮灭发生的时候由基态分子激发产生的 S_1 态的分子的浓度是非常微小的，以至于可以忽略不计；而对于 T-T 湮灭产生的 S_1 态的分子的系间窜越作用，在固体介质中由于 T-T 湮灭的概率很小，由 T-T 湮灭产生的 S_1 态的分子的系间窜越作用就会更小，从而可以忽略不计，但是在 THF 溶液中，由 T-T 湮灭产生的 S_1 态的分子发生系间窜越过程而在此生成的 T_1 态的分子的浓度可以用下面的方程式表达：

$$-\frac{\mathrm{d}c}{\mathrm{d}t} = k_1 c + k_2 c^2 \tag{5-10}$$

$$-\int \mathrm{d}t = \frac{\mathrm{d}c}{k_1 c + k_2 c^2} \tag{5-11}$$

$$c = \frac{1}{\left(\frac{1}{c_0} + \frac{k_2}{k_1}\right) \mathrm{e}^{k_1 t} - \frac{k_2}{k_1}} \tag{5-12}$$

式中，c 为由时间决定的三线态 T_1 的浓度；c_0 为激发后三线态的初始浓度，并且所考查的T-T湮灭是指双分子过程，而多分子的T-T湮灭的概率很小可以忽略不计。

这里假设所有的S_0态的分子都被激发到S_1态，由T-T湮灭产生的S_1态的分子发生系间窜越过程，而在此生成的T_1态的分子的百分比为$0.5(\Phi_{ISC})^2c_2\%$（发生T-T湮灭的三线态分子浓度），这只是一个理想化的最大值，实际上在较高的浓度下基态的吸收和瞬态吸收都会偏离比尔定律，因而由S_0态激发产生的S_1态和系间窜越的量子产率Φ_{ISC}都会下降，会进一步导致由T-T湮灭产生的S_1态的分子发生系间窜越过程，而在此生成的T_1态的分子的百分比减少，由于这一过程经历了许多光物理步骤且每个步骤都有许多其他的副反应过程，最终由T-T湮灭产生的S_1态的分子发生系间窜越过程，而在此生成的T_1态分子的产率会很小，因此在这里忽略不计，不加以考虑。因此，式（5-8）和式（5-9）中由S_1态分子产生的系间窜越过程的作用很小，可以忽略不计，因而得到了简化的方程式（式(5-10)~式（5-12））。

根据比尔定律[40] c的值跟ΔA的值线性相关，而ΔA的值可以由闪光光解得到。因此，可以转化得到下面的方程式：

$$\Delta A = \Delta\varepsilon_{\mathrm{T}}cl \tag{5-13}$$

$$-\frac{\mathrm{d}\Delta A}{\mathrm{d}t} = k_1\Delta A + \frac{k_2}{\Delta\varepsilon_{\mathrm{T}}l}\Delta A^2 \tag{5-14}$$

$$\Delta A = \frac{1}{\left(\frac{1}{\Delta A_0} + \frac{k_2'}{k_1}\right)\mathrm{e}^{k_1t} - \frac{k_2'}{k_1}} \tag{5-15}$$

式中，k_2'为宏观T-T湮灭速率常数，$k_2' = k_2/(\Delta\varepsilon_Tl)$；$\Delta\varepsilon_{\mathrm{T}}$为三线态减去基态的摩尔吸收消光系数；$l$为激光通过样品的光程差。

式（5-15）可以很好地拟合酞菁化合物在固体介质和在THF溶液中的三线态的衰减曲线，如图5-7所示，所有的衰减曲线都得到了很好的拟合并且有着较好的相关性，得到的相关的参数k_1、k_2'和ΔA_0的值见表5-2。初始ΔA_0的值在低浓度下基本符合比尔定律，但是在较高浓度下随着浓度的增加而非线性增加。在较低的浓度下，k_1、k_2'的值基本保持不变，尤其在固体介质中，仅随浓度的增加而发生微小的改变。值得提出的是固体介质中酞菁分子的k_1、k_2'的值远远小于THF溶液。此外，在固体介质中k_2'的值要远远小于k_1，表明了在固体介质中单指数的衰减是主要的三线态的衰减途径，而T-T湮灭的作用很小。但是在THF溶液中k_2'的值是k_1值的20倍左右，充分说明了在THF溶液中T-T湮灭是一个重要的三线态的衰减途径。因此，看到了在固体介质中的一个较慢的三线态的衰减过程和较长的三线态的寿命。

此外，为了进一步研究浓度和介质对TTA过程的影响，用下面的模型对TTA

消耗的三线态的浓度（c_2）进行了推导和计算。单指数衰减所消耗的三线态浓度（c_1）遵守下面的式（5-16）和式（5-18）：

$$-\frac{\mathrm{d}c}{\mathrm{d}t} = k_1 c + k_2 c^2 \Rightarrow -\mathrm{d}t = \frac{\mathrm{d}c}{k_1 c + k_2 c^2} \tag{5-16}$$

$$\mathrm{d}c_1 = -k_1 c\mathrm{d}t = \frac{k_1 c}{k_1 c + k_2 c^2}\mathrm{d}c \tag{5-17}$$

$$\int_0^{c_1}\mathrm{d}c_1 = \int_0^t k_1 c\mathrm{d}t = \int_0^{c_0}\frac{k_1 c}{k_1 c + k_2 c^2}\mathrm{d}c \tag{5-18}$$

式中，c_1为单指数衰减消耗的三线态的浓度；c_2为 T-T 湮灭消耗的三线态的浓度。

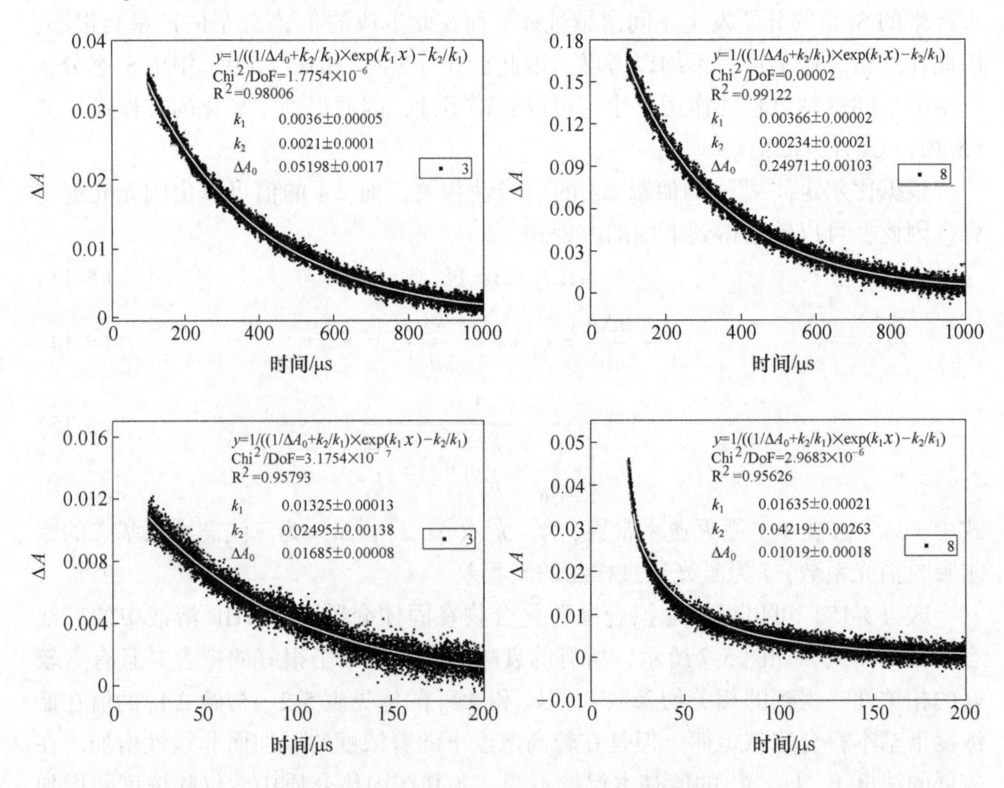

图 5-7 两种不同浓度下的固体介质和 THF 溶液中的二线态衰减曲线的拟合过程

浓度分别为：3—1×10^{-5} mol/L；8—1×10^{-3} mol/L

经过进一步的推导分析后得到下面的式子：

$$c_1 = \frac{k_1}{k_2}\ln\left(1 + \frac{k_2 c_0}{k_1}\right) \tag{5-19}$$

$$\Delta A_1 = \frac{k_1}{k_2'}\ln\left(1 + \frac{k_2'}{k_1}\Delta A_0\right) \tag{5-20}$$

$$\Delta A_2 = \Delta A_0 - \Delta A_1 = \Delta A_0 - \frac{k_1}{k_2'}\ln\left(1 + \frac{k_2'}{k_1}A_0\right) \tag{5-21}$$

式中，ΔA_1，ΔA_2 分别为由单指数衰减和 T-T 湮灭消耗的 ΔA 值。

用式（5-21）可以计算得到 ΔA_1 和 ΔA_2 的值，如图 5-8 和表 5-2 所示。

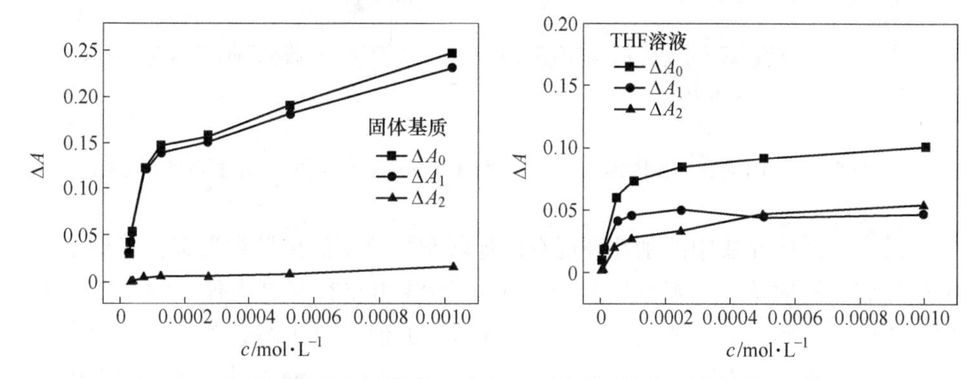

图 5-8 不同浓度下由单指数衰减和 T-T 湮灭消耗的三线态的 ΔA 值

从图 5-8 可以看出，初始 ΔA_0 值在固体介质和 THF 溶液中随着浓度的增加均线性增加，当浓度大于 5×10^{-5} mol/L 时，ΔA_0 的值不再遵守比尔定律，而是慢慢达到一个平衡。在固体介质中基本 ΔA_1 和 ΔA_0 一样遵守相同的规律，而 ΔA_2 相对于 ΔA_1 和 ΔA_0 显得非常的小并且随着浓度的增大几乎不变。这一事实进一步说明了在固体介质中单指数衰减是主要的衰减方式，T-T 湮灭的作用很小，以至于可以忽略不计。然而在 THF 溶液中，ΔA_2 的值大大地增大了，尤其是在较高的浓度下，如图 5-8 所示，在低浓度的 THF 溶液中单指数衰减仍然是主要的三线态的衰减方式，随着浓度的增大 ΔA_2 的值快速增大，甚至在较高的浓度下 ΔA_2 的值反而高于由单指数衰减损耗的值。

作者还可以非常容易地得到 TTA 所占的百分比，如图 5-9 和表 5-2 所示。在低的浓度下随着浓度的增加 TTA 所占的百分比快速增大，当浓度达到 5.0×10^{-5} mol/L 时，TTA 的百分比非线性增加且达到一个平衡值。随着浓度不断增大，在固体介质中 TTA 所占的百分比由 1.05%增加到 6.51%，而在 THF 中则由 7.74%增至 53.7%。可以看出固体介质中 T-T 湮灭所占的比例要明显低于 THF 溶液中，在相同的浓度下 THF 溶液中的 TTA 百分比是固体介质的 10 倍左右。随着浓度的不断增加 TTA 所占的百分比均有所增加。这一结果和原来所讨论的事实相符，就是固体介质中的酞菁分子有着更长的三线态寿命，且随着浓度的增加三线态的寿命不断减少。

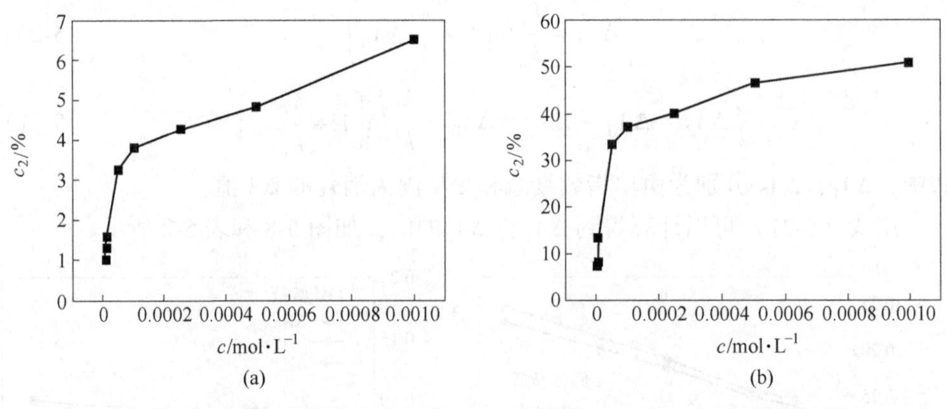

图 5-9　不同浓度下在固体介质（a）和 THF 溶液（b）中 TTA 所占的百分比

总之，固体介质中的刚性环境有效地限制了分子的扩散和聚集，减少了分子的碰撞和非辐射跃迁的概率，从而与 THF 溶液相比有着更小程度的 T-T 湮灭作用。因此，得到了更大的 k_{isc}，τ_T，Φ_T 和 $\Delta\varepsilon_T$ 的值。对于酞菁类化合物而言，大的 k_{isc}、Φ_T 和 $\Delta\varepsilon_T$ 的值，长的三线态寿命 τ_T 和小的 T-T 湮灭过程将会使得更多的三线态分子发生反饱和吸收作用 RSA。因而取决于 RSA 的光限幅性能也会相应增加，正如已经报道的文献［18~20，41~43］。因此，酞菁化合物的光限幅性能极大地取决于受浓度和介质影响的 T-T 湮灭过程。

结果表明掺杂在这种固体基质中的 TBP-GaPc 分子有着更低的 S_1 态的能级，并且刚性的环境有效地限制了酞菁分子的迁移和聚集作用，大大降低了激发态分子非辐射跃迁失活过程，使得有更多的 S_1 态分子更加快速地系间窜越到 T_1 态，从而有着更大的三线态的量子产率。此外，本章还推导了用来模拟 T-T 湮灭过程的动力学公式，分别计算出了不同浓度下在固体介质和在 THF 溶液中的 T-T 湮灭的百分比例。研究表明，在固体介质中，酞菁化合物的三线态分子主要以单指数的方式衰减，而 T-T 湮灭的作用很小，几乎可以忽略不计，但是在 THF 溶液中 T-T 湮灭的衰减过程是一个重要的三线态衰减方式，尤其在较高的浓度下 T-T 湮灭成为主要的三线态的衰减途径。通过闪光光解，作者测量了酞菁化合物分别在固体介质和在 THF 溶液中的三线态的参数，结果表明在固体基质中酞菁分子有着更快的系间窜越速率常数、更大的三线态的量子产率、更大的三线态减去基态的摩尔吸收消光系数和更长的三线态的寿命。这些结果与前面所测量的光物理性质相吻合，并且与 T-T 湮灭的推导计算结果相一致。对于酞菁类化合物而言，大的 k_{isc}、Φ_T 和 $\Delta\varepsilon_T$ 的值，长的三线态寿命 τ_T 和小的 T-T 湮灭过程将会使得更多的三线态分子发生反饱和吸收作用 RSA，因此主要由反饱和吸收产生的光限幅性质极大地取决于三线态的重要参数，而这些三线态的参数又取决于分子的相互作用和激发态分子的衰减途径，比如系间窜越过程和三线态分子的 T-T 湮灭过程等，刚性的固体基质有效地减少了这些非辐射跃迁途径，使得激发态分子朝着更有利于反饱和吸收的方向跃迁，从而使得固体基质下的酞菁分子有着更好的光限幅性质。

本章对于光物理性能与 T-T 湮灭之间的相互关系的分析以及对 T-T 湮灭过程对光限幅性能的影响的讨论将会提供一些有用的信息和指导思想。

参考文献

[1] Leznoff C C, Lever A B P. Phthalocyanines: Properties and Applications [M]. New York: VCH, 1996.

[2] Mizuguchi J. π-π interactions of magnesium phthalocyanine as evaluated by energy partition analysis [J]. J. Phys. Chem. A, 2001, 105: 10719~10722.

[3] O′Flaherty S M, Wiegart L, Struth B. Grazing incidence X-ray scattering to probe the self-assembly of phthalocyanine nanorods on a liquid surface [J]. J. Phys. Chem. B, 2006, 110: 19375~19379.

[4] Sheng Z, Ye X, Zheng Z, et al. Transient absorption and fluorescence studies of disstacking phthalocyanine by poly(ethylene oxide) [J]. Macromolecules, 2002, 35: 3681~3685.

[5] Li X Y, He X, Ng A C H, et al. Influence of surfactants on the aggregation behavior of water-soluble dendritic phthalocyanines [J]. Macromolecules, 2000, 33: 2119~2123.

[6] Tutt L W, Boggess T F. A Review of optical limiting mechanisms and devices using organics, fullerenes, semiconductors and other materials [J]. Prog. Quantum Electron., 1993, 17: 299~338.

[7] Sun Y P, Riggs J E. Organic and inorganic optical limiting materials-from fullerenes to nanoparticles [J]. Int. Rev. Phys. Chem., 1999, 18: 43~90.

[8] Sun W, Wang G, Li Y, et al. Axial halogen ligand effect on photophysics and optical power limiting of some indium naphthalocyanines [J]. J Phys. Chem. A, 2007, 111: 3263~3270.

[9] Kim K Y, Farley R T, Schanze K S. An iridium (Ⅲ) complex that exhibits dual mechanism nonlinear absorption [J]. J. Phys. Chem. B, 2006, 110: 17302~17304.

[10] Jiang L, Jiu T, Li Y, et al. Excited-state absorption and sign tuning of nonlinear refraction in porphyrin derivatives [J]. J. Phys. Chem. B, 2008, 112: 756~759.

[11] Slodek A, Wöhrle D, Doyle J J, et al. Metal complexes of phthalocyanines in polymers as suitable materials for optical limiting [J]. Macromol. Symp., 2006, 235: 9~18.

[12] Shaw G B, Papanikolas J M. Triplet-triplet annihilation of excited states of polypyridyl Ru(Ⅱ) complexes bound to polystyrene [J]. J. Phys. Chem. B, 2002 (6): 6156~6162.

[13] Visser A J W G, Fendler J H. Deazaflavin photocatalyzed methyl viologen reduction in water. A laser flash-photolysis study [J]. J. Phys. Chem., 1982, 86: 2406~2409.

[14] Levin P P, Costa S M B. Direct and oxygen-mediated triplet-triplet annihilation of tetraphenylporphyrin in multilayers of decanol on the external surface of NaA zeolite [J]. J.

Photochem. Photobiol A, 2001, 139: 167.

[15] Suna A. Kinematics of exciton-exciton annihilation in molecular crystals [J]. Phys. Rev. B, 1970, 1: 1716~1739.

[16] Gerhard A, Bassler H. Delayed fluorescence of a poly (p-phenylenevinylene) derivative: Triplet-triplet aimihilation versus geminate pair recombination [J]. Chem. Phys., 2002, 117: 7350~7356.

[17] Sudeep P K, James P V, Thomas K G, et al. Singlet and triplet excited-state interactions and photochemical reactivity of phenyleneethynylene oligomers [J]. Phys. Chem. A, 2006, 110: 5642~5649.

[18] Zhang H, Zelmon D E, Deng, L, et al. Optical limiting behavior of nanosized polyicosahedral gold-silver clusters based on third-order nonlinear optical effects [J]. J. Am. Chem. Soc., 2001, 123: 11300~11301.

[19] Zhang H, Chen W, Wang M, et al. Optical limiting properties of peripherally modified palladium phthalocyanines doped silica gel glass [J]. Chem. Phys. Lett. 2004, 389: 119~123.

[20] Goh H W, Goh S H, Xu G Q, et al. Optical limiting properties of double-C_{60}-end-capped poly (ethylene oxide), double-C_{60}-end-capped poly (ethylene oxide) /poly (ethylene oxide) blend, and double-C_{60}-end-capped poly (ethylene oxide) /multiwalled carbon nanotube composite [J]. Phys. Chem. B, 2003, 107: 6056~6062.

[21] Gutman M, Kotlyar A B, Borovok N, et al. Reaction of bulk protons with a mitochondrial inner membrane preparation: Time-resolved measurements and their analysis [J]. Biochemistry, 1993, 32: 2942~2946.

[22] Hertel D, Meerholz K. Triplet-polaron quenching in conjugated polymers [J]. J. Phys. Chem. B, 2007, 111: 12075~12080.

[23] Gutman M, Nachliel E. Kinetic analysis of protonation of a specific site on a buffered surface of a macromolecular body [J]. Biochemistry, 1985, 24: 2941~2946.

[24] Bagnich S A, Konash A V. Kinetics of triplet-triplet annihilation in disordered organic solids on short time scale [J]. Chem. Phys., 2001, 263: 101~110.

[25] Bagnich S A, Konash A V. Kinetics of triplet-triplet annihilation in organic glasses [J]. J. Fluoresc., 2002, 12: 273~277.

[26] Richert R, Bassler H. Dispersive triplet excitation transport in organic glasses [J]. Chem. Phys., 1986, 84: 3567~3572.

[27] Gan Q, Li S, Morlet-Savary F, et al. Photophysical properties and optical limiting property of a soluble chloroaluminum-phthalocyanine [J] Opt. Express, 2005, 13: 5424~5433.

[28] Wang S, Gan Q, Zhang Y, et al. Optical-limiting and photophysical properties of two soluble chloroindium phthalocyanines with a-and P-alkoxyl substituents [J]. Chem. Phys. Chem., 2006, 7: 935~941.

[29] Ng A C H, Li X Y, Ng D K P. Synthesis and photophysical properties of nonaggregated

phthalocyanines bearing dendritic substituents [J]. Macromolecules, 1999, 32: 5292~5298.

[30] Levin P P, Costa S M B, Nunes T G, et al. Kinetics of triplet-triplet annihilation of tetraphenylporphyrin in liquid and frozen films of decanol on the external surface of zeolite. Fast probe diffusion in monolayers and polycrystals [J]. J. Phys. Chem. A, 2003, 107: 328~336.

[31] Dimitrijevic N M, Kamat P V. Triplet excited state behavior of fullerenes: pulse radiolysis and laser flash photolysis of fullerenes (C_{60} and C_{70}) in benzene [J]. J. Phys. Chem., 1992, 96 (12): 4811~4814.

[32] Sokolik L, Priestley R, Walser A D, et al. Bimolecular reactions of singlet excitons in tris (8-hydroxyquinoline) aluminum [J]. Appl. Phys. Lett., 1996, 69: 4168~4170.

[33] Frink M E, Geiger D K, Ferraudi G J. Excimer formation from triplet-triplet annihilation reactions of the lowest-lying triplet excited state in aluminum (Ⅲ), silicon (Ⅳ), and metal-free phthalocyanines: Medium and magnetic field effects on the rate of reaction [J]. J. Phys. Chem., 1986, 90: 1924~1927.

[34] Namdas E B, Ruseckas A, Samuel I D W. Simple color tuning of phosphorescent dendrimer light emitting diodes [J]. Appl. Phys. Lett., 2005, 86: 161104.

[35] Sykora M, Kincaid J R, Dutta P K, et al. On the nature and extent of intermolecular interactions between entrapped complexes of $Ru(bpy)_3^{2+}$ in zeolite Y [J]. J. Phys. Chem. B, 1999, 103: 309~320.

[36] Tsuchida A, Yamamoto M, Liebe W R, et al. Triplet energy migration in poly (4-methacryloylbenzophenone-co-methyl methacrylate) films: Temperature dependence and chromophore concentration Dependence [J]. Macromolecules, 1996, 29: 1589~1594.

[37] Stemlicht H, Nieman G C, Robinson G W. Correction [J]. J. Chem. Phys., 1963, 39: 1610.

[38] Jebb M, Sudeep P K, Pramod P, et al. Ruthenium (Ⅱ) trisbipyridine functionalized gold nanorods. Morphological changes and excited-state interactions [J]. J. Phys. Chem. B, 2007, 111: 6839~6844.

[39] Marcelo H G. Triplet-triplet annihilation in micelles including triplet intermicellar migration [J]. Phys. Chem., 1995, 99: 4181~4186.

[40] Halperin B, Koningstein J A. Conditions for excited-state Raman and absorption processes during optical pumping [J]. Can. J. Chem., 1981, 59: 2792~2802.

[41] Chen Y, He N, Doyle J J, et al. Enhancement of optical limiting response by embedding gallium phthalocyanine into polymer host [J]. J. Photochem. Photobio. A: Chem., 2007, 189: 414~417.

[42] Xia H P, Nogami M, Hayakawa T, et al. Persistent spectral hole burning of Sm^{2+} and Eu^{3+} ions in sol-gel-derived glasses [J]. J. Mater. Sci. Lett., 1999: 18: 1837~1839.

[43] Zhang Q F, Xiong Y N, Lai T S, et al. Solid state synthesis and optical limiting effect of two heteroselenometallic cubane-like clusters $(p,3\text{-}MoSe_4)M_3(PPh_3)_3Cl$ (M = Cu and Ag) [J]. J. Phys. Chem. B, 2000, 104: 3446~3449.

6　多核酞菁的合成及其光物理和非线性光学特性

6.1　引言

酞菁化合物由于它特殊的 π 电子共轭体系而有着非常广泛的光物理性能，这也使得它被广泛地应用于许多领域之中，如光限幅器件、太阳能电池、半导体电池和光动力药物疗法等[1~5]。然而正是由于酞菁化合物有大的平面结构和 π 电子共轭体系使得它们的分子之间很容易发生相互作用。在酞菁化学领域中，聚集是非常常见的现象，不管是在有机相还是在液体相中，相邻的酞菁分子间很容易发生相互作用，导致两个或多个酞菁环的电子态之间发生耦合作用，从而产生一些特殊的光物理性能[6~9]，对酞菁的实际应用有着很大的影响。通常情况下，酞菁分子显著的光学和光敏化性能，比如很宽范围的吸收光谱以及很高的激发态的量子产率等，这些性质总是因为聚集态的产生而大大受到限制。在没有外在途径的情况下，仅仅依靠酞菁分子的内在的特征来限制和控制分子聚集的形成是一个巨大的挑战，尤其在非线性光学的应用方面[10~12]，分子的聚集会大大改变激发态的性质，从而影响化合物激发态的性质和非线性性能。为了更好地了解分子发色团之间电子相互作用，研究单体和聚集体分子的光物理过程并找到聚集作用对光物理性能的影响规律，对应用于光电性能方面的有机材料分子的设计有着重要的意义。

在过去的许多工作中，尽管酞菁分子之间可以由在周边或轴向上引进大的取代基团来增大分子之间的距离，从而减少聚集作用的发生，然而这些工作绝大多数是针对分子间相互作用的研究[13~16]。到目前为止，只有很少量的工作侧重于酞菁化合物分子内聚集作用的研究[17~19]，尤其是分子内的聚集作用对酞菁化合物的光物理和非线性光学性能的影响需要进行更深入的研究。为了更加深入地了解聚集和取决于激发态的光物理过程的光学性质之间的关系，设计一些很便于合成的有效的新的结构模型的分子是非常有必要的。因此，为了达到这一要求，本章设计并合成了一系列三氮嗪连接的单取代、二取代和三取代的酞菁化合物，如图 6-1 所示；研究了它们的光物理和光限幅性能，通过光谱和分子模拟证明了分子内聚集体的存在，分析并讨论了它们的分子内的聚集对酞菁光物理性能的影响，进而对光限幅性能的影响。

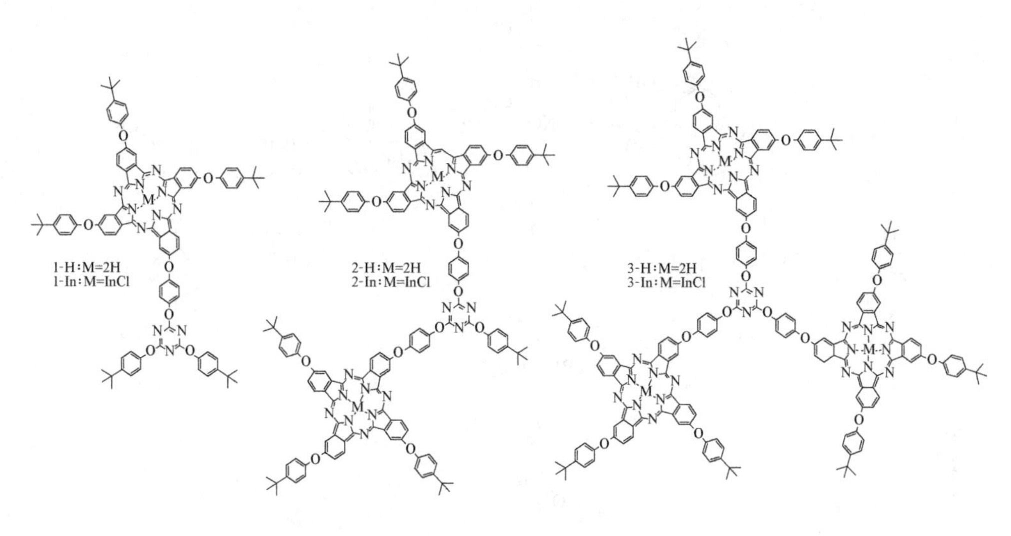

图 6-1 三氮嗪相连的单取代、二取代和三取代酞菁化合物的结构式

6.2 单核、二核以及三核酞菁化合物的合成

一系列单核、二核以及多核酞菁化合物的合成路线如图 6-2 和图 6-3 所示。含有一个羟基苯氧基取代的不对称酞菁化合物的合成方法如图 6-2 所示，先合成出两种不同 α 位取代基团的苯二腈化合物，分别是羟基苯氧基和对叔丁苯氧基取代的苯二腈，然后将这两者按照摩尔比为 1∶9 的比例混合反应，在这里理论上的比值应该是 1∶3，但是由于这两种原料都很容易各自发生自身的环合作用，分别形成各自的对称酞菁化合物，因此，为了提高所需的不对称化合物的产量，采用了加大对叔丁苯氧基取代的苯二腈的量，使它大大过量以保证羟基苯氧基取代的苯二腈能够尽可能多地参与不对称酞菁化合物合成的反应，而并非自身的环合。

在分离的过程中由于生成的副产物较多，有羟基苯氧基和对叔丁苯氧基取代的苯二腈各自分别环合得到的两种对称酞菁以及羟基苯氧基和对叔丁苯氧基取代的苯二腈按照不同比例环合得到的三种不对称酞菁，且这些酞菁化合物的极性等方面都很接近，总体上在进行硅胶柱层析分离时，酞菁取代基团上含有的羟基越多，淋洗的速度越慢，利用这一点，先用极性较小的甲苯将混合产物中的四-对叔丁苯氧基取代的酞菁化合物冲洗下来，然后再调整展开剂的极性用 THF 作展开剂得到了所要的化合物，至于 3 个或 4 个羟基苯氧基取代的酞菁化合物跟硅胶的吸附作用很强，即使用 THF 作展开剂也很难将其冲洗下来。因此在分离的时候采取多次分离的方法最终得到了所需要的纯净的单羟基苯氧基取代的不对称酞菁化合物 $H_2Pc\text{-}OH$。

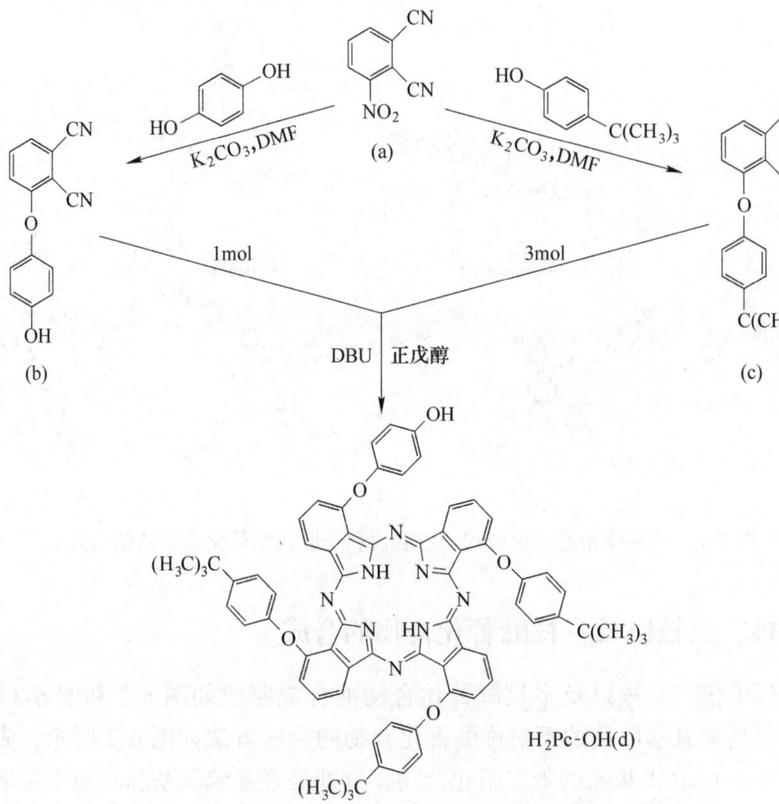

图 6-2 单羟基苯氧基取代的不对称酞菁化合物的合成

利用所得到的不对称酞菁化合物 H_2Pc-OH 进行如图 6-3 所示的实验。将三氯三嗪分别与不同比例的对叔丁基苯酚反应分别消耗掉两个氯、一个氯和零个氯，再将相应的氯原子分别用相对应的物质的量的 H_2Pc-OH 取代即可得到含有不同核的酞菁化合物 1、2 和 3。先用对叔丁基苯酚取代相对应的多余的氯原子，是因为三氯三嗪上的氯原子很活泼，如果不进行烷氧基取代的话，在表征测试的过程中很容易发生其他反应，比如在质谱表征的谱图中常常看到的不只是分子离子峰，还看到了氯原子被羟基取代后的分子离子峰，这就使得化合物不纯，不利于化合物的表征和性质的测试。

该系列反应采用甲苯作溶剂，用丝状的金属钠作催化剂。由于三氯三嗪上的氯很活泼，容易被羟基取代，因此在反应前必须进行水分处理，先用丝状的金属钠加入甲苯中，先回流搅拌 2h 以除去甲苯溶剂中存在的水分子，过滤除去甲苯中的沉淀物，得到经过水处理后的甲苯溶液。然后先将钠丝和含有羟基的苯酚加入甲苯中搅拌 0.5h 后使其醇钠化以后再加入对应比例的三氯三嗪进行反应，对于三取代的酞菁同样采取先将羟基酞菁进行醇钠化以后再与三氯三嗪作用的顺

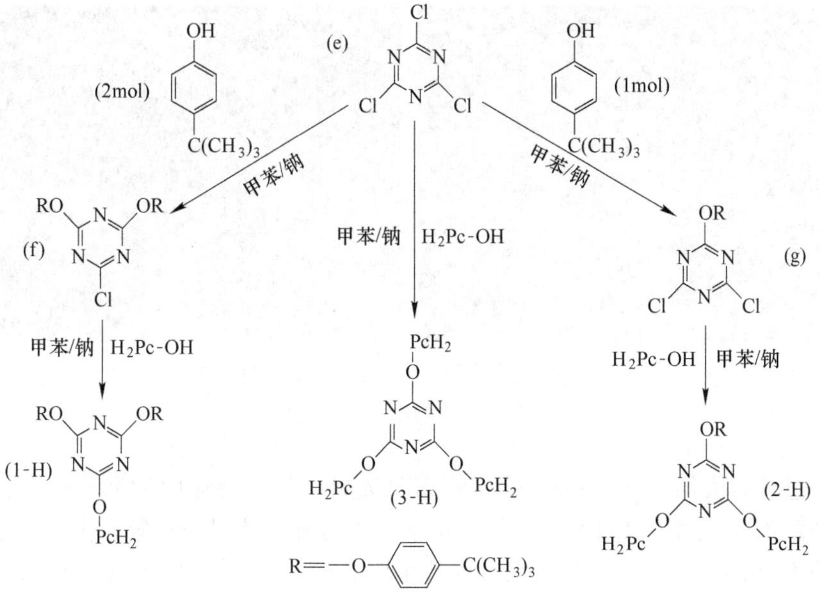

图 6-3 单核、二核以及三核酞菁化合物的合成

序。这样可以使原料充分地与三氯三嗪进行反应，避免三氯三嗪发生其他副反应。由于反应后会产生盐酸，因此加入的钠丝可以作为催化剂起到中和生成的酸的作用。

将得到的空心的多核酞菁化合物 1-H、2-H 和 3-H 分别与无水 $InCl_3$ 在氯代萘作溶剂下反应可以得到相应的金属铟的酞菁化合物 1-In、2-In 和 3-In。对得到的这些化合物经过 UV-vis、^{1}H-NMR、MALDI-TOF 以及元素分析等表征手段证明得到的产物与预期的化合物的结构式相符合。此外这些化合物有着很好的溶解性，能够很好地溶解在 THF、二氯甲烷、氯仿、DMF、DMSO 等常见的溶剂中，非常有利于进行其光物理性质的研究。

6.3 单核、二核以及三核酞菁化合物的结构与聚集

为了更加深入直观地了解二核和三核酞菁化合物的酞菁环之间的分子内的相互作用，采用 GROMACS 分子模拟软件[20,21]分别对它们进行分子动力学模拟，图 6-4 所示为构型优化和能量最小化后的原子的空间排列最优化结构图。

从结构优化后的图中可以明显看出在二核取代的酞菁化合物中两个酞菁环发生了相互作用并以面对面的方式靠在一起，这种面对面的构象充分证明了分子内聚集作用的存在。非常有意思的是在三核酞菁化合物中，2 个酞菁环形成了分子内的聚集体，使得另一个酞菁环独立起来并以一个单体的形式存在，即使是轴向取代的铟的酞菁化合物也明显地看到它们分子内的聚集作用。两个酞菁环之间的

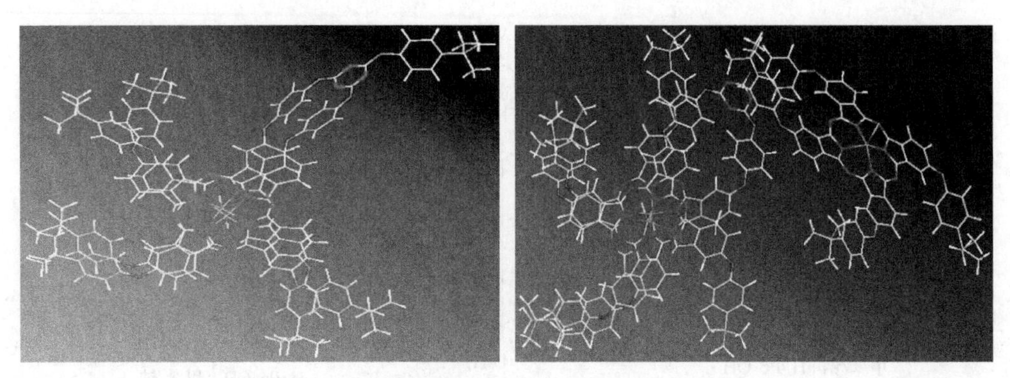

图 6-4　结构优化后的二核（2-In）和三核（3-In）
酞菁化合物的原子排列模型

距离经过计算大约为 0. 33nm，这一距离要远远小于稀溶液中的酞菁化合物的分子间的距离（经过对 4×10^{-6}mol/L 浓度下的 2-In 化合物进行计算得出的分子间的距离约为 50μm），相对于文献报道过的在高浓度下或酞菁的固体粉末的分子间的距离约为 3. 5nm[22]，这一分子内的酞菁环的距离也显得非常微小。这一事实充分说明了分子内的聚集作用与分子间的聚集相比，其酞菁环相互作用力将会是非常巨大的，这也势必会引起它们光物理性质的巨大差异，而这一点可以从它们的光物理性质的光谱数据的测量中充分体现出来。

6. 4　单核、二核以及三核酞菁化合物的光物理性能的研究

酞菁化合物的 UV-vis 吸收光谱可以提供一个敏感的视觉窗口来判断酞菁环之间是否存在着相互作用。如图 6-5 所示，空心单核酞菁 1-H 在 660～700nm 之间有 2 个强的尖的吸收峰，且在较高的能级区域 610～640nm 之间有 2 个较弱的振动吸收峰，这些都是空心酞菁的典型的特征吸收峰，由于空心酞菁中心的 2 个 N 原子上连有 2 个 H 原子，另 2 个 N 原子没有连接 H 原子，使得空心酞菁化合物是不完全对称的，因而使得它的特征吸收峰出现了分裂，由 2 个强的尖峰和 2 个弱的振动吸收峰组成。

对于任何一个酞菁环没有发生耦合作用的酞菁分子，它的电子特征吸收峰都应该与单核酞菁 1-H 的吸收峰相同，至少峰形上应该相似。而二核和三核酞菁化合物的吸收光谱峰的峰形应该取决于它们中的 2 个酞菁环之间的相互耦合作用的大小。从化合物 2-H 和 3-H 的吸收光谱可以很明显看出，在 610～640nm 区域有一个很强很宽的振动吸收峰以及在 660～700nm 区域有一个弱的尖峰。与单核化合物 1-H 的吸收峰对比，振动吸收峰变得更强更宽了，而原有的 2 个强的尖峰变得更弱了。化合物 2-H 和 3-H 的吸收光谱和单核化合物 1-H 的吸收峰几乎成反对称的形式，这种基态吸收的峰形和峰的强度的变化可以充分说明二核和三核酞菁

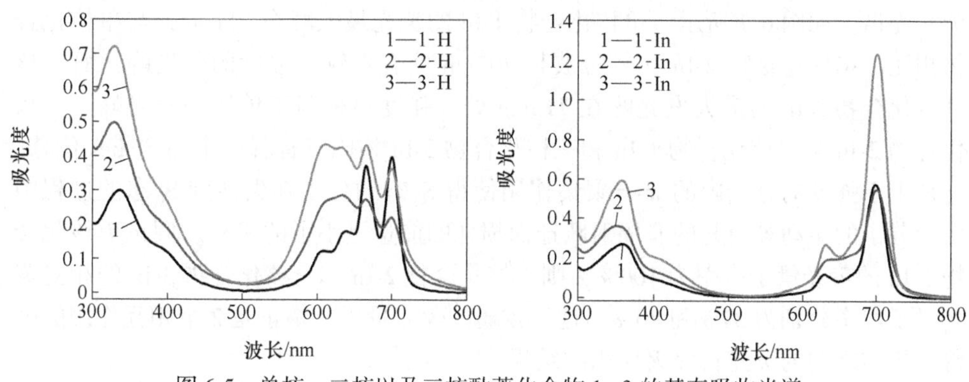

图 6-5 单核、二核以及三核酞菁化合物 1~3 的基态吸收光谱

化合物 2-H 和 3-H 中的两个面对面的酞菁环之间有着非常强的 π-π 相互作用，而这种强的相互作用也归因于这两个酞菁环之间的非常小的距离。此外，还测量了三核酞菁化合物 3-H 在 $10^{-6} \sim 10^{-4}$mol/L 浓度范围下的不同浓度的吸收光谱，如图 6-6 所示，发现随着浓度的增大基态的吸收峰的峰形和摩尔消光系数都变化很小，特征吸收峰的峰形几乎不受浓度的影响，这一点可以说明二核和三核酞菁化合物 2-H 和 3-H 在 610~640nm 区域的峰的强度和峰形的变化是由于分子内的聚集作用引起的[23~27]，而并非分子间的聚集作用，从吸收光谱的变化进一步证实了二核和三核酞菁化合物 2-H 和 3-H 存在着分子内的聚集。

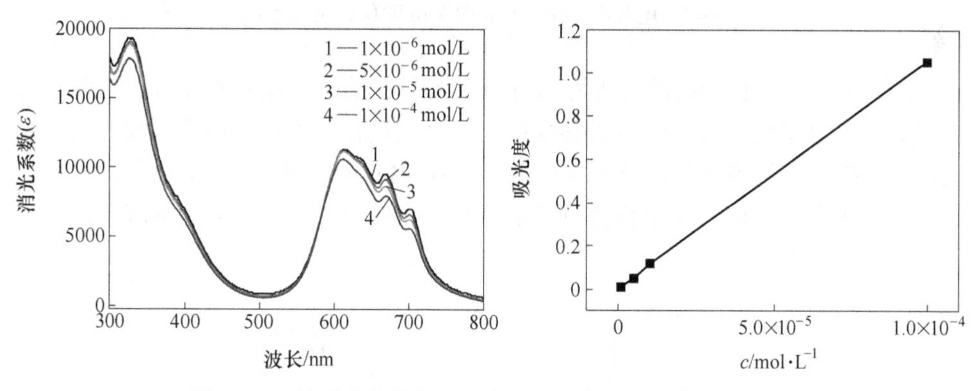

图 6-6 三核酞菁化合物 3-H 在不同浓度下的基态吸收光谱

在中心氯化铟酞菁化合物 2-In 和 3-In 的基态吸收光谱中也同样看到聚集态吸收峰的存在，在 650nm 处的宽的肩峰，尤其是在二核酞菁化合物 2-In 的吸收峰尤为明显。有意思的是三核酞菁化合物 3-In 的吸收峰几乎是二核化合物 2-In 和单核酞菁化合物 1-In 吸收峰的加和，这一点进一步说明了化合物 3-In 正如所预料的那样是由一个单体和一个聚合体组成的。

为了进一步了解分子内的聚集对激发态性质的影响，测量了化合物 1~3 的荧光光谱，如图 6-7 所示。单核化合物 1-In 的荧光最大峰在 711nm；与单核化合物相比，二核化合物 2-In 在较短波长 707nm 处有着较弱强度的荧光峰；而三核酞菁化合物 3-In 的最大发光峰在 713nm 处，强度要稍弱于单体的发光峰。二核化合物 2-In 与单核化合物 1-In 和三核化合物 3-In 相比，有着更小的 Stokes 位移，这是由于强烈的分子内的 π-π 聚集作用使得 S_1 态的分子在失活到 S_0 态的过程中由于分子的振动等引起的非辐射跃迁而损耗的能量更小了的缘故。假设单核化合物 1-In 的荧光量子产率为 100%，则二核化合物 2-In 和三核化合物 3-In 的相对荧光量子产率分别为 37% 和 80%，这种较弱的荧光量子产率正是 2 个相互作用的酞菁聚集体之间的荧光自淬灭作用的结果。

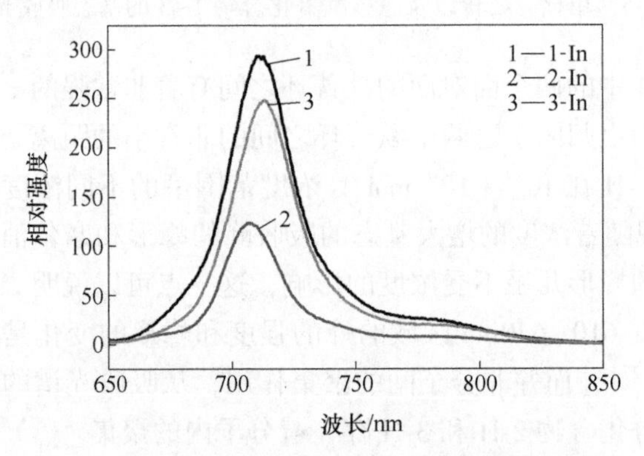

图 6-7　化合物 1-In、2-In 和 3-In 的稳态荧光光谱

同样对这三种化合物的荧光寿命进行了测量，结果如图 6-8 所示。从图中可以明显看出单体化合物 1-In 有着很快的荧光衰减过程，采用双指数方程对衰减曲线进行了拟合，得到的寿命分别为 τ_1 = 0. 37ns(98. 8%) 和 τ_2 = 5. 0ns(1. 2%)，可以确定化合物 1-In 符合单指数衰减的过程，主要存在一个单体的衰减过程且单体的寿命为 0. 37ns。

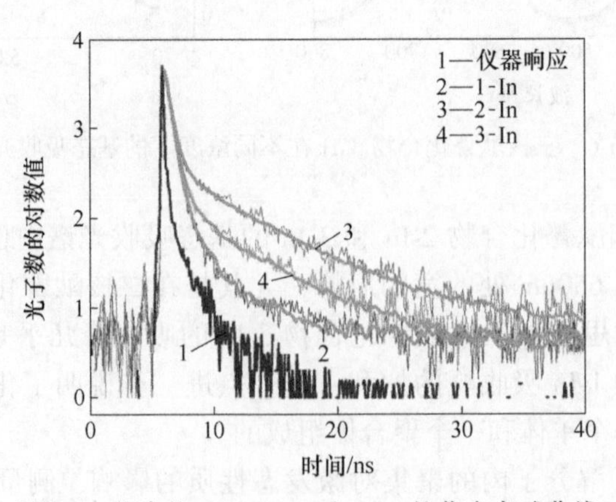

图 6-8　化合物 1-In、2-In 和 3-In 的荧光衰减曲线

而对于化合物 2-In 和 3-In，可以明显看出存在着 2 个不同的衰减过程：一个较快的过程和一个较慢的过程。如表 6-1 所示，对于化合物 2-In，存在一个较短的寿命 τ_1（约为 0.36ns）和一个较长的寿命 τ_2（约为 5.39ns），它们所占的百分比分别为 58.5%和 41.5%；对于化合物 3-In 的寿命为 0.36ns 和 5.38ns，百分比分别为 81.8%和 18.2%，介于单体和二聚体之间。由此可知，较短的寿命 τ_1 毫无疑问是单体的寿命，而较长的寿命 τ_2 则是分子内的聚集体的荧光衰减寿命。在单体化合物 1-In 中，由于只有单体分子的存在使得它的衰减以单指数的形式出现；在二聚体化合物 2-In 中虽然化合物只以分子内聚集体的形式存在，但是它的荧光衰减却含有两个过程，既有单体的衰减过程，又有聚集体的衰减过程；在化合物 3-In 中，由于既有单体的存在又有二聚体的存在，而二聚体既以单体的形式衰减，又以聚集体的形式衰减，因此以单体形式衰减的短寿命 τ_1 仍占大部分的比例。

表 6-1 化合物 1-In、2-In 和 3-In 的荧光衰减寿命

化合物	荧光波长 λ_F/nm	荧光寿命 τ_1/ns	比重 A_1/%	荧光寿命 τ_2/ns	比重 A_2/%	A_1/A_2	相对量子产率 Φ_F
1-In	711	0.37	98.8	5.00	1.20	83.7	1.0
2-In	707	0.36	58.5	5.39	41.5	1.41	0.37
3-In	713	0.36	81.8	5.38	18.2	4.50	0.80

6.5 单核、二核以及三核酞菁化合物的光限幅性能的研究

重金属酞菁化合物由于有着很强的反饱和吸收而将会有着很强的光限幅性能[25~27]。为了更加深入地了解分子内的聚集作用对非线性光学性质的影响，测量了化合物 1~3 的光限幅性质，结果如图 6-9 所示。化合物 1-In、2-In 和 3-In 均有着相同的 70%的初始透过率，随着激光强度的增大透过率都迅速减少，然而到达较大的激光能量时化合物 1-In 和 3-In 的极限透过率相差不大，但远远小于化合物 2-In 的极限透过率。化合物 1~3 的非线性衰减因子 *NAF*[28,29] 分别为 20.3、7.8 和 18.9，光限幅的阈值分别为 0.29J/cm^2、0.49J/cm^2 和 0.32J/cm^2，此外，还计算了它们的激发态与基态的吸收截面积的比值 σ_{ex}^{T}/σ_0[30~33]，见表 6-2，二核化合物 2-In 有着最小的 σ_{ex}^{T}/σ_0 值表明二核化合物有着高的基态吸收和低的三线态的吸收，从而导致了较低的反饱和吸收[34,35]。

所有的光限幅参数都表明单核化合物 1-In 有着最好的光限幅性能，三核化合物 3-In 的光限幅性能与 1-In 的接近，而二核化合物 2-In 的光限幅性能最差。众所周知，光限幅的性能是由三线态的反饱和吸收（RSA）引起的。因此，三线态的光物理参数 k_{isc}、Φ_T 和 $\Delta\varepsilon_T$ 都是影响光限幅性能的重要参数。由于强的分子内

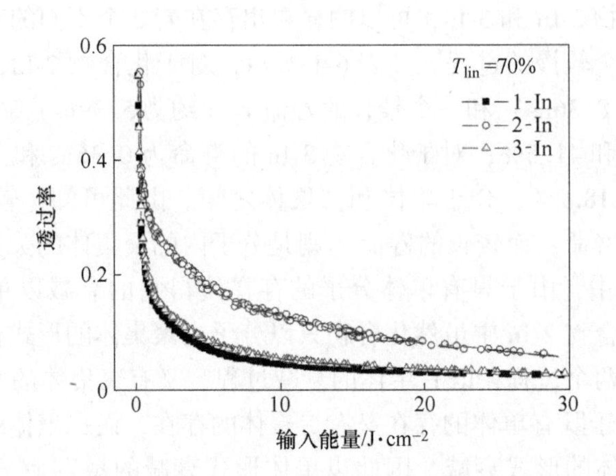

图 6-9　化合物 1-In、2-In 和 3-In 的光限幅性能

的聚集作用通常都会诱发一些失活的过程，缩短三重激发态的寿命，降低三重态的生成量子产率，从而降低有效的非线性吸收，因此分子的聚集作用在光限幅材料领域中通常都是不希望发生的。经过进一步对三线态性能参数的测量，见表 6-2，二核化合物 2-In 和三核化合物 3-In 与单体相比都有着较小的系间窜越速率常数 k_{isc}、较低的三线态的量子产率 Φ_T 和低的三线态减去基态的摩尔吸收消光系数 $\Delta\varepsilon_T$，从而决定了它们有着相对较弱的光限幅性能。

由于强烈的分子内的聚集作用，即使在相同的浓度下，二核化合物 2-In 和三核化合物 3-In 与单体相比有着更低的初始透过率，从而导致了更低的非线性衰减因子 *NAF* 和更低的激发态与基态的吸收截面积的比值 σ_{ex}^T/σ_0。此外，聚集和分子内的相互作用还可以改变 π 电子云的分布密度从而降低电子的非线性响应。因此，对于二核化合物 2-In，较差的光限幅性能是由于分子内的聚集作用导致了更低的初始透过率、更低的三线态的量子产率和更低的三线态减去基态的摩尔吸收消光系数的缘故所在。

表 6-2　化合物 1-In、2-In 和 3-In 的光限幅性能参数

化合物	浓度 /mol·L^{-1}	初始透过率 T_{lin}	极限透过率 T_{lim}	*NAF*	基态吸收截面积 σ_0/cm^2	三线态吸收截面积 σ_{ex}^T/cm^2	σ_{ex}^T/σ_0	系间窜越常数 k_{isc}	三线态量子产率 Φ_T	三线态减去基态消光系数 $\Delta\varepsilon_T$
1	2.45×10^{-4}	70.4	3.47	20.3	2.36×10^{-18}	2.27×10^{-17}	9.6	14.7×10^{8}	0.85	3.49×10^{4}
2	6.40×10^{-5}	69.7	5.4	7.8	9.37×10^{-18}	7.58×10^{-17}	8.1	6.61×10^{8}	0.39	3.27×10^{4}
3	7.15×10^{-5}	70.9	3.75	18.9	8.06×10^{-18}	7.68×10^{-17}	9.5	11.0×10^{8}	0.69	3.78×10^{4}

本章合成了一系列由三氮嗪连接的单核、二核和三核酞菁化合物，经 UV-vis

光谱、^{1}H-NMR，MALDI-TOF 和元素分析的表征手段证实了得到的产物是预期的化合物，这些化合物在许多常见的极性溶剂中有着很好的溶解性，非常有利于其光物理和光限幅性能的研究。此外，通过 GROMACS 分子模拟软件对它们的结构进行了分子动力学模拟，可以看出在二核和三核化合物中 2 个酞菁环以面对面的形式发生相互作用，形成分子内的聚集体，通过计算得出这 2 个分子内聚集的酞菁环之间的距离为 0.33nm 左右，这一距离要远远小于稀溶液中的酞菁化合物的分子间的距离（50μm）和较高浓度或者酞菁粉末中的酞菁分子之间的距离(3.5nm)，从而会导致分子内的很强的相互作用的存在。

通过基态的吸收光谱可以明显看出，由于分子内的聚集作用，使得二核和三核化合物的振动吸收峰明显的增强，表明了很强的酞菁环之间的耦合作用。同样由于分子内的聚集作用使得二核和三核化合物的荧光强度要低于单核化合物。从他们的荧光衰减曲线中可以明显看到在二核和三核化合物中明显存在这两种衰减过程，一个以单体形式的较快的衰减和一个以二聚体形式存在的较慢的衰减。这些谱图都充分证实了分子内聚集体的存在。对它们光限幅性能进行的测量表明二核化合物与单核和三核化合物相比有着最差的光限幅性能。二核和三核化合物由于分子内聚集体的存在使得它们有着更低的初始透过率、更低的三线态的量子产率和更低的三线态减去基态的摩尔吸收消光系数，而这些参数都是影响光限幅的重要参数，因而也就决定了它们与单体化合物相比有着更差的光限幅性能。

参 考 文 献

[1] Leznoff C C, Lever A B P. Phthalocyanines: Properties and Applications [M]. Weinheim: VCH, 1989.

[2] Torre G D L, Vazquez P, Agullo-Lopez F, et al. Role of structure factors in the nonlinear optical properties of phthalocyanines and related compounds [J]. Chem. Rev., 2004, 104: 3723~3750.

[3] Meckeown N B. Phthalocyanine Materials: Synthesis, Structure and Function [M]. Cambridge (UK): Cambridge University Press, 1998.

[4] Ballesteros B, Campidelli S, de la Torre G, et al. Synthesis, characterization and photophysical properties of a SWNT-phthalocyanine hybrid [J]. Chem. Commun., 2007: 2950.

[5] Hoshino K, Hirasawa Y, Kim S K, et al. Bulk heterojunction photoelectrochemical cells consisting of oxotitanyl phthalocyanine nanoporous films and LTT redox couple [J]. J. Phys. Chem. B, 2006: 23321.

[6] Kobayashi N. Dimers, trimers and oligomers of phthalocyanines and related compounds [J]. Coord. Chem. Rev., 2002, 227: 129.

[7] Farina R D, Halko D J, Swinehart J H. Kinetic study of the monomer-dimer equilibrium in aqueous vanadium (Ⅳ) tetrasulfbphthalocyanine solutions [J]. J. Phys. Chem., 1972,

76: 2343.

[8] Asano Y, Muranaka A, Fukasawa A, et al. Anti- [2.2] (1, 4) phthalocyaninophane: spectroscopic evidence for transannular interaction in the excited states [J]. J. Am. Chem. Soc., 2007: 129: 4516.

[9] Nevin W A, Liu W, Greenberg S, et al. Synthesis, aggregation, electrocatalytic activity, and redox properties of a tetranuclear cobalt phthalocyanine [J]. Inorg. Chem., 1987, 26: 891.

[10] Kadish K, Smith K M, Guilard R. The Porphyrin Handbook [M]. New York: Academic Press, 2003.

[11] Shirk J S, Pong R G S, Flom S R, et al. Effect of axial substitution on the optical limiting properties of indium phthalocyanines [J]. J. Phys. Chem. A, 2000, 104: 1438.

[12] Maya E M, Snow A W, Shirk J S, et al. Synthesis, aggregation behavior and nonlinear absorption properties of lead phthalocyanines substituted with siloxane chains [J]. J. Mater. Chem., 2003, 13: 1603.

[13] Ydshiyama H, Shibata N, Sato T, et al. Synthesis and properties of trifluoroethoxy-coated binuclear phthalocyanine [J]. Chem. Commun., 2008, 11: 1977.

[14] Chambrier I, Hughes D L, Swarts J C, et al. First example of a di-cadmium tris-phthalocyanine triple-decker sandwich complex [J]. Chem. Commun., 2006: 3504.

[15] Maya E M, Shirk J S, Snow A W, et al. Peripherally-substituted polydimethylsiloxane phthalocyanines: a novel class of liquid materials [J]. Chem. Commun., 2001, 37 (7): 615~616.

[16] Rodriguez-Redondo J L, Sastre-Santos A, Fernandez-Lazaro F, et al. Phthalocyanine-modulated isomerization behaviour of an azo-based photoswitch [J]. Chem. Commun., 2006, 12: 1265.

[17] Leznofi C C, Greenberg S, Marcuccio S M, et al. Metallophthalocyanine dimers incorporating five-atom covalent bridges [J]. Can. J. Chem., 1985, 63: 623.

[18] Ali H, van Lier J E. An efficient method for the synthesis of C-C connected phthalocyanine-porphyrin oligomers [J]. Tetra. Lett., 2009, 50: 1113.

[19] Scholes G D, Fleming G R. On the mechanism of light harvesting in photosynthetic purple bacteria: B800 to B850 energy transfer' [J]. J. Phys. Chem. B, 2000, 104: 1854.

[20] Li S, Wang Q, Qian Y, et al. Understanding the pressure-induced emission enhancement for triple fluorescent compound with excited-state intramolecular proton transfer [J]. J. Phys. Chem. A, 2007, 111: 11793.

[21] Lindahl E, Hess B, van der Spoel D. GROMACS 3.0: A package for molecular simulation and trajectory analysis [J]. J. Mol. Model, 2001, 7: 306.

[22] Clarkson G J, Cook A, McKeown N B, et al. Synthesis and characterization of mesogenic phthalocyanines containing a single poly (oxyethylene) side chain: An example of steric disturbance of the hexagonal columnar mesophase [J]. Macromolecules, 1996, 29: 913.

[23] Dodsworth E S, Lever A B P, Seymour P, et al. Intramolecular coupling in metal-free binuclear phthalocyanines [J]. J. Phys. Chem., 1985, 89: 5698.

[24] Wang Y, Chen H, Wu H, et al. Fluorescence quenching in a perylenetetracarboxylic diimide trimer [J]. J. Am. Chem. Soc., 2009, 131: 30.

[25] Sun W, Wang G, Li Y, et al. Axial halogen ligand effect on photophysics and optical power limiting of some indium naphthalocyanines [J]. J. Phys. Chem. A, 2007, 111: 3263.

[26] Kee H L, Bhaumik J, Diers J R, et al. Photophysical characterization of imidazolium-substituted Pd(Ⅱ), In(Ⅲ), and Zn(Ⅱ) porphyrins as photosensitizers for photodynamic therapy [J]. J. Photochem. Photobiol. A: Chem., 2008, 200: 346.

[27] Linsky J P, Paul T R, Nohr R S, et al. Studies of a series of haloaluminum, -gallium, and -indium phthalocyanines [J]. Inorg. Chem., 1980, 19: 3131.

[28] Gan Q, Li S, Morlet-Savary F, et al. Photophysical properties and optical limiting property of a soluble chloroaluminum-phthalocyanine [J]. Opt. Express, 2005, 13: 5424~5433.

[29] Dini D, Calvete M J F, Hanack M, et al. Nonlinear transmission of a tetrabrominated naphthalocyaninato indium chloride [J]. J. Phys. Chem. B, 2006, 110: 12230~12239.

[30] Perry J W, Mansour K, Marder S R, et al. Enhanced reverse saturable absorption and optical limiting in heavy-atom-substituted phthalocyanines [J]. Opt. Lett., 1994, 19: 625~627.

[31] Li Z W, Lee D K, Coulter M, et al. Synthesis and characterization of volatile liquid cobalt amidinates [J]. Dalton Trans., 2008, 2592~2597

[32] Dini D, Hanack M, Meneghetti M. Nonlinear optical properties of tetrapyrazinoporphyrazinato indium chloride complexes due to excited-state absorption processes [J]. J. Phys. Chem. B, 2005, 109: 12691~12696.

[33] Tutt L W, Kost A. Optical limiting with C_{60} in polymethyl methacrylate [J]. Opt. Lett., 1993, 18: 334~336.

[34] Slodek A, Wohrle D, Doyle J J, et al. Metal complexes of phthalocyanines in polymers as suitable materials for optical limiting [J]. Macromol. Symp., 2006, 235: 9~18.

[35] Dini D, Vagin S, Hanack M, et al. Nonlinear optical effects related to saturable and reverse saturable absorption by subphthalocyanines at 532nm [J]. Chem. Commun., 2005: 3796.

7 不同稀土金属夹层酞菁的结构、光物理和非线性光限幅特性

7.1 引言

开发有效的激光保护器来保护人眼和所有光电传感器免受激光束造成的暂时或永久损害，不仅具有军事意义，而且也是社会和公共安全日益关注的问题[1~5]。为了实现限光的实际应用，基于非线性光学（NLO）原理的限光材料是一类具有实际应用价值的激光保护器，引起了人们的广泛兴趣[6~16]。到目前为止，许多材料得到了广泛的研究，包括金属酞菁、卟啉、富勒烯、金属有机配合物、石墨烯、炭黑、碳纳米管、聚合物、过渡金属硫化物、黑磷和一些共轭和杂环聚合物等。这些材料表现出优异的性能，因此具有潜在的激光保护价值。在这些材料中，酞菁及其衍生物被公认为是具有优异的反向饱和吸收性能的光学极限材料。金属酞菁[17~21]是一类高度共轭的 π 电子共轭体系，其易于修饰和设计的结构在光电子功能材料中引起了人们的关注。由于高共轭 π 电子金属共价键系统的特殊结构，酞菁及其衍生物可以通过选择中心离子、轴向配体和在酞菁环中引入功能取代基来选择和组装，以获得具有特殊物理化学性质的三阶非线性光学材料[22,23]。酞菁具有以上许多优点，其基于光学极限特性的额外研究具有潜在的应用价值。然而，有机金属酞菁配合物作为一种非线性光学限制材料，其主要问题是聚集效应大大抑制了非线性光学限制效应，难以满足实际应用的需求[24~26]。虽然以往的许多研究都对酞菁聚集对光物理和光学极限特性的影响进行了理论研究，但对于酞菁环之间的距离对聚集程度的影响及其规律对光物理和光学极限特性的影响尚无明确和系统的报道[27~34]。本章设计了 4 种不同稀土金属（La，Y，Yb 和 Sc）的三明治酞菁，以研究聚集效应对光物理和非线性吸收性能的影响。随着稀土离子半径的减小，酞菁环之间的层间距减小，导致酞菁环之间聚集程度较高。结果表明不同稀土酞菁的光物理和非线性吸收系数也呈现出规律性的变化。这一结果充分揭示了酞菁环间聚集效应对光物理和非线性光学性能的影响，为高性能非线性光学材料的设计提供了理论依据。

7.2 稀土酞菁化合物的制备

采用氯化铵焙烧稀土氧化物（$M_2O_3 = La_2O_3$、Yb_2O_3、Sc_2O_3）制备了无水稀

土氯化物。将准确称重的氯化铵均匀地撒在反应釜底，然后将稀土氧化物均匀地撒在氯化铵层上。氯化铵与稀土氧化物的摩尔比为 19∶1。在达到 340℃ 的实验温度后，将反应容器推入管式电炉中心，在空气或 Ar 气氛中氯化 5h[35,36]，得到白色粉末状的无水稀土氯化物粉末（$MCl_3 = LaCl_3$，$YbCl_3$，$ScCl_3$）。氯化钇的制备不同于其他稀土氯化物。将氧化钇（Y_2O_3）完全溶解在浓盐酸中，用旋转蒸发器干燥，然后在 90℃ 真空室中放置 24h，得到 YCl_3的白色固体粉末。所有的稀土氯化物都被碾磨并密封以供以后使用。

四种稀土酞菁 $M(Pc)_2$（M = La，Y，Yb，Sc）的合成是基于文献[37~39]，如式（7-1）所示：

$$O_2N\text{-}C_6H_3(CN)_2 + MCl_3 \xrightarrow[135℃,反应65h]{N_2,DBU} M(Pc)_2 \quad (M=La,Y,Yb,Sc) \tag{7-1}$$

将 4-硝基苯甲腈（17.31g，0.1mol）加入三口烧瓶中的正戊醇（300mL）中，在氮气气氛中室温搅拌 2h，然后加热至 60℃ 并保温 30min，缓慢加入 6~7 滴 1，8-重氮环-9-烯（DBU），然后缓慢升温至 120℃。当溶液呈蓝色时，迅速加入金属氯化物（$MCl_3 = LaCl_3$、$YbCl_3$、$ScCl_3$）（0.125mol），然后将温度提高到 135℃，反应 65h。冷却至室温后，用乙醇洗涤反应产物一次，然后过滤。吸滤得到的粉末用丙酮（200mL）洗涤、吸滤，然后分别用无水乙醇（300mL）洗涤 3 次[40~44]。将蓝黑色产物沉淀、吸滤，在 60℃ 烘箱中干燥 24h，得到蓝色固体化合物 $M(Pc)_2$（$C_{32}H_{12}N_{12}O_8M$，M = La，Y，Yb，Sc），产率分别为 11.7g（63.5%）、14.9g（81.08%）、17.3g（89.05%）和 16.2g（90.8%）。用紫外-可见光谱、红外光谱、^1H-NMR、MALDI-TOF、GPC 和 XRD 等光谱对化合物进行了表征，结果表明合成的化合物与预期目标产物一致。

如图 7-1 所示，在 N_2气体气氛下，以 DBU 为催化剂，在 135℃ 下，用 MCl_3（M = La，Y，Yb，Sc）环化合成了 4 种稀土酞菁。得到的蓝黑色稀土酞菁产品经过多次洗涤、过滤和干燥，得到的化合物在热真空条件下通过将其他残留的杂质升华进一步纯化。用 UV-vis、IR、MALDI-TOF、GPC、TGA、DTA 和 XRD 等光谱对所得产物进行了表征，结果与预期的目标产物一致。合成的酞菁化合物是异构体的混合物，由于苯环上的 2 个不同的取代位置（α 和 β），很难通过光谱表征来分离和区分，但它们的光物理和非线性光学性质非常接近。

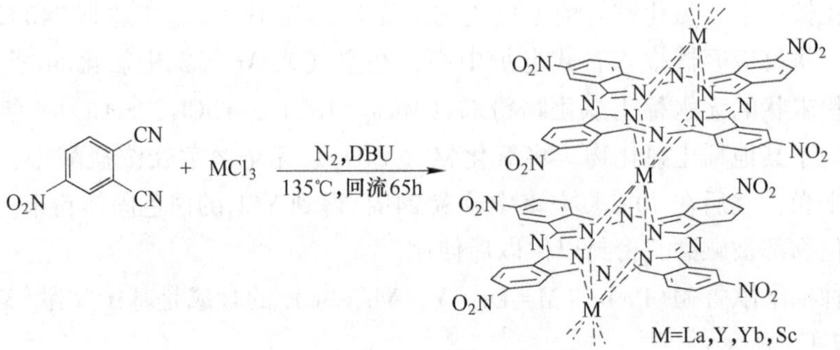

图 7-1　稀土酞菁化合物的合成路线图

如图 7-2（a）所示，4 种稀土酞菁的紫外-可见光谱显示了 2 个谱带，这可归因于 Pcs 的 B 带和 Q 带。在 714nm、697nm、696nm 和 694nm 处分别观察到 LaPc、YPc、YbPc 和 ScPc 在 Q 带的吸收。这些最大吸收（λ_{max}）峰之间的微小差异主要是由 Pc 环的中心取代金属离子半径的变化引起的。随着离子半径的减小，金属酞菁化合物发生蓝移。金属离子与 Pc 环的 4 个氮原子的配位导致了 MPc 芳香环的电子密度的变化。随着 π 电子数的增加，最大吸收波长红移[45]。吸收光谱在 600～680nm 之间的宽肩峰表明，这些化合物具有强烈的聚集倾向[46]。通常，酞菁化合物的 Q 带吸收在 700nm 左右有一个强峰，在 630～680nm 有一个小的肩峰。如果酞菁环间存在聚集，则小肩吸收峰的强度会增加，即小肩吸收峰的强度接近最大吸收峰 λ_{max}，表明聚集程度更强。从图中可以看出，在 635nm 处，ScPc、YbPc 和 YPc 的肩部强度很高，接近最大吸收峰，表明聚集程度很大。而 LaPc 在 640nm 处的肩部最弱，强度与 λ_{max} 相差很大，表明聚集程度相对较小。这一结果充分表明，金属离子的半径与聚集程度密切相关，稀土离子的半径越小，聚集程度越大。

图 7-2（b）所示为这 4 种稀土酞菁的红外光谱。在 835cm^{-1}、1338cm^{-1} 和 1528cm^{-1} 处的峰可归因于酞菁环上硝基基团（—NO_2）的特征吸收峰；对应于 736cm^{-1} 的峰是（C═N）的特征吸收峰；在 1015cm^{-1}、1126cm^{-1} 和 3101cm^{-1} 处的特征峰是酞菁共轭结构上的弯曲振动和拉伸（Ar-H）键的特征吸收峰；在 1628cm^{-1} 附近的峰是[20,47]（C═C）键的特征伸缩振动峰。红外光谱表明，合成的 4 种酞菁化合物与目标产物一致。为了测试 4 种不同金属酞菁的热稳定性，进行了 TGA/DTA 分析。如图 7-2（c）（d）所示，所有样品从室温加热到 700℃，TGA 曲线与 DTA 曲线吻合较好。可以看出，LaPc、YPc、YbPc 和 ScPc 的分解峰分别为 438℃、451℃、443℃和 439℃。所有 MPc 样品由于其大环共轭结构而更加稳定，具有较高的热稳定性。

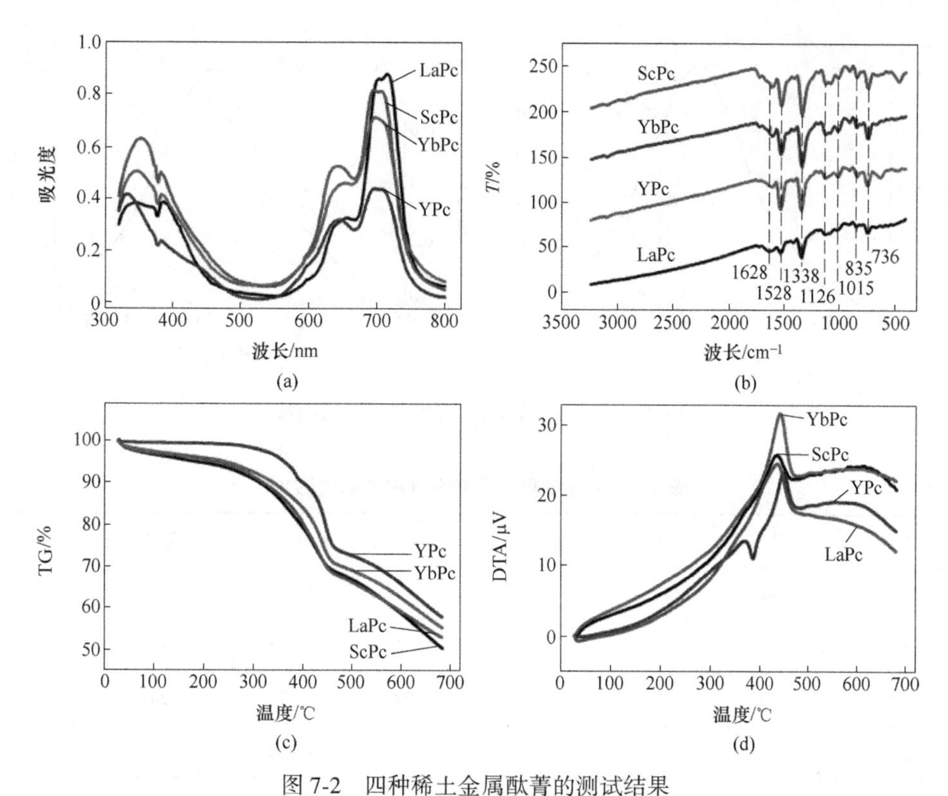

图 7-2 四种稀土金属酞菁的测试结果

(a) 4 种稀土金属酞菁（1×10^{-5}mol/L）的紫外-可见光谱；(b) 4 种稀土金属酞菁的红外光谱；(c) 4 种稀土金属酞菁的热重分析；(d) 4 种稀土金属酞菁的 DTA 光谱

研究了 4 种稀土酞菁的 DMF 溶液的 GPC 光谱，如图 7-3 和表 7-1 所示。可以看出，LaPc、YPc、YbPc 和 ScPc 的数均相对分子质量 M_n 分别为 894、973、829 和 880，与夹层酞菁（Pc)$_2$M 的结构单元相吻合，说明二维柱状分子结构中含有（Pc)$_2$M 的结构单元。在进一步结合质谱数据的情况下，LaPc、YPc、YbPc 和 ScPc 的重均相对分子质量 M_w 分别为 4665、4141、3099 和 4079，因此，可以得出结论，二维柱状分子结构包含多个聚合物（Pc)$_2$M 结构单元，如图 7-4 所示。

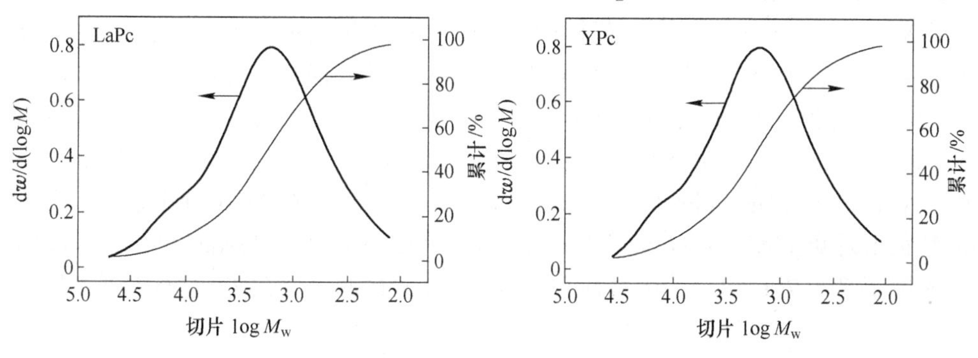

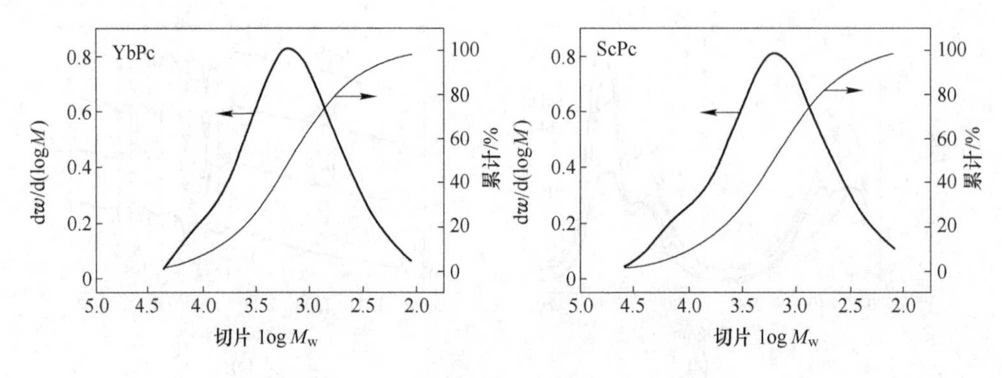

图 7-3　4 种酞菁化合物的 GPC 测试曲线

表 7-1　4 种酞菁化合物的 GPC 测试数据

酞菁	M_n	M_w	M_p	M_z	M_{z+1}	聚合分散性	M_z/M_w
LaPc	894	4665	1437	30851	92029	5. 2184	6. 6127
YPc	873	4141	1407	24047	81225	4. 7412	5. 8071
YbPc	829	3099	1369	9714	18670	3. 7288	3. 1348
ScPc	880	4079	1411	20171	51804	4. 6328	4. 9451

图 7-4 所示为 4 种稀土金属酞菁的 SEM 图像，可以看出，它们大约为 10~18μm 的二次大颗粒，由许多初级小颗粒堆积集成在一起的。然而，对于 YPc，除了其形貌类似于其他 3 种酞菁外，SEM 图像也有明显的不同，因为中间有许多棒状的初级颗粒混合在一起。这一现象表明，对于 LaPc、YbPc、ScPc 的三种酞菁，它们具有相似的结构形貌。然而，对于 YPC，除了与其他三种酞菁的无序结构相同的形貌外，还有另一种棒状晶体结构。这一结论可以通过以下 XRD 衍射峰来证实。

4 种稀土酞菁粉末的 XRD 衍射图如图 7-5 所示。在 14. 1°、27. 3°和 33. 4°处，LaPc 显示出 3 个衍射峰，对应的晶格间距分别为 0. 633nm、0. 336nm 和 0. 280nm（图 7-5（a））。与其他稀土酞菁相比，YPc 粉末具有更好的结晶顺序。如图 7-5（b）所示，在 13. 9°、27. 3°和 34. 0°处观察到 3 个明显的特征衍射峰，相应的晶格间距分别为 0. 642nm、0. 336nm 和 0. 276nm。然而，随着无序程度的增加，YbPc 仅在 27. 1°和 36. 3°处显示 2 个特征衍射峰，相应的晶格间距分别为 0. 338nm 和 0. 261nm（图 7-5（c））。同样，对于 ScPc，在 27. 0°处观察到一个强的特征衍射峰伴随着在 37. 5°处的弱鼓包衍射峰，对应于 0. 339nm 和 0. 253nm 的晶格间距（图 7-5（d））。随着稀有金属离子半径的减小，在 27°左右大强度的特

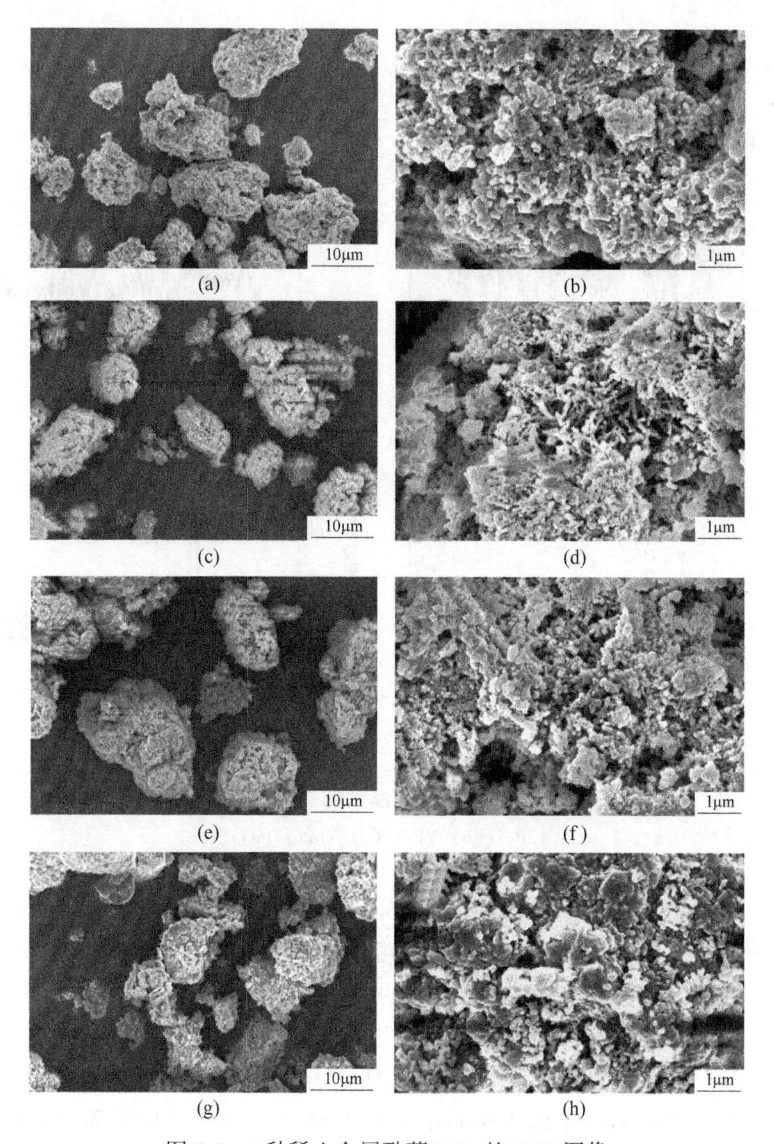

图 7-4　4 种稀土金属酞菁 MPc 的 SEM 图像

(a)(b) LaPc；(c)(d) YPc；(e)(f) YbPc；(g)(h) ScPc

征衍射峰基本保持不变，表明该位置的特征峰对应稀土酞菁柱之间的距离。随着金属离子半径的减小，特征衍射峰的位置从 33.4°向 37.5°的大衍射角移动，相应的层间距逐渐减小。这个间距对应于 2 个酞菁环之间的距离，完全取决于稀土金属离子的直径。

这 4 种稀有金属酞菁的 TEM 图像如图 7-6 所示。LaPc 由无序的非晶结构和有序的柱状酞菁结构组成，从晶格条纹可以清楚地观察到其结构信息（图 7-6

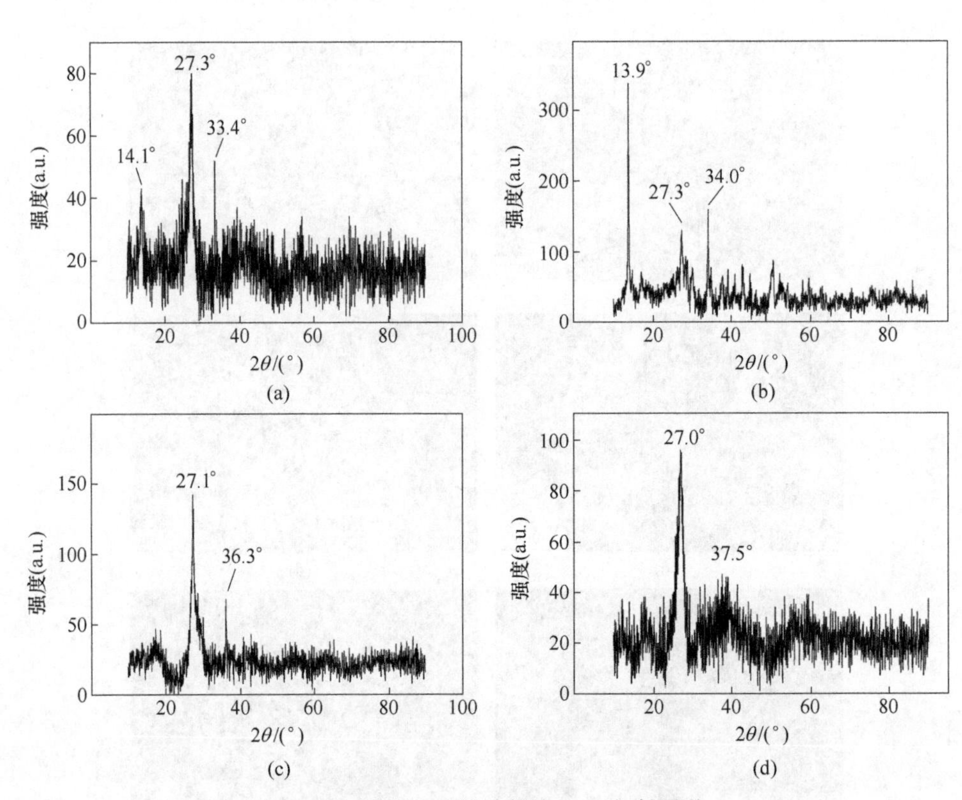

图 7-5　4 种稀土金属酞菁的 XRD 衍射图谱

(a) LaPc；(b) YPc；(c) YbPc；(d) ScPc

(a) (b))。显然，在 1.01nm 和 0.626nm 处的晶格条纹分别对应于二维柱状 LaPc 酞菁分子在不同透射角下的成像宽度，而在 0.328nm 处的条纹则是 LaPc 分子 2 个二维柱状结构之间的距离。有趣的是，还可以清楚地观察到夹层层状结构对应的层间距，即 0.289nm 处的晶格条纹。对于 YPc 样品，结晶程度增加，无序结构组成减少，可以明显观察到 YPc 柱状分子结构的相应信息（图 7-6 (c) (d))。同样，在 1.044nm 和 0.641nm 处的晶格条纹分别对应于不同透射角的二维柱状 YPc 酞菁分子的成像宽度，在 0.321nm 处的条纹是 YPc 分子的 2 个二维柱状结构之间的距离，而在 0.279nm 处的晶格条纹对应于 YPc 柱状分子[20] 中夹层层状结构的距离。而对于 YbPc 样品，Pc 分子之间无序堆积和排列的程度显著增加，在 TEM 图像中仅发现少量晶格条纹（图 7-6 (e) (f))。在 0.319nm 处的条纹是 YbPc 分子的 2 个二维柱状结构之间的距离，在 0.266nm 处的晶格条纹对应于 YbPc 柱状分子中夹层层状结构的距离。然而，对于 ScPc 样品，酞菁分子柱之间的无序程度很大，明显的晶格条纹基本上是看不见的，在 0.244nm 处的晶格条纹对应于 ScPc 柱状分子中夹层层状结构的距离。

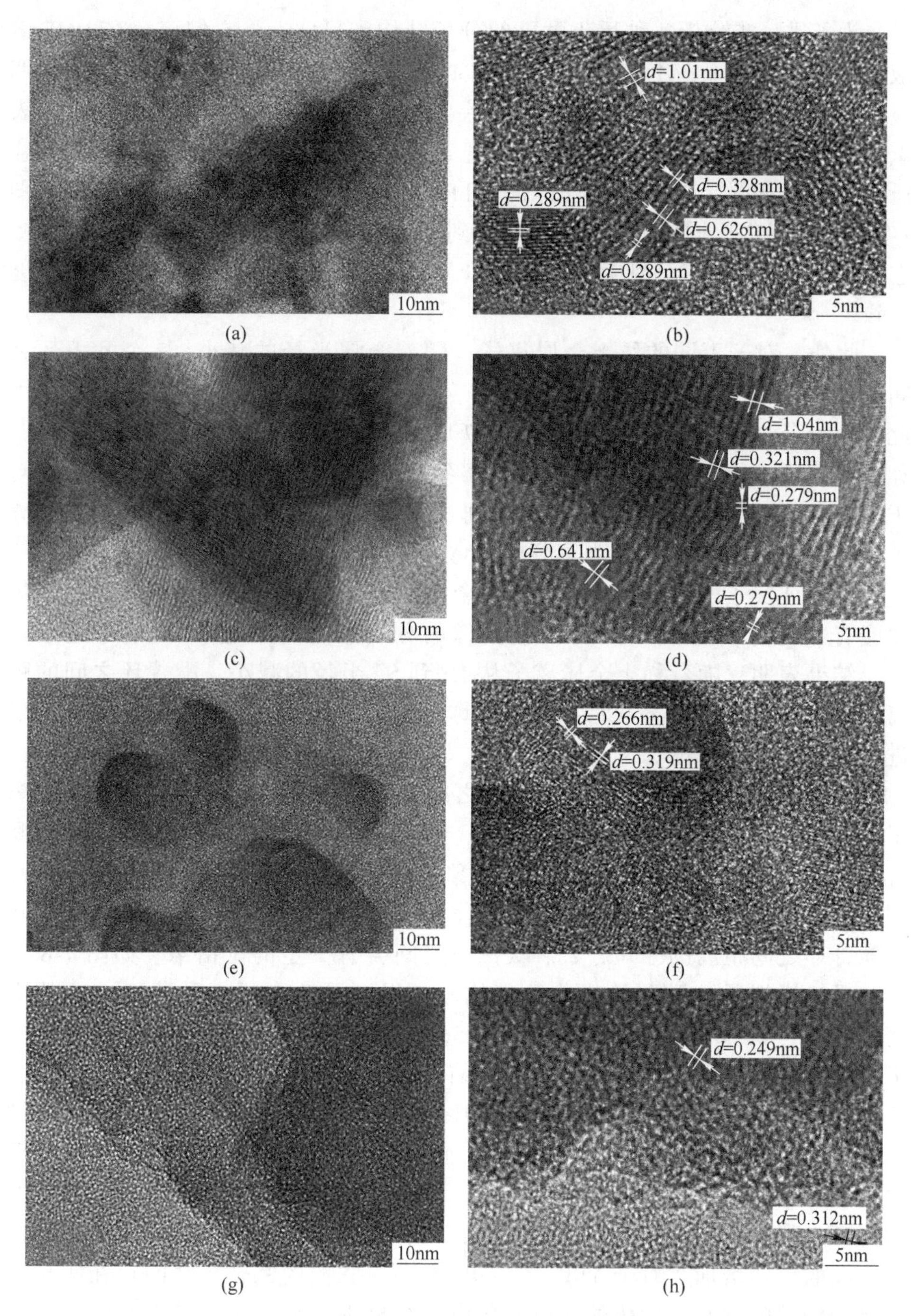

图 7-6 4 种稀土金属酞菁 MPc 的 TEM 图像

(a) (b) LaPc; (c) (d) YPc; (e) (f) YbPc; (g) (h) ScPc

为了进一步分析 4 种稀土酞菁的分子结构和尺寸，将它们溶解在 DMF 溶液中，滴在基片上，干燥并测试其 AFM 图像，如图 7-7 所示。对于 LaPc，明显观察到了一维带聚集的分子柱的存在，表面粗糙度为 $R_a=1.62$nm，它代表着分子柱的高度，这与酞菁分子的长度一致（图 7-7（a）～（c））。同样，在所有的 YPc（图 7-7（d）～（f））、YbPc（图 7-7（g）～（i））和 ScPc（图 7-7（j）～（l））样品中都清楚地观察到了具有带状聚集体的一维酞菁分子柱，它们的粗糙度 R_a 值分别为 1.06nm、1.29nm 和 1.03nm，与酞菁分子的宽度一致。

此外，对于不同的稀土金属离子，随着金属半径的减小，2 个酞菁环之间的分子排斥力增大，相邻 2 个酞菁环之间的位错程度变得更加明显。因此，一维分子柱更容易弯曲。如图 7-7 所示，对于具有较大离子半径的 LaPc 和 YPc 酞菁，在 AFM 图像中可以观察到约 600nm 长度的直带分子柱；而对于离子半径稍小的 YbPc，只能观察到长度约 200nm 的直带分子柱；对于离子半径最小的 ScPc，只能观察到非常弯曲的带状分子柱。原子力显微镜的结果进一步证实了酞菁的结构及其稀土金属离子半径对酞菁的分子结构和聚集效应有共同的影响。TEM 和 AFM 图像的分析结果与上述 XRD 结论完全一致。结果表明，随着稀土金属离子从 La 到 Sc 半径的减小，酞菁环之间的距离也显著减小。用 HyperChem 软件计算稀土酞菁分子的优化几何构象也可以进一步证实这一结论。

对于三明治型金属酞菁，酞菁环之间的距离完全取决于中心稀土金属离子的大小。为了进一步阐明这一观点，用 HyperChem 软件模拟了 4 种稀土酞菁分子的最优化的分子动力学几何构象，如图 7-8 和表 7-2 所示。对于夹心型稀土酞菁，在稀土金属离子的络合作用下，酞菁环与环面向紧密贴合。随着酞菁环之间距离的缩短，2 个酞菁环之间会有一定的位错角。如图 7-8 所示，通过模拟稀土酞菁的优化几何构象，得到了 4 个稀土酞菁环之间的距离，分别为 0.281nm、0.269nm、0.256nm 和 0.238nm。随着稀土金属离子半径的减小，酞菁环之间的距离明显缩短。因此，一个有趣的现象是，随着稀土离子半径的减小，酞菁环之间的距离缩短，酞菁环之间的聚集程度增加，从而使共轭结构之间的排斥力增加。为了减轻这类 π 电子之间的排斥力，酞菁环之间会有一定程度的位错。正因为如此，可以清楚地看到 LaPc 酞菁环之间存在小的位错，重叠更好。随着稀土离子半径的减小，YPc 酞菁环之间的位错增加。对于 YbPc 和 ScPc 酞菁，它们的酞菁环之间存在明显的位错和较差的重叠。优化的几何构象模拟结果进一步证实了稀土金属离子的半径决定了酞菁环之间的聚集程度，这将不可避免地影响酞菁激发三重态的光物理和非线性光学性质。

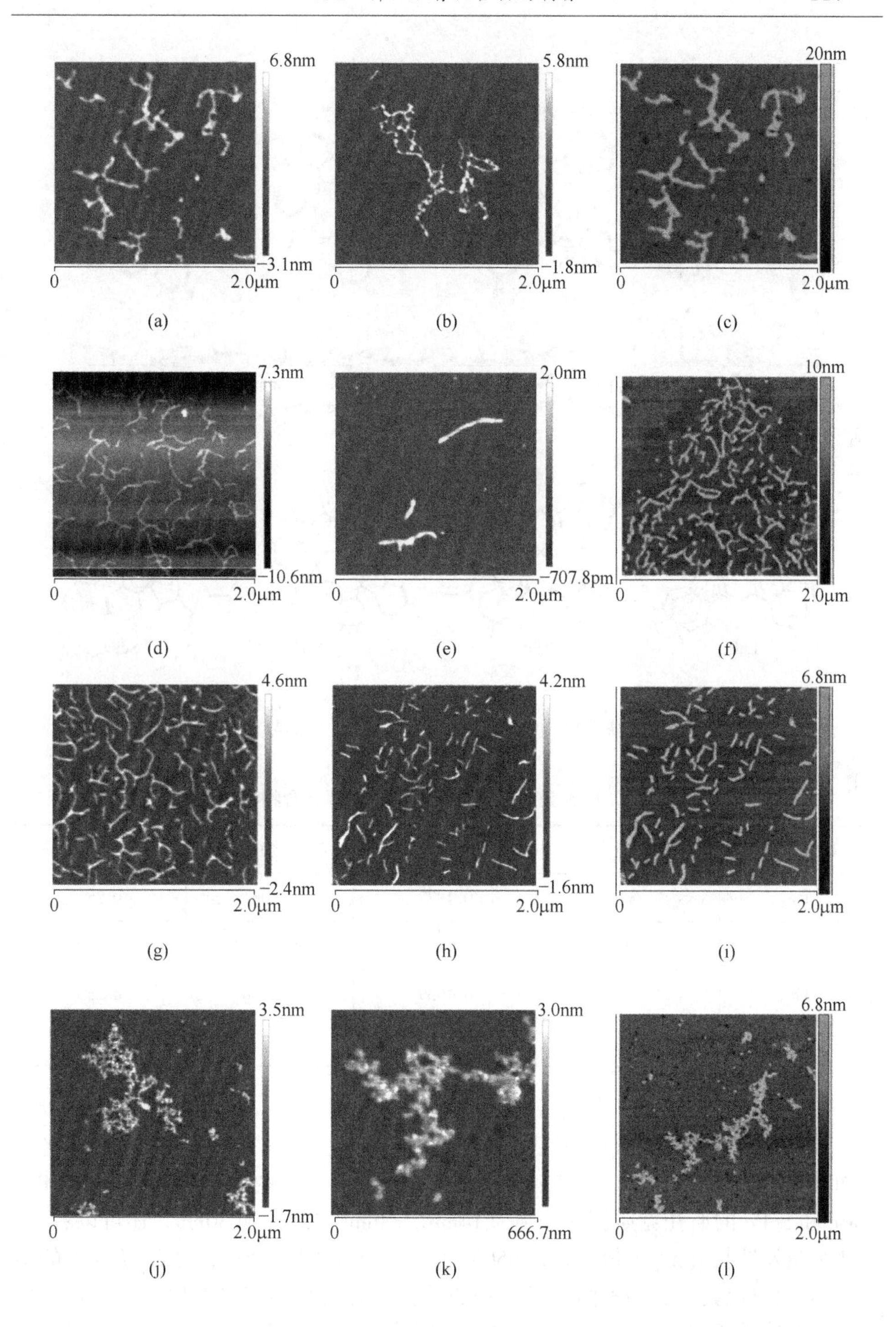

图 7-7 4 种稀土金属酞菁 MPc 的 AFM 图像

(a) ~ (c) LaPc; (d) ~ (f) YPc; (g) ~ (i) YbPc; (j) ~ (l) ScPc

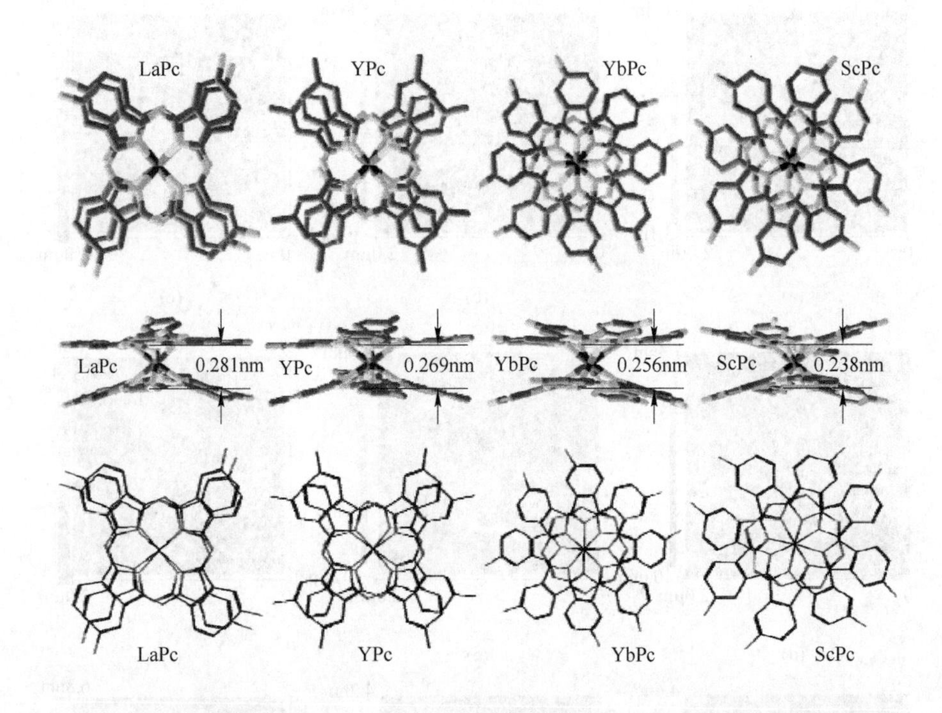

图 7-8　HyperChem 软件拟合的 4 种稀土酞菁的最优化的分子动力学几何构象

表 7-2　稀土金属离子及其拟合的酞菁化合物参数

稀土元素	原子序数	原子半径/nm	离子半径/nm	酞菁环距离/nm
La	57	0.1877	0.1061	0.281
Y	39	0.1803	0.0893	0.269
Yb	70	0.1939	0.0858	0.256
Sc	21	0.1641	0.0732	0.238

在 DMF 中，4 种稀土酞菁 MPc 的荧光光谱如图 7-9（a）（b）所示。可以看出，荧光光谱与相应的紫外-可见吸收光谱呈镜像关系（图 7-9（a））。荧光光谱在 700～800nm 之间的荧光发射峰对应于 UV-vis 光谱的吸收峰。LaPc、YPc、YbPc 和 ScPc 的斯托克斯位移分别为 14nm、28nm、23nm 和 30nm。还可以看出，在两个激发波长（λ_{ex} = 400nm 和 650nm）下，中心配位金属离子半径较小的酞菁 ScPc 明显比其他 3 种不同离子半径的酞菁具有更强的荧光发射强度，这是由于重原子效应所致。也就是中心金属原子序数越高，荧光强度越弱，荧光量子产率越小（见表 7-3）。在 724nm 处观察到 ScPc 的明显发射吸收峰，同时在 790nm

处观察到比其他3种酞菁更大的肩峰，在724nm和790nm附近观察到2个强度差异较大的峰。荧光发射峰的结果与紫外-可见吸收峰一致，进一步证实了较小尺寸的稀土金属酞菁（ScPc）在DMF中具有较强的聚集效应。

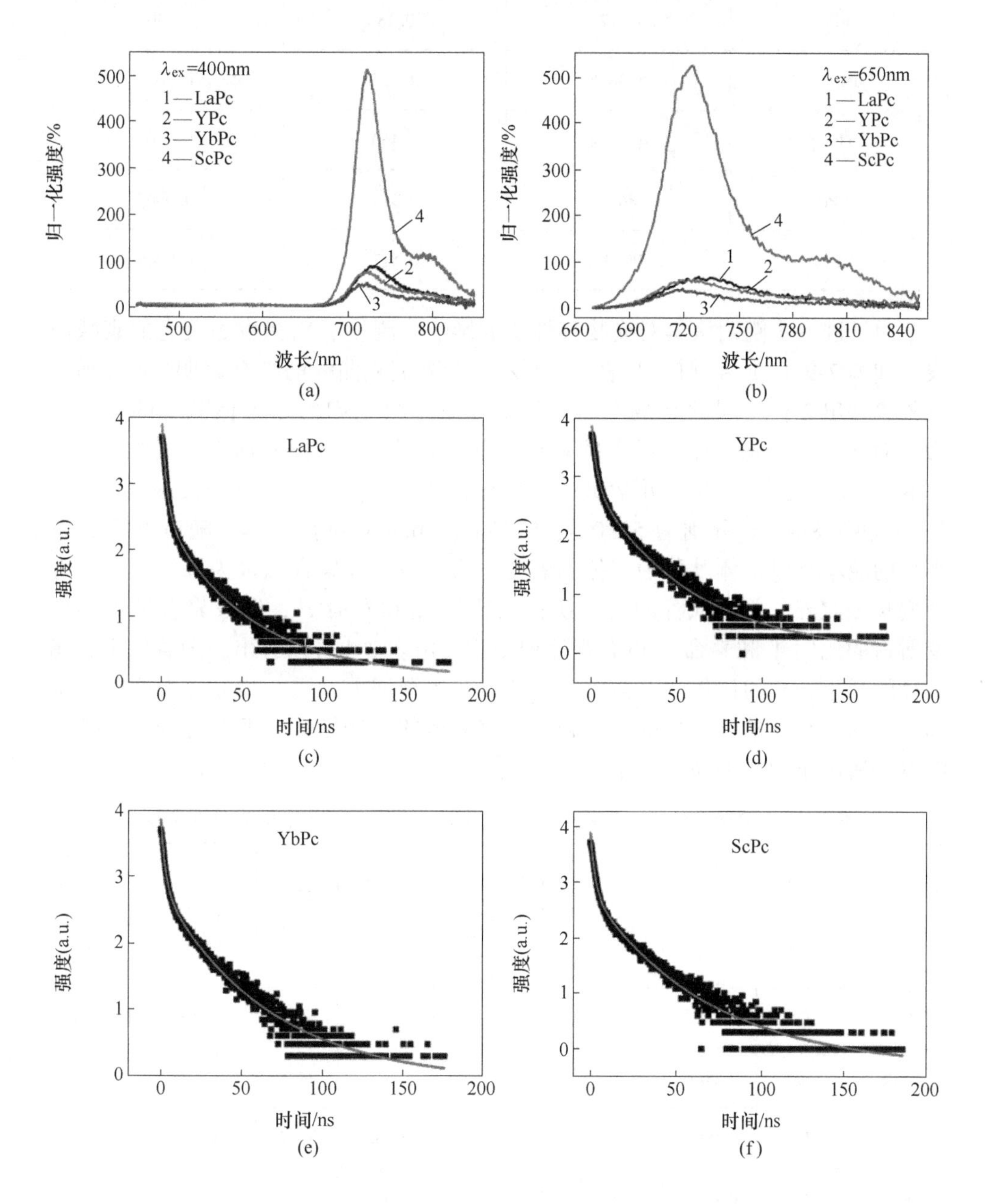

图7-9 DMF中MPc的荧光光谱（a）（b）及S_1激发态的荧光衰减曲线（c）~（f）

表 7-3　稀土酞菁化合物的相对荧光量子产率

化合物	荧光强度 F	荧光曲线面积 A	荧光量子产率 Y
ZnPc	660912. 3	0. 18	0. 30
LaPc	5136. 5	0. 322	0. 0013
YPc	4970. 4	0. 460	0. 0008
YbPc	2860. 9	0. 314	0. 0007
ScPc	29053. 7	0. 517	0. 0046

为了进一步阐明聚集对光物理性质的影响，测量了 S_1 激发态荧光的衰减曲线，如图 7-9（c）~（f）和表 7-4 所示。荧光衰减曲线的拟合表明，4 种稀土酞菁表现出 2 种不同的衰减寿命，其中寿命短的 τ_1 归因于单体酞菁的衰减寿命，而 τ_2 的长寿命是聚合酞菁的衰减寿命。对于半径不同的稀土金属酞菁，τ_1 和 τ_2 的值和比例不同，并表现出规律性的变化。τ_1 分别为 3. 3ns、3. 3ns、2. 9ns 和 2. 8ns，τ_2 分别为 53. 0ns、57. 3ns、66. 8ns 和 67. 5ns。随着稀土金属半径的减小，以单体酞菁为基体的衰变寿命变短，以聚合酞菁为基体的衰变寿命变长。此外，单体酞菁的衰变所占的比例 A_1 和寿命 τ_1，以及聚合酞菁的衰变所占的比例 A_2 和寿命 τ_2 也有规律地变化。由表 7-4 可以看出，随着稀土金属半径的减小，A_1 的比例逐渐减小，A_2 的比例逐渐增大，进一步充分说明随着金属半径的减小，单体酞菁的比例减小，聚集体的比例增大，即酞菁的聚集效应随着金属离子半径的减小而增大。

表 7-4　4 种稀土酞菁在 DMF（$\lambda_{ex}=650$nm）中的 S_1 激发态的光物理参数

稀土酞菁	荧光波长 λ_F/nm	荧光量子产率 Φ_F	Stokes 位移	荧光寿命 τ_1/ns	权重 A_1/%	荧光寿命 τ_2/ns	权重 A_2/%	A_1/A_2	拟合系数 R^2
LaPc	728	0. 0013	14	3. 3	35. 0	53. 0	65. 0	0. 538	0. 9718
YPc	725	0. 0008	28	3. 3	25. 4	57. 3	74. 6	0. 340	0. 9727
YbPc	719	0. 0007	23	2. 9	25. 2	66. 8	74. 7	0. 338	0. 9721
ScPc	724	0. 0046	30	2. 8	25. 1	67. 5	74. 9	0. 334	0. 9662

为了研究酞菁环间聚集对非线性光学性质的影响，研究了这 4 种稀土酞菁化

合物的光限幅响应，如图 7-10（a）所示。4 种稀土酞菁的初始透过率分别为 66%、62%、65%和 58%。随着激光强度的增加，4 种稀土酞菁的透射率不断降低。在 $15J/cm^2$的入射通量下，这 4 种酞菁的透射率分别为 37%、41%、46%和 44%。可以清楚地看到，LaPc 的初始透过率最高，但随着激光能量的增加，透过率下降速度最快，说明其激光光限幅性能最好。随着激光能量的增加，比较透射率的下降速率，满足 LaPc > YPc > YbPc > ScPc 的规律。从光限幅响应曲线可以观察到同样的规律。如图 7-10（b）所示，在最大激光能量照射下，输出激光的能量满足 LaPc < YPc < YbPc 定律。然而，对于 ScPc 来说，虽然它的初始透过率最小，但随着激光能量的增加，透过率的下降速度最慢，导致输出能值并不是最小的，说明 ScPc 具有最差的激光光限制性能。结果表明，聚集效应与光限幅性能密切相关。随着稀土金属离子半径的减小，酞菁环之间的聚集效应增大，光学极限性能受到更严重的抑制，导致光学极限性能变差。

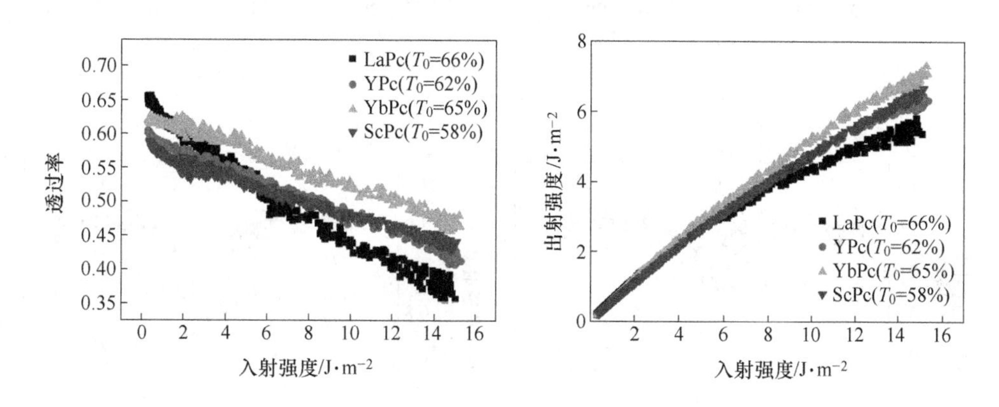

图 7-10 LaPc、YPc、YbPc 和 ScPc 稀有金属酞菁在 532nm 处用 7ns 激光脉冲对入射通量的非线性透过率响应（a）和光学极限响应（b）

此外，还研究了 4 种稀土酞菁的非线性吸收特性。对 4 种酞菁进行了开孔 Z 扫描测试，其测试结果表明，这是一种典型的入射光正非线性吸收，在这种情况下假定为反向饱和吸收。对开放孔径 Z 扫描后的数据进行拟合，发现 4 种酞菁有一定的规律性变化。4 种酞菁在 $1.62\times10^{-12}W/cm^2$ 入射强度下的开孔径 Z 扫描光谱和随样品的归一化透射率变化光谱如图 7-11 所示。由于分子中的聚集效应和激光照射下的聚集效应的差异，4 种稀土酞菁的非线性光学性质也不同。为了研究激光能量对非线性吸收系数的影响，对 4 个以开放孔径 Z 扫描为特征的稀土酞菁样品在较高的脉冲能量 15μJ 下的非线性吸收性能进行了测试和分析，结果见表 7-5。结果表明，这 4 种稀土酞菁的非线性吸收系数（β）分别为 $1.21\times10^{-10}m/W$（$T=75.27\%$）、$4.58\times10^{-11}m/W$（$T=80.64\%$）、$9.63\times10^{-11}m/W$

(T=54.84%)和 3.55×10^{-11} m/W(T=73.12%)，浓度分别为 1×10^{-4} mol/L(见图 7-11(a)(c)(e)(g))。当浓度增加到 2×10^{-4} mol/L 时，LaPc、YPc、YbPc 和 ScPc 的非线性吸收系数分别为 1.86×10^{-10} m/W（T=64.51%)、9.78×10^{-11} m/W（T=63.44%)、6.63×10^{-11} m/W（T=43.01%）和 7.43×10^{-11} m/W（T=48.39%)（见图 7-11（b）（d）（f）（h））。

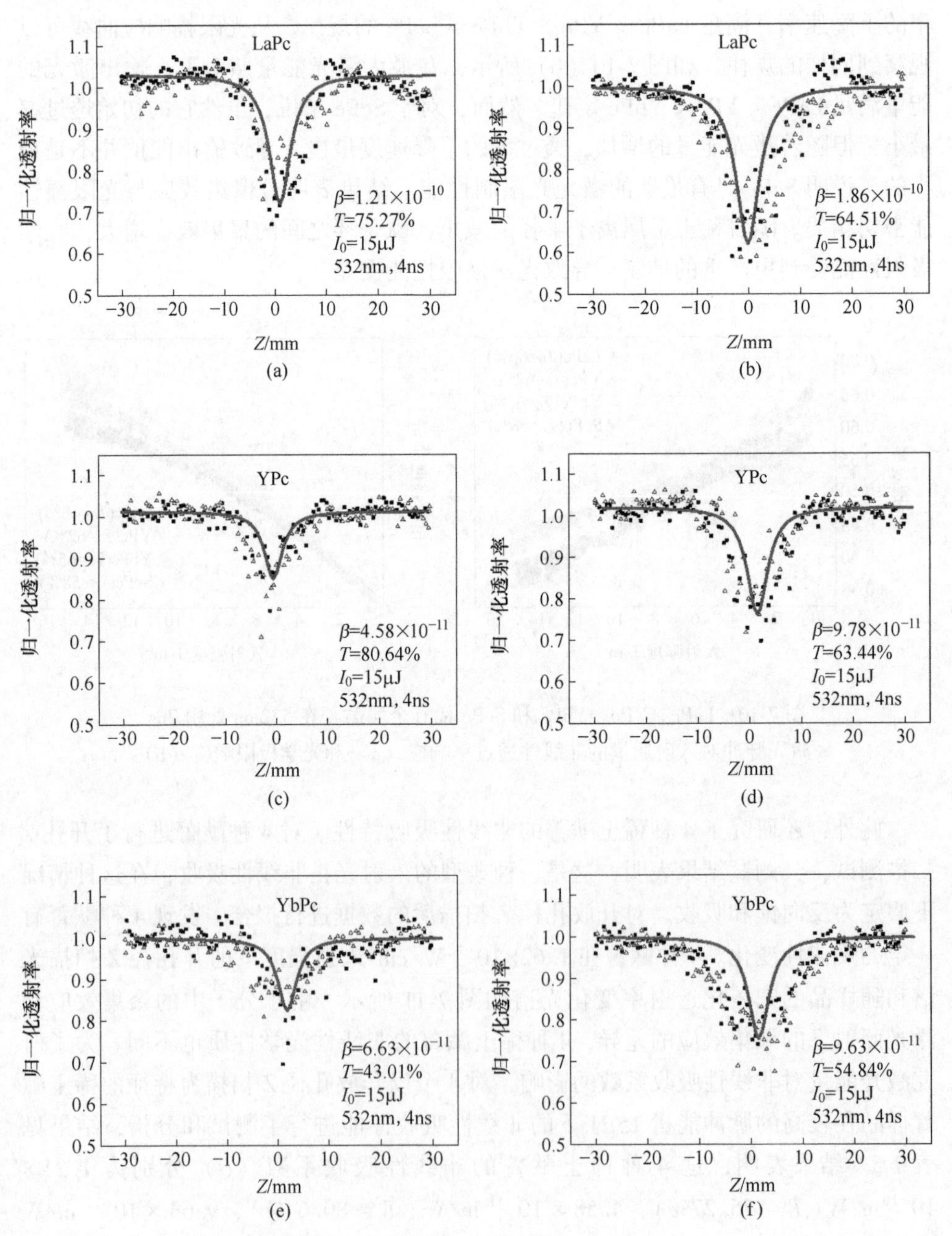

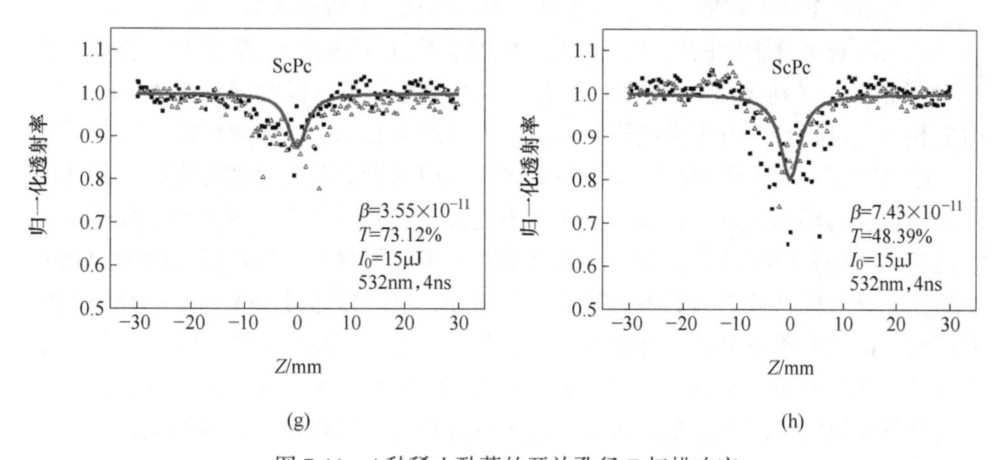

图 7-11 4 种稀土酞菁的开放孔径 Z 扫描响应

(a)(c)(e)(g)1×10^{-4}mol/L DMF 溶液;(b)(d)(f)(h)2×10^{-4}mol/L DMF 溶液

虽然 4 种酞菁的浓度相同，但它们的透光率变化很大。可以发现，在相同浓度下，随着稀土金属离子半径的缩短，透射率逐渐降低，且随着透射率的逐渐降低，非线性吸收系数的值增加。即离子半径大的 LaPc 具有最大的非线性吸收系数，而离子半径小的 ScPc 酞菁具有最小的非线性吸收系数。产生这一规律的原因是酞菁环之间的聚集效应。如上所述，随着稀土金属离子半径的减小，酞菁环之间的距离越来越小，由此产生的聚集效应越来越严重，聚集对三重态的反饱和吸收效应的影响越来越大，最终导致非线性吸收系数逐渐减小。

表 7-5 四种稀土酞菁的开孔 Z 扫描测试参数

稀土酞菁	浓度/mol · L^{-1}	透光率 T/%	入射能量 I_0/W · m^{-2}	非线性吸收 β/m · W^{-1}
LaPc	1×10^{-4}	75.27	1.64×10^{-12}(15μJ)	$(1.21\pm0.2)\times10^{-10}$
	2×10^{-4}	64.51	1.64×10^{-12}(15μJ)	$(1.86\pm0.2)\times10^{-10}$
YPc	1×10^{-4}	80.64	1.64×10^{-12}(15μJ)	$(4.58\pm0.2)\times10^{-11}$
	2×10^{-4}	63.44	1.64×10^{-12}(15μJ)	$(9.78\pm0.3)\times10^{-11}$
YbPc	1×10^{-4}	54.84	1.64×10^{-12}(15μJ)	$(6.63\pm0.2)\times10^{-11}$
	2×10^{-4}	43.01	1.64×10^{-12}(15μJ)	$(9.63\pm0.3)\times10^{-11}$
ScPc	1×10^{-4}	73.12	1.64×10^{-12}(15μJ)	$(3.55\pm0.2)\times10^{-11}$
	2×10^{-4}	48.39	1.64×10^{-12}(15μJ)	$(7.43\pm0.3)\times10^{-11}$

随着激光浓度的增加，溶液的透射率明显降低，非线性系数增大（见表 7-5）。这是因为随着酞菁浓度的增加，激光照射时会产生更多的 S_1 激发态，使更多的 S_1 分子相互交叉到 T_1 态，更多的三重态激发酞菁分子可以实现从 T_1 到 T_n 的反向饱和吸收过程，即发生反向饱和吸收的三重态激发态的总体数增加。

综上所述，为了研究酞菁环间距对聚集效应的影响及其对酞菁光物理和非线性光学性质的影响，设计并制备了 4 种不同离子半径的稀土金属酞菁。分子动力学优化几何构象模拟结果表明，随着金属离子半径的减小，酞菁环之间的距离明显缩短，导致酞菁环之间的聚集效应大大增加，这可以通过荧光寿命的衰减参数来证实，即具有单体衰减的种群数减少，具有聚集衰减的种群数增加。此外，由于酞菁环之间的距离足够短，稀土金属酞菁的 DFM 溶液在激光照射下容易发生快速聚集和沉淀。因此，酞菁激发三重态的保留饱和吸收效应受到明显影响，最终随着金属离子半径的减小，非线性吸收系数显著降低。本章通过设计不同的金属离子半径来调节酞菁环之间的距离，从而调节酞菁环之间的聚集程度，直接而清晰地探究酞菁化合物聚集度对光物理和非线性光学性质的影响，为酞菁化合物光学限制器件的设计和应用提供理论依据。

参考文献

[1] Chen Y, Bai T, Dong N, et al. Graphene and its derivatives for laser protection [J]. Prog. Mater. Sci, 2016, 84: 118~157.

[2] Tian Z Z, Yang X L, Liu B, et al. Novel Au^I polyynes and their high optical power limiting performances in both solution and prototype device [J]. J. Mater. Chem. C, 2018, 6: 6023~6032.

[3] Tan D Z, Liu X F, Dai Y, et al. A Universal photochemical approach to ultra-small, well-dispersed nanoparticle/reduced graphene oxide hybrids with enhanced nonlinear optical properties [J]. Adv. Opt. Mater., 2020, 3 (6): 836~841.

[4] Shi M, Dong N, He N, et al. MoS_2 Nanosheets covalently functionalized with polyacrylonitrile: Synthesis and broadband laser protection performance [J]. J. Mater. Chem. C, 2017, 5: 11920~11926.

[5] Ye Y T, Xian Y H, Cai J W, et al. Linear and nonlinear optical properties of few-layer exfoliated SnSe nanosheets [J]. Adv. Opt. Mater., 2019, 7 (5): 1800579.

[6] Wu X Z, Xiao J C, Sun R, et al. Spindle-type conjugated compounds containing twistacene unit: synthesis and ultrafast broadband reverse saturable absorption [J]. Adv. Opt. Mater., 2017, 5: 1600712.

[7] Feng M, Zhan H B. Facile preparation of transparent and dense CdS-silica gel glass nanocomposites for optical limiting applications [J]. Nanoscale, 2014, 6: 3972~3977.

[8] Zhou G J, Wong W Y, Cui D M, et al. Large optical-limiting response in some solution-processable polyplatinaynes [J]. Chem. Mater., 2005, 17: 5209~5217.

[9] Zhou G J, Wong W Y. Organometallic acetylides of Pt Ⅱ, Au Ⅰ and Hg Ⅱ as new generation optical power limiting materials [J]. Chem. Soc. Rev., 2011, 40: 2541~2566.

[10] An M, Yan X, Tian Z, et al. Optimized trade-offs between triplet emission and transparency in Pt(Ⅱ) acetylides through phenylsulfonyl units for achieving good optical power limiting performance [J]. J. Mater. Chem. C, 2016, 4: 5626~5633.

[11] Li Z G, Gao F, Xiao Z G, et al. Synthesis and third-order nonlinear optical properties of a sandwich-type mixed (phthalocyaninato) (schiff-base) triple-decker complexes [J]. Dyes and Pigments, 2015, 119: 70~74.

[12] Dini D, Mário J F Calvete, Hanack M. Nonlinear optical materials for the smart filtering of optical radiation [J]. Chem. Rev., 2016, 116: 13043~13233.

[13] Cheng H X, Dong N N, Bai T, et al. Covalent modification of MoS_2 with poly (N-vinylcarbazole) for solid-state broadband optical limiters [J]. Chem. Eur. J., 2016, 22: 4500~4507.

[14] Zheng X Q, Feng M, Li Z G, et al. Enhanced nonlinear optical properties of nonzero-bandgap graphene materials in glass matrices [J]. J. Mater. Chem. C, 2014, 2: 4121~4125.

[15] Shi M, Huang S, Dong N, et al. D-A type blends composed of black phosphorus and C60 for solid-state optical limiters [J]. Chem. Commun., 2018, 54: 366~369.

[16] Shi M, Dong N, He N, et al. MoS_2 Nanosheets covalently functionalized with polyacrylonitrile: Synthesis and broadband laser protection performance [J]. J. Mater. Chem. C, 2017, 5: 11920~11926.

[17] Liao M S, Steve Scheiner. Electronic structure and bonding in metal phthalocyanines, Metal = Fe, Co, Ni, Cu, Zn, Mg [J]. Journal of Chemical Physics, 2001, 114 (22).

[18] Chen J, Xu Y, Cao M H, et al. A stable 2D nano-columnar sandwich layered phthalocyanine negative electrode for lithium-ion batteries [J]. Journal of Power Sources, 2019, 426: 169~177.

[19] Wang Y K, Chen J, Jiang C C, et al. Tetra-β-nitro-substituted phthalocyanines: A new organic electrode material for lithium batteries [J]. J. Solid State Electrochem., 2017, 21 (4): 947~954.

[20] Chen J, Guo J K, Zhang T, et al. Electrochemical properties of carbonyl substituted phthalocyanines as electrode materials for lithiumion batteries [J]. RSC Adv., 2016, 6: 52850~52853.

[21] Chen J, Zhang Q, Zeng M, et al. Carboxyl conjugated phthalocyanines used as novel electrode materials with high specific capacity for lithium-ion batteries [J]. J. Solid State Electrochem, 2016, 20 (5): 1285~1294.

[22] Chen J, Gan Q, Li S Y, et al. The effects of central metals and peripheral substituents on the photophysical properties and optical limiting performance of phthalocyanines with axial chloride ligand [J]. J. Photochem. Photobio. A, 2009, 207: 58~65.

[23] Chen J, Xu Y, Cao M, et al. Strong reverse saturable absorption effect of a nonaggregated

phthalocyanine-grafted MA-VA polymer [J]. Journal of Materials Chemistry C, 2018, 6 (36): 9767~9777.

[24] Chen J, Wang S Q, Yang G Q. Nonlinear optical limiting properties of organic metal phthalocyanine compounds [J]. Acta. Phys. Chim. Sin., 2015, 31: 595~611.

[25] Tekin S, Yaglioglu H G, Elmali A, et al. The effect of aggregation on the nonlinear optical absorption performance of indium and gallium phthalocyanines in a solution and co-polymer host [J]. Materials Chemistry and Physics, 2013, 138 (1): 270~276.

[26] Chen J, Li S Y, Gong F B, et al. Photophysics and triplet-triplet annihilation analysis for axially substituted gallium phthalocyanine doped in solid matrix [J]. J. Phys. Chem. C, 2009, 113: 11943~11951.

[27] Chen J, Zhang T, Wang S Q, et al. Intramolecular aggregation and optical limiting properties of triazine-linked mono-, bis- and tris-phthalocyanines [J]. Spectrochim. Acta A, 2015, 149: 426~433.

[28] Brem B, Gal E, Gaina L, et al. Metallo complexes of meso-phenothiazinylporphyrins: synthesis, linear and nonlinear optical properties [J]. Dyes and Pigments, 2015, 123: 386~395.

[29] Kumar G A. Nonlinear optical response and reverse saturable absorption of rare earth phthalocyanine in DMF solution [J]. J. Nonlinear Opt. Phys., 2012, 12: 367~376.

[30] Yuan H, Chen J, Zhang T, et al. Axially substituted phthalocyanine/naphthalocyanine doped in glass matrix: an approach to the practical use for optical limiting material [J]. Optics Express, 2016, 24: 9723~9733.

[31] Bankole O M, Nyokong T. Nonlinear optical response of a low symmetry phthalocyanine in the presence of gold nanoparticles when in solution or embedded in poly acrylic acid polymer thin films [J]. J. Photochem. Photobio. A, 2015, 319: 8~17.

[32] Chen J, Zhu C J, Xu Y, et al. Advances in phthalocyanine compounds and their photochemical and electrochemical properties [J]. Current Organic Chemistry, 2018, 5 (22): 485~504.

[33] Oluwole D, Nyokong T. Photophysicochemical behaviour of metallophthalocyanines when doped onto silica nanoparticles [J]. Dyes and Pigments, 2017, 136: 262~272.

[34] Pelliccioli A P, Henbest K, Kwag G, et al. Synthesis and excited state dynamics of μ-oxo group Ⅳ metal phthalocyanine dimers: A laser photoexcitation study [J]. J. Phys. Chem. A, 2001, 105: 1757~1766.

[35] Feng X, Shi Z, Chen J J, et al. All-inorganic transparent composite materials for optical limiting [J]. Advanced Optical Materials, 2020, 8 (10): 1902143.

[36] Meyer G, Ax P. An analysis of the ammonium chloride route to anhydrous rare-earth metal chlorides [J]. Materials Research Bulletin, 1982, 17 (11): 1447~1455.

[37] Fukuda T, Biyajima T, Kobayashi N. A discrete quadruple-decker phthalocyanine [J]. Journal of the American Chemical Society, 2010, 132 (18): 6278~6279.

[38] Kan J, Wang H, Sun W. Sandwich-type mixed tetrapyrrole rare-earth triple-decker compounds.

effect of the coordination geometry on the single-molecule-magnet nature [J]. Inorganic Chemistry, 2013, 52 (15): 8505~8510.

[39] François G, Pondaven A, Kerbaol J M. From the single- to the triple-decker sandwich. effect of stacking on the redox and UV-visible spectroscopic properties of lutetium (Ⅲ) 1, 2-naphthalocyaninate complexes [J]. Inorganic Chemistry, 1998, 37 (3): 569~576.

[40] Chen Y, Hanack M, Araki Y. Axially modified gallium phthalocyanines and naphthalocyanines for optical limiting [J]. Chemical Society Reviews, 2005, 34 (6): 517.

[41] Chen X, Ye Q, Ma D. Gold nanoparticles-pyrrolidinonyl metal phthalocyanine nanoconjugates: Synthesis and photophysical properties [J]. Journal of Luminescence, 2018, 195: 348~355.

[42] Chidawanyika W, Ogunsipe A, Nyokong T. Syntheses and photophysics of new phthalocyanine derivatives of zinc, cadmium and mercury [J]. New Journal of Chemistry, 2007, 31 (3): 377.

[43] Sekhosana K E, Manyeruke M H , Nyokong T. Synthesis and optical limiting properties of new lanthanide bis-and tris-phthalocyanines [J]. Journal of Molecular Structure, 2016, 1121: 111~118.

[44] Chen Y, Hanack M, Blau W J. Soluble axially substituted phthalocyanines: Synthesis and nonlinear optical response [J]. Cheminform, 2006, 41 (8): 2169~2185.

[45] Sekhosana K E, Antunes E, Khene S. Fluorescence behavior of glutathione capped CdTe@ ZnS quantum dots chemically coordinated to zinc octacarboxy phthalocyanines [J]. Journal of Luminescence, 2013, 136 (136): 255~264.

[46] Zhao P, Wang Z, Chen J. Nonlinear optical and optical limiting properties of polymeric carboxyl phthalocyanine coordinated with rare earth atom [J]. Optical Materials, 2017, 66: 98~105.

[47] Jiang J, Bao M, Rintoul L, et al. Vibrational spectroscopy of phthalocyanine and naphthalocyanine in sandwich-type (na) phthalocyaninato and porphyrinato rare earth complexes [J]. Coordination chemistry Reviews, 2006, 250 (3-4): 424~448.

8 无聚集酞菁接枝马来酸酐-醋酸乙烯酯(MA-VA)聚合物的合成及其非线性光学特性

8.1 引言

有机金属酞菁类化合物由于具备较大的二维平面大环 π 电子共轭体系产生的高极化率的 π 电子网格，其骨架结构特征可通过选择中心离子、轴向配体和在酞菁环上引入功能性取代基等方法进行分子筛选与组装，因而可得到具有优异物理化学性质的三阶非线性光学材料，有望成为一类非常理想的非线性光学材料，具备重大的实用价值和应用前景。尽管酞菁类化合物具备诸多优点，但作为非线性光限幅材料时仍然存在以下两个主要的问题，限制了其实际的应用：

（1）大环共轭体系的聚集作用抑制了光限幅效应的发挥。酞菁化合物由于具有庞大的电子共轭体系，通过 π-π 相互作用很容易发生分子间聚集，使得酞菁分子具有的显著的光学性质，如较宽范围的吸收光谱、较高激发态的量子产率、较强的反饱和吸收等，会因为聚集态的产生而受到限制，分子的聚集会改变激发态的性质，导致光限幅效应的降低。因此，减少聚集是保证酞菁分子具备优良光限幅性能的必要条件之一。现有的许多研究通过引进周边和轴向取代基团来降低酞菁化合物分子聚集，取得了一定的效果，使光限幅性能得到了较大程度的发挥[1]。然而，作者及其研究团队的前期研究工作表明[2]，溶液状态下的小分子酞菁化合物即使在很低的浓度下都存在明显的 T-T 湮灭过程，加快了激发三线态的衰减，使得溶液下的酞菁化合物的光限幅性能不能得到最大限度的发挥。因此，从分子结构上设计一种无聚集的酞菁化合物从根本上避免酞菁环之间的聚集，是提升酞菁光限幅效应的最有效途径。

（2）现有的酞菁类光限幅器件的热/力学性能难以满足应用要求。近年来人们对不同的金属酞菁化合物在溶液态的反饱和吸收性质和光限幅行为进行了广泛的研究[3,4]。但是，在实用的光限幅应用中，特别是应用于人眼的激光防护方面，要求器件结构简单、操作方便、加工性能好，溶液态的材料往往难以胜任。相比而言，具有一定形状、厚度和良好加工性能的固体材料，更能满足制备光限幅器件的需要[5,6]。目前，人们研究酞菁固体器件化的传统方法主要包括静电自组装、物理气相沉积技术、LB 薄膜技术、溶胶-凝胶技术，这些方法都涉及由液相到固体基质的转化，属于物理掺杂的过程。但前期研究表明小分子酞菁类化合物无论是在溶液体系还是掺杂在固体基质中都有聚集态存在，如二聚体、三聚体等，会不可避免地影响材料的光限幅效应[7]。此外，采用物理掺杂的方法，将酞菁化合物依附在或者分散在固体基质中的器件化方法（如 LB 薄膜、溶胶-凝胶等），还存在诸如分散不均匀、材料机械强度不高、加工和耐热性能不能满足应用要求等缺陷，严重限制了光限幅材料的实用化应用价值。因此，设计一种新型的酞菁固体器件，既能从根本上避免酞菁分子间的聚集效应，又具备优良的机械稳定性能、加工性能和耐热性能，是实现酞菁类光限幅材料实际应用过程中亟待解决的重要研究课题。

为此，本章提出将具有优异光限幅效应的铟酞菁单元接枝到 MA-VA 的共聚物分子链上，通过控制接枝单元分子链的长度来控制酞菁单元的聚集状态，得到了一种无聚集效应的铟酞菁接枝聚合物。该材料展现出优异的激光限幅效应。本章提出的无聚集酞菁分子结构模型的构建，将为高性能激光限幅材料分子结构的设计提供重要理论指导。

8.2 MA-VA 酞菁接枝聚合物的合成

将 3-硝基邻苯二甲腈（6.9g，40mmol）加入 150mL 干燥的正戊醇中，用 1.5mL 1,8-二氮杂二环［5.4.0］十一碳-9-烯（DBU）作为催化剂。混合物在氮气气氛下于 60℃ 搅拌 1h，然后加入 2.2g（10mmol）无水 $InCl_3$。混合物在 1h 内缓慢沸腾，然后回流 36h。反应物冷却至室温后，加入 300mL 甲醇/水（1/1）混合物。沉淀蓝色产物，过滤，用盐酸（5%，300mL）和 50mL 甲醇洗涤，固体产物干燥过夜，得到化合物 1。然后，将化合物 1（8.4g，10mmol）和 $Na_2S \cdot 9H_2O$（28.8g，100mmol）的混合物加入 200mL 纯化的 N,N-二甲基甲酰胺溶剂中，充分搅拌混合物直到完全溶解，然后加热至 65℃，高速搅拌 3h。反应物冷却至室温后，加入 300mL 蒸馏水混合物。沉淀出深蓝色产物，过滤并干燥过夜，得到 6.2g（产率：73%）深绿色固体化合物 2（$C_{72}H_{64}N_8O_4InCl$）。

将马来酸酐（MA）、乙酸乙烯酯（VA）和蒸馏水以 1∶1∶40 摩尔比的比例加入 3 个烧瓶中。混合物在氮气气氛下于 60℃搅拌 30min，然后加入 3%的氧化还原引发剂 $(NH_4)_2S_2O_8$-$NaHSO_3$（9∶1）。混合物在氮气气氛下于 60℃搅拌 3h。接着，用旋转蒸发器和热真空箱除去反应溶剂，得到黄色油状产物。将粗产物溶解在乙醇中，重结晶并过滤 3 次，以除去反应物中的无机盐杂质。然后，将纯化的黄色油 3 加入 100mL 乙酸酐中，在 140℃回流 1h，使羧基脱水并形成酸酐。在真空 50℃干燥 3h 后，获得白色的 VA-MA 共聚物 4。

将乙酸乙烯酯-马来酸酐共聚物加入含有 N，N 二甲基甲酰胺溶剂的烧瓶中。完全溶解后，向烧瓶中加入溶解在 N，N 二甲基甲酰胺中的四-α-(3-氨基）铟酞菁（TA-PcInCl）(30%摩尔分数)。混合物在 70℃下反应 5h。冷却后，加入乙醇沉淀产物，过滤、洗涤并干燥，得到酞菁接枝聚合物 5。

如图 8-1（a）所示，在使用 DBU 作为催化剂的氮气气氛下，在 140℃ 下正戊醇中二腈环化产生相应的酞菁 1；将酞菁 1 上的硝基还原成氨基后，得到氨基取代的酞菁化合物 2（TA-PcInCl）；以醋酸乙烯酯（VA）和马来酸酐（MA）为原料，合成了聚合物基体 4（MA-VA）；然后，通过化合物 2（TA-PcInCl）上的氨基与化合物 4 上的酸酐的加成反应获得酞菁接枝聚合物 5（MA-VA-PcInCl）。通过在热真空条件下升华任何残留杂质来纯化得到的化合物（2、4 和 5）。对所得化合物（2，4 和 5）通过元素分析、MALDI-TOF 和光谱方法（包括紫外-可见光谱、红外光谱和凝胶渗透色谱）进行表征，结果与所提出的结构一致。

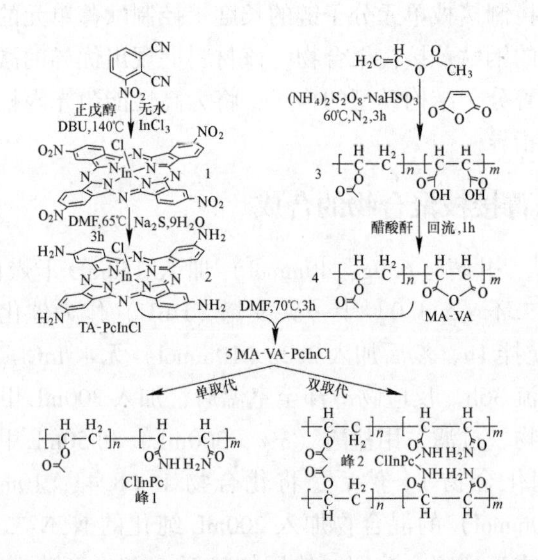

(a)

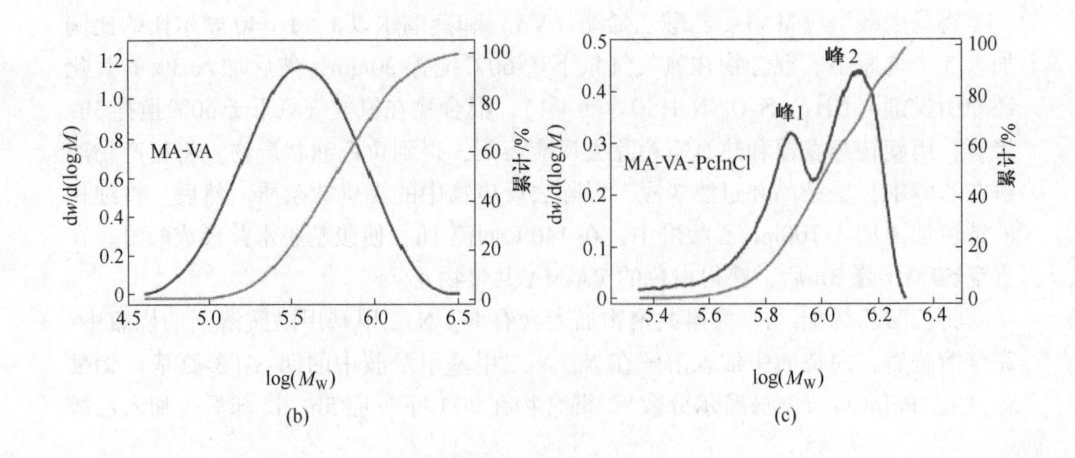

(b)

(c)

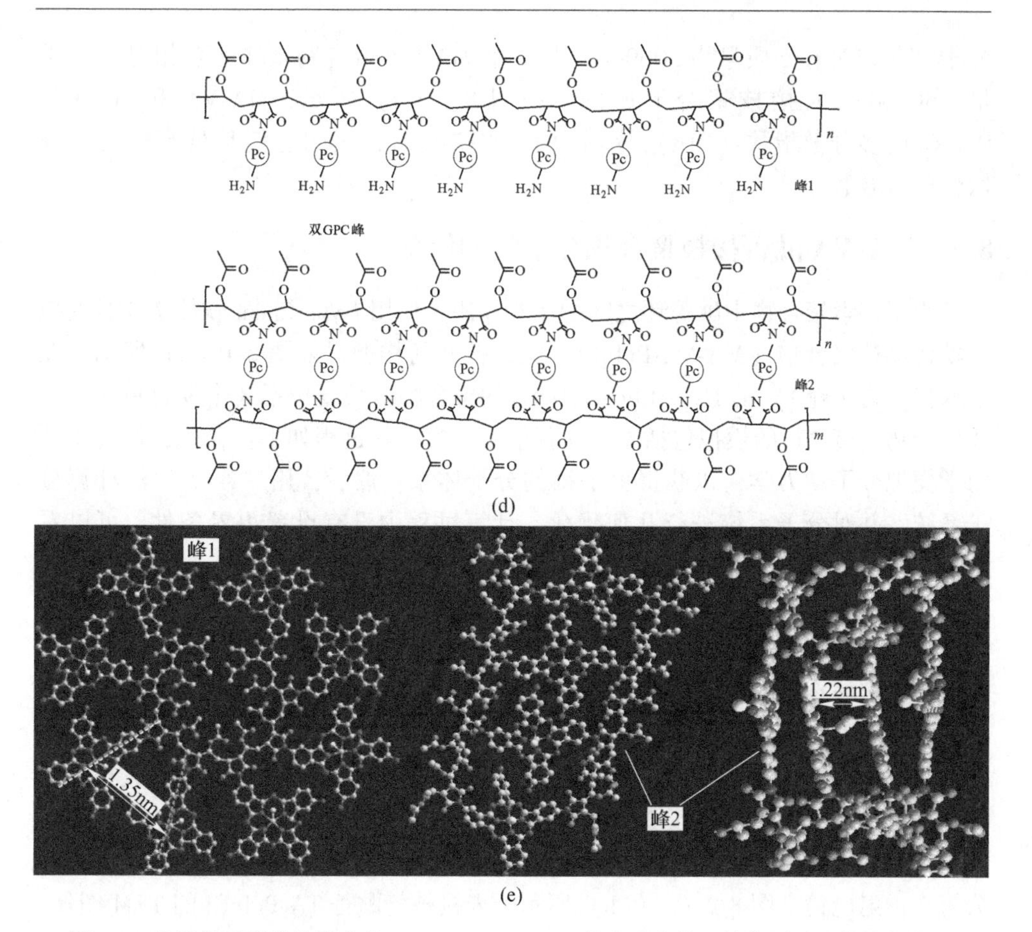

图 8-1 非聚集酞菁接枝聚合物（MA-VA-PcInCl）的合成路线、性能测试及结构优化图
（a）非聚集酞菁接枝聚合物（MA-VA-PcInCl）的合成路线；（b）（c）MA-VA 和 MA-VA-PcInCl 的 GPC 图；（d）获得的单取代聚合物（峰 1）和双取代聚合物（峰 2）的聚合物结构；（e）用 HyperChem 软件 7.5 版本进行分子力学优化后，使用半经验 PM3 算法对 MA-VA-PcInCl 进行几何优化（单取代聚合物（峰 1）的长度包括 8 个酞菁单元，双取代聚合物（峰 2）包括 4 个酞菁单元）

凝胶渗透色谱进一步验证了合成的 MA-VA 和 MA-VA-PcInCl 聚合物的相对分子质量。如图 8-1(b) 所示，观察到相对分子质量约为 500000 的 MA-VA 聚合物的单峰，其相当于 1800 个 MA 和 VA 分子的共聚产物，表明合成的聚合物是 MA 和 VA 单体的嵌段聚合物。图 8-1(c) 所示为 MA-VA-PcInCl 聚合物的 GPC 谱图，观察到相对分子质量约为 800000 和 1320000 的两个峰，表明在将 MA-VA 接枝到 TA-PcInCl 聚合物上后，产生了 2 种不同接枝聚合度的产物。根据这 2 种不同接枝聚合物的相对分子质量，可以推断对应于峰 1 的聚合物是由 TA-PcInCl 酞菁分子（415 个分子，总相对分子质量为 300000）与 1 个 MA-VA 聚合物基体（相对分子质量：500000）接枝聚合形成的，而峰 2 是由 TA-PcInCl 酞菁分子（415 个

分子，总相对分子质量为300000）与2个MA-VA聚合物基体（总相对分子质量：50000×2）接枝聚合形成的，如图8-1（d）所示，MA-VA和MA-VA-PcInCl的多分散指数（PDI）分别为1.58和1.21，表明它们是具有较高单分散性的聚合物。

8.3 MA-VA酞菁接枝聚合物分子结构信息

为了探索聚合物中酞菁环之间的相互作用，使用HyperChem软件7.5版模拟了酞菁接枝聚合物（MA-VA-PcInCl）的最佳几何构型，如图8-1（e）所示。在单取代产物（峰1）的HyperChem中计算的聚合物链长度包括8个酞菁单元，双取代产物（峰2）的模拟包括4个酞菁单元。模拟的过程如下：首先，用分子动力学模拟分子动力学，以获得更平衡的分子体系；然后，用“半空”法计算分子系统，并对分子系统进行几何优化。计算过程中没有设置边界条件。可以看出，合成的酞菁接枝聚合物的主链明显呈现圆形（峰1）或梯形（峰2）分布，具有最低的能量和最稳定的分子构型。在构象熵和混合焓的共同作用下，随着接枝链长度的增加，接枝聚合物总是形成如反涂层、碗状等新型结构[8]。在这种情况下，接枝在主链上的酞菁分子均匀分布在圆形或梯形主链周围。2个酞菁环之间的距离取决于接枝单元的长度。最佳构型的模拟计算表明，圆形构型接枝单元的长度约为1.35nm，梯形构型接枝单元的长度约为1.22nm，这远远大于酞菁分子之间的聚集距离（小于0.33nm）[2]。

此外，为了进一步探索MA-VA-PcInCl聚合物的组成和分子排列，采用了高分辨率透射电镜。图8-2（a）（b）所示为未接枝的酞菁TA-PcInCl的TEM图像；它由大约20nm的颗粒组成，每个颗粒由一系列π-π堆叠的酞菁环组成，形成大约0.35nm的层间距，这与酞菁聚集体中酞菁环之间的距离一致[2]。将TA-PcInCl接枝到MA-VA聚合物上之后，由单取代形成的圆形构象（峰1）和由双取代形成的线性梯形构型（峰2）可以在图8-2（c）（d）中清楚地看到。被取代的MA-VA-PcInCl聚合物没有晶格条纹，表明TA-PcInCl接枝到MA-VA聚合物基体上后，酞菁单元完全以非聚集态存在。这些TEM图像进一步证实了得到的MA-VA-PcInCl聚合物的分子构型。因此，酞菁环以非聚集形式存在于酞菁接枝的聚合物中，这是实现优异的光限幅效应的必要条件。

对合成的MA-VA、TA-PcInCl和MA-VA-PcInCl通过紫外可见光谱和傅里叶变换红外光谱分析进行了表征，如图8-3所示。从图8-3（a）中可以看出，TA-PcInCl在650nm处有一个更强的肩峰，而MA-VA-PcInCl在640nm处的肩峰更小。通常，酞菁化合物的Q带吸收由大约700nm处的强峰和大约630~650nm处的肩峰组成。如果酞菁之间存在聚集，则肩峰的强度将增[2,9]。因此，对于TA-PcInCl，650nm处更强的肩峰是由于酞菁环之间的聚集效应，但是这种增强的峰

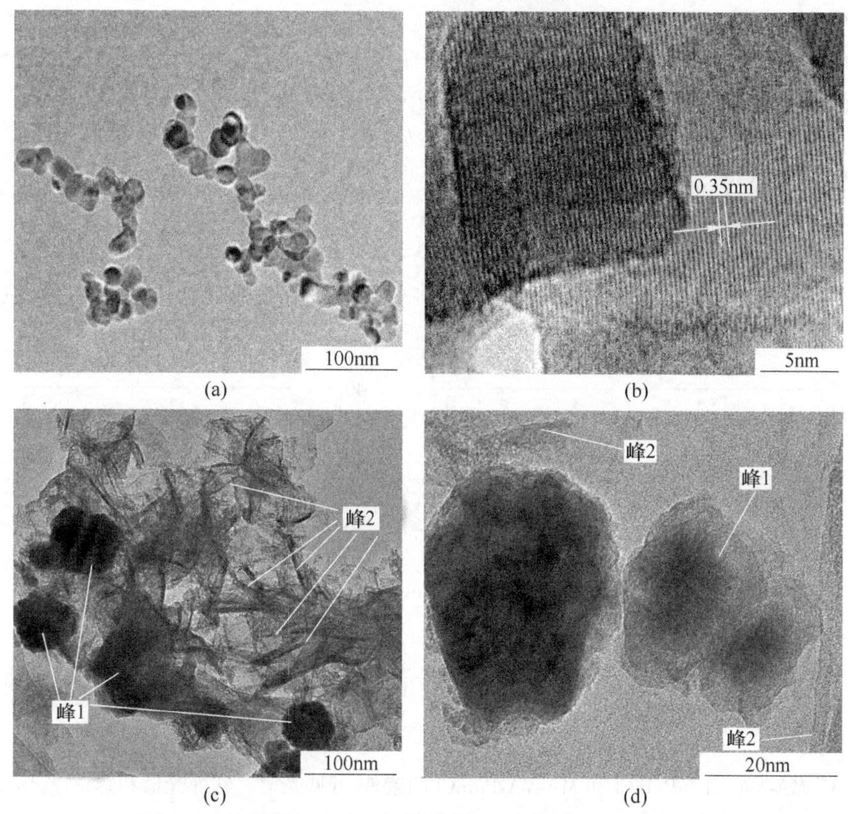

图 8-2 未接枝 TA-PcInCl 酞菁的 TEM 图像（a）（b）和
酞菁接枝 MA-VA-PcInCl 聚合物的 TEM 图像（c）（d）

值没有出现在接枝聚合物（MA-VA-PcInCl）的紫外-可见吸收曲线中。这一结果表明，接枝聚合可以有效地防止共轭酞菁环的聚集，这与预期的结果是一致的。在图 8-3（b）所示傅里叶变换红外光谱中，在 $3467cm^{-1}$ 和 $2954cm^{-1}$ 处观察到的谱带归因于 NH—H 和—CH_3 键的拉伸，在 $1769cm^{-1}$ 处观察到的谱带归因于 C ═ O 键的拉伸，在 $1339cm^{-1}$ 和 $1556cm^{-1}$ 处的谱带归因于 C—N 键的拉伸，在 $1081cm^{-1}$ 和 $1161cm^{-1}$ 处的谱带归因于 Pc 共轭结构上的 C ═ N 和 Ar—H 键的弯曲振动。MA-VA-PcInCl 所有红外光谱带都与 MA-VA 和 TA-PcInCl 一致，这进一步表明目标化合物（MA-VA-PcInCl）的结构与所提出的结构一致。

为了分析接枝聚合物（MA-VA-PcInCl）的热稳定性，进行了热重-差热分析。如图 8-3（c）（d）所示，所有样品从室温加热至 700℃，并且热重分析曲线与差热分析曲线完全一致。TA-PcInCl 样品由于其稳定的大环共轭结构而具有最高的热稳定性。MA-VA、TA-PcInCl 和 MA-VA-PcInCl 样品的分解峰分别为 200℃、430℃和 310℃。大环共轭酞菁接枝到 MA-VA 聚合物基体上后，聚合物的热稳定性大大提高，这对于光限幅材料抵抗激光辐射产生的高热量非常有利。

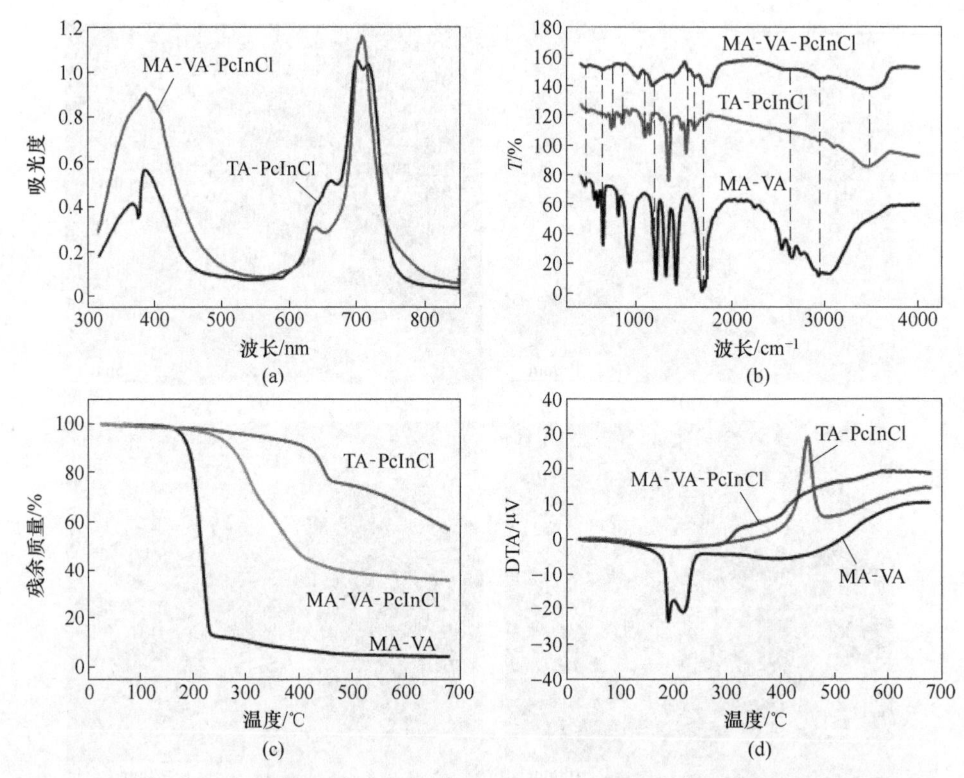

图 8-3 MA-VA、TA-PcInCl 和 MA-VA-PcInCl 的紫外-可见光谱、红外光谱和热重-差热分析

（a）TA-PcInCl 和 MA-VA-PcInCl 在 DMF（5×10^{-5}mol/L）中的紫外-可见光谱；（b）MA-VA、TA-PcInCl 和 MA-VA-PcInCl 的红外光谱；（c）MA-VA、TA-PcInCl 和 MA-VA-PcInCl 的热重分析；（d）MA-VA、TA-PcInCl 和 MA-VA-PcInCl 的差热分析

8.4 光物理和非线性光学性能

在 DMF 中测量荧光发射光谱（$\lambda_{ex}=650$nm）（见图 8-4（a））。酞菁接枝聚合物（MA-VA-PcInCl）明显比氨基取代的铟酞菁化合物（TA-PcInCl）具有更强的荧光发射。在 721nm 处观察到 MA-VA-PcInCl 发射，在 765nm 处有一个非常小的肩峰，而在 730nm 和 770nm 处观察到强度差异很小的 2 个峰。荧光发射峰与紫外-可见吸收峰一致，进一步证实了未聚合的小分子酞菁在 DMF 中具有较强的聚集效应。在 TA-PcInCl 分子接枝到 MA-VA 聚合物基质上后，接枝单元之间的足够距离（0. 74nm）确保酞菁环分布在聚合物基质周围并保持非聚集形式（见图 8-1(b)）。在这种情况下，非辐射跃迁（如荧光猝灭等）的概率在激发态下大大减少，更多的激发态分子可以以辐射跃迁（荧光）的形式返回基态，这就是为什么 MA-VA-PcInCl 具有比 TA-PcInCl 更强的荧光发射和更大的荧光量子产率（0. 17 ）（见表 8-1）。

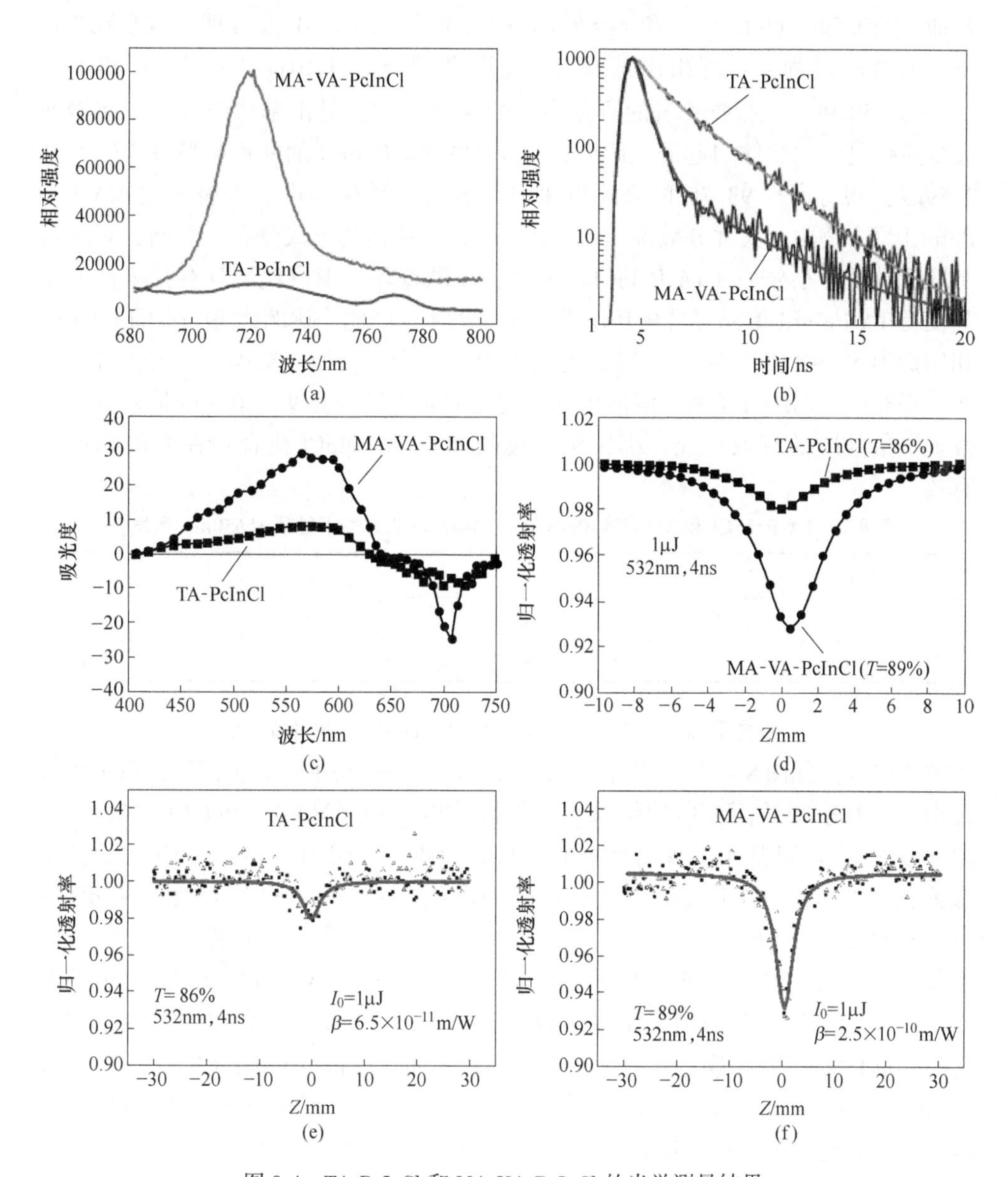

图 8-4 TA-PcInCl 和 MA-VA-PcInCl 的光学测量结果

（a）TA-PcInCl 和 MA-VA-PcInCl 在 DMF（5×10^{-5}mol/L）中的荧光发射光谱（$\lambda_{ex}=650$nm）；（b）TA-PcInCl 和 MA-VA-PcInCl 的荧光衰减谱；（c）TA-PcInCl 和 MA-VA-PcInCl 的瞬态吸收光谱，TA-PcInCl 激发后 18.0μs 记录了光谱，MA-VA-PcInCl 激发后 22.0μs 记录了光谱；（d）~（f）4ns 脉冲宽度下 TA-PcInCl 和 MA-VA-PcInCl 的开孔 Z 扫描曲线

为了进一步阐明 S_1 态的衰变过程和聚集效应之间的关系，测量了荧光寿命，如图 8-4（b）和表 8-1 所示。可以看出，MA-VA-PcInCl 表现出快速衰变过程，

寿命 τ_1=0. 59ns（98. 7%）和 τ_2=6. 78ns（1. 3%），而 TA-PcInCl 明显观察到 2 种不同的衰减过程，表现出慢速衰变过程，寿命 τ_1 = 1. 01ns（49. 1%）和 τ_2 = 2. 59ns（50. 9%）。根据作者的研究[2]，快速衰变过程是由单体引起的，而慢速衰变过程是由二聚体引起的。因此，对于 MA-VA-PcInCl 的酞菁接枝聚合物，其 0. 59ns 的短寿命和 98. 7%的高比例来自酞菁分子单体，进一步表明在 MA-VA-PcInCl 聚合物中，大部分酞菁单元（98. 7%）以单体的形式分布。然而，对于氨基取代的酞菁小分子（TA-PcInCl）来说，在酞菁环外围取代的具有强极性的氨基使得 TA-PcInCl 单元容易相互作用形成聚集体。因此，比例为 49. 1%的 1. 01nm 和比例为 50. 9%的 2. 59nm 的较长寿命由聚集体产生，如二聚体、三聚体等。这些结果充分表明小分子酞菁溶液中的聚集效应非常显著，酞菁单元的接枝聚合是改善聚集效应的有效途径。小比例聚集的 MA-VA-PcInCl 化合物在光限幅中更有效。

表 8-1　TA-PcInCl 和 MA-VA-PcInCl 在 DMF 中的光物理性质（650nm 激发）

化合物	λ_F/nm	τ_1/ns	A_1/%	τ_2/ns	A_2/%	A_1/A_2	Φ_F
TA-PcInCl	721	1. 01	49. 1	2. 59	50. 9	0. 96	0. 01
MA-VA-PcInCl	730	0. 59	98. 7	6. 78	1. 30	75. 9	0. 17

为了进一步探索 T_1 态的性质，在氩饱和的 DMF 溶液中研究了 355nm 激发下的瞬态吸收。如图 8-4（c）所示，从激发态的吸收获得了宽的正信号，而负信号是由于从基态跃迁而漂白的结果。酞菁接枝聚合物（MA-VA-PcInCl）在 420～620nm 的 T_1-T_n 跃迁中表现出更强的宽瞬态吸收，表明 MA-VA-PcInCl 比小分子酞菁化合物（如 TA-PcInCl）具有更强的非线性吸收（RSA）特性。从 650～750nm 的负信号（形状和强度），是由于从基态转变而漂白的结果，与紫外-可见吸收光谱完全一致（见图 8-2(a)），并进一步反映了 TA-PcInCl 在 DMF 中的聚集，同时三重态-负基态消光系数（ΔE_T）反映了在 532nm 处的 RSA 强度。MA-VA-PcInCl 的扩散系数（3.92×10^5 mol/(L · cm)）比 TA-PcInCl 的扩散系数（1.05×10^5 mol/(L · cm)）高得多，进一步证实了酞菁接枝聚合物 MA－VA-PcInCl 具有更强的非线性吸收性能。同时，得到了三重态的衰变曲线。三重态寿命（τ）分别为 11. 6ms 和 79. 4ms。对于 DMF 中的 TA-PcInCl，在热运动的作用下更容易形成酞菁分子的聚集体，这导致 T_1 态分子的 T-T 湮灭概率更高。然而，当 TA-PcInCl 接枝到聚合物基体上形成 MA-VA-PcInCl 后，接枝单元之间的距离有效地抑制了酞菁环的聚集，并有效地控制了 MA-VA-PcInCl 的 T-T 湮灭概率，从而延长了三重态寿命。

图 8-4（d）～(f）显示了在 4ns 脉冲开孔 Z 扫描下 DMF 溶液中 TA-PcInCl 和 MA-VA-PcInCl 的非线性吸收特性。归一化透射率的谷值表明激光脉冲经历了一

个 RSA 过程。初始透射率为 89%的 MA-VA-PcInCl 溶液在 4ns 脉冲下比初始透射率为 86%的 TA-PcInCl 具有更强的非线性吸收。据报道，在相同的实验条件下 DMF 没有表现出非线性吸收，所观察到的非线性吸收效应一定来源于酞菁环。在 1μJ 入射激光能量照射下，酞菁接枝聚合物 MA-VA-PcInCl 的非线性吸收系数（β）约为 2.5×10^{-10}m/W，远大于 TA-PcInCl（约 6.5×10^{-11}m/W），尽管 MA-VA-PcInCl 的初始线性透射率（89%）高于 TA-PcInCl（86%）。将 TA-PcInCl 接枝到 MA-VA 聚合物基体上后，所得酞菁接枝聚合物（MA-VA-PcInCl）的非线性吸收系数显著提高，也就是说比 TA-PcInCl 的非线性吸收系数高近 4 倍。

为了探索浓度对非线性吸收效应的影响，将 TA-PcInCl 和 MA-VA-PcInCl 样品制备了 1×10^{-4}mol/L 的高浓度溶液，并研究了它们的非线性吸收系数，如图 8-5 所示。TA-PcInCl 样品，浓度从 5×10^{-5}mol/L 增加到 1×10^{-4}mol/L 后，线性透过率从 86%下降到 70%，非线性吸收系数从 6.5×10^{-11}m/W 增加到 2.85×10^{-10}m/W，共增加约 4.4 倍。而对于 MA-VA-PcInCl 样品，当浓度从 5×10^{-5}mol/L 增加

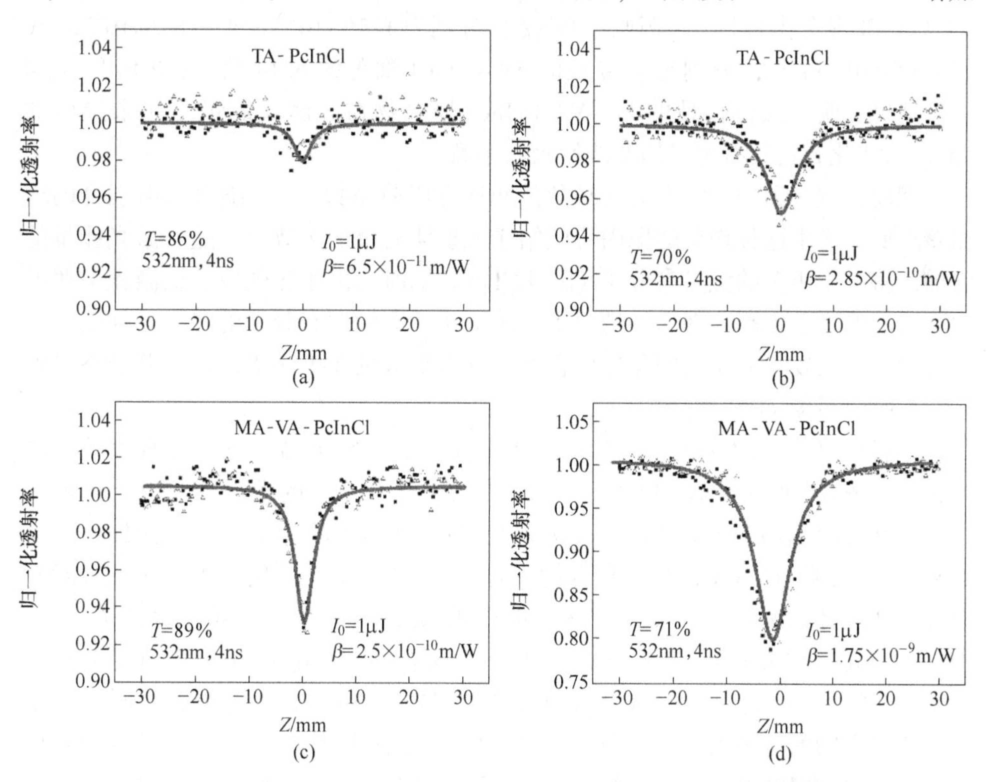

图 8-5 不同浓度时 4ns 脉冲宽度下 TA-PcInCl 和 MA-VA-PcInCl 的开孔 Z 扫描曲线

(a) TA-PcInCl，5×10^{-5}mol/L；(b) TA-PcInCl，1×10^{-4}mol/L；

(c) MA-VA-PcInCl，5×10^{-5}mol/L；(d) TA-PcInCl，1×10^{-4}mol/L

到 1×10^{-4}mol/L 后，线性透射率从 89%下降到 71%，非线性吸收系数从 2.5×10^{-10}m/W 增加到 1.75×10^{-9}m/W，总共增加了约 7 倍。通常，非线性吸收行为与浓度有关，并且几乎与浓度成正比[10]。然而，在相同的浓度增加幅度下，酞菁接枝的 MA-VA-PcInCl 聚合物（7 倍）显示出比未接枝的 TA-PcInCl 样品（4.4 倍）大得多的非线性吸收系数的增加。这是由于未接枝的 TA-PcInCl 化合物的聚集效应也随着浓度的增加而大大增加[1]，这部分抵消了增加的非线性吸收效应。这一结论进一步表明酞菁接枝的 MA-VA-PcInCl 聚合物具有较小的聚集效应，并且随着浓度的增加，聚集效应的程度远小于未接枝的 TA-PcInCl 化合物。

此外，为了研究激光能量对非线性吸收系数的影响，测试和分析了在 4μJ 和 10.33μJ 的较高脉冲能量下开孔 Z 扫描的 TA-PcInCl 和 MA-VA-PcInCl 样品的非线性吸收性能，如图 8-6 所示。可以看出，随着入射光强度（I_0）从 1μJ 增加到 10.3μJ，更多的酞菁单元产生了反饱和吸收效应，导致 TA-PcInCl 和 MA-VA-PcInCl 样品的透射率都显著降低。在 1μJ、4μJ 和 10.33μJ 的激光辐照下，MA-VA-PcInCl 聚合物的非线性吸收系数（β）分别为 1.75×10^{-9}m/W、1.2×10^{-9}m/W 和 1.05×10^{-9}m/W，分别是未接枝的 TA-PcInCl 酞菁的 6.14 倍、6.0 倍和 6.34 倍。结果表明，酞菁接枝的 MA-VA-PcInCl 聚合物在高激光能量下比未接枝的 TA-PcInCl 化合物具有更好的非线性吸收系数。

然而，观察到的一个有趣的现象是非线性吸收系数（β）随着入射强度的增加而降低。产生这种现象的原因可归结于入射激光束的热效应。随着激光能量的增加，将产生更多的激发态分子（S_1 和 T_1）。同时，由于热效应，被激光束照射的溶液的温度会更高。在这种情况下，溶液中所有激发态分子的热运动加速，这大大增加了激发态分子之间碰撞的概率，导致更大的 T-T 湮灭过程，并最终导致非线性吸收系数（β）下降。

作者提出用 TA-PcInCl 和 MA-VA-PcInCl 的能级图来描述非线性吸收效应的差异，如图 8-7 所示。在 MA-VA-PcInCl 体系中，98.7%的酞菁单元以单体形式存在，其寿命 $\tau_1(\tau_S)=0.59$ns，远低于 TA-PcInCl 体系的寿命（$\tau_1=1.01$ns，$\tau_2=2.59$ns），表明 MA-VA-PcInCl 聚合物具有比 TA-PcInCl 化合物更低的 S_1 态能级。此外，从闪光光解的结果来看，TA-PcInCl 和 MA-VA-PcInCl 三重态寿命（τ）分别为 11.6μs 和 79.4μs，表明 MA-VA-PcInCl 聚合物具有比 TA-PcInCl 化合物更高的 T_1 态能级。因此，MA-VA-PcInCl 聚合物在 S_1 态和 T_1 态之间的能隙比 TA-PcInCl 化合物的能隙低得多，并且从 S_1 态到 T_1 态的系统间交叉速率也肯定比 TA-PcInCl 化合物的快。在这种情况下，更大比例的分子将经历从 S_1 到 T_1 态的系统间交叉，因此将有更大的概率参与 T_1 和 T_n 态之间的反向饱和吸收过程。更重要的是，MA-VA-PcInCl 聚合物在 T_1 和 T_n 态之间具有较低的能隙（较大的 λ_T），以及较高的三重态负基态消光系数（ΔE_T），从而导致非线性吸收效应（β）

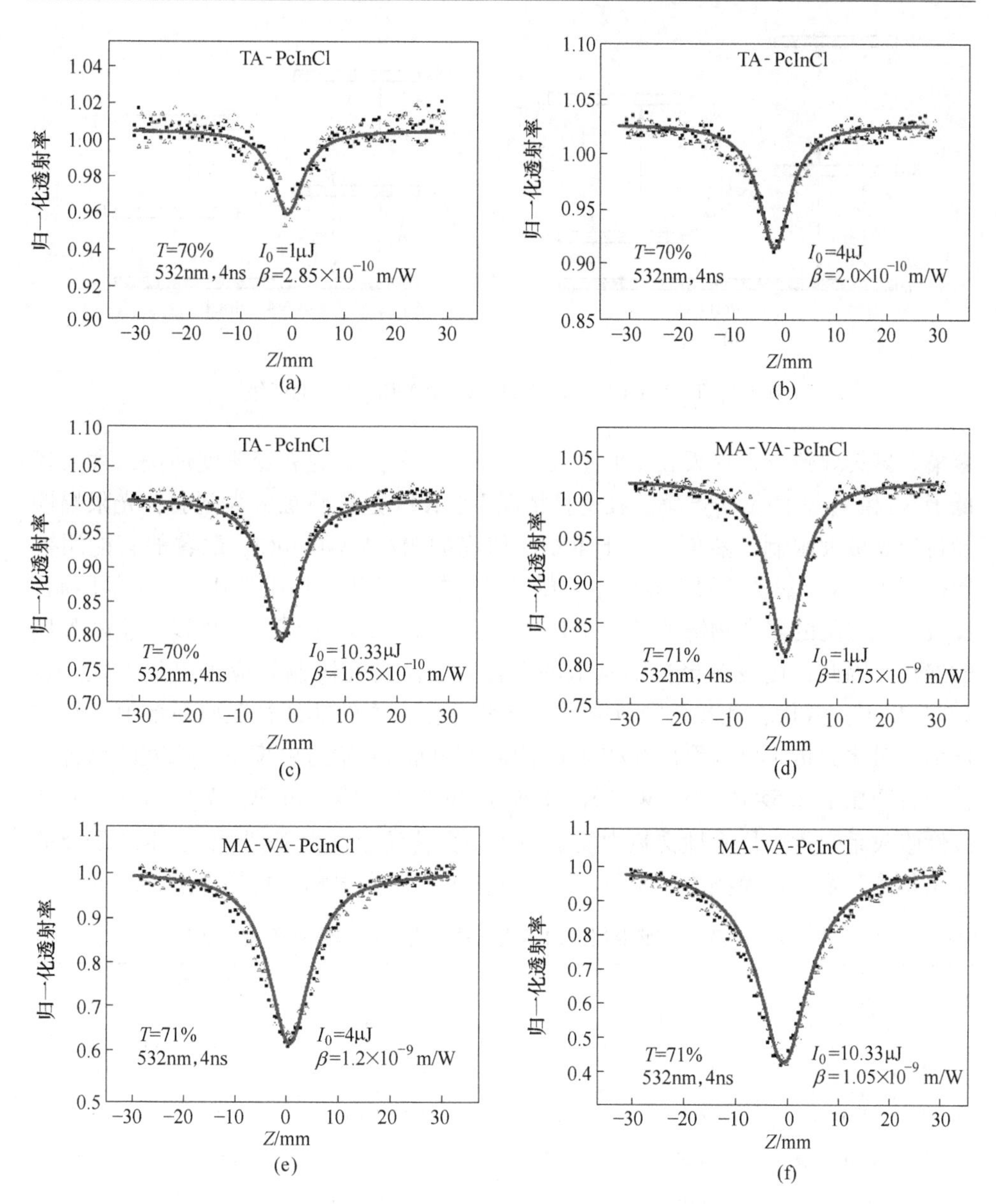

图 8-6 TA-PcInCl 和 MA-VA-PcInCl 样品在 1μJ、4μJ 和 10.33μJ 更高能量脉冲能量下的开孔 Z 扫描谱线

(a) TA-PcInCl，1μJ；(b) TA-PcInCl 4μJ；(c) TA-PcInCl 10.33μJ；(d) MA-VA-PcInCl 1μJ；(e) MA-VA-PcInCl，4μJ；(f) MA-VA-PcInCl，10.33μJ

的较高值。

传统的酞菁化合物，无论是分散在溶液中还是固体介质中，都不可避免地会

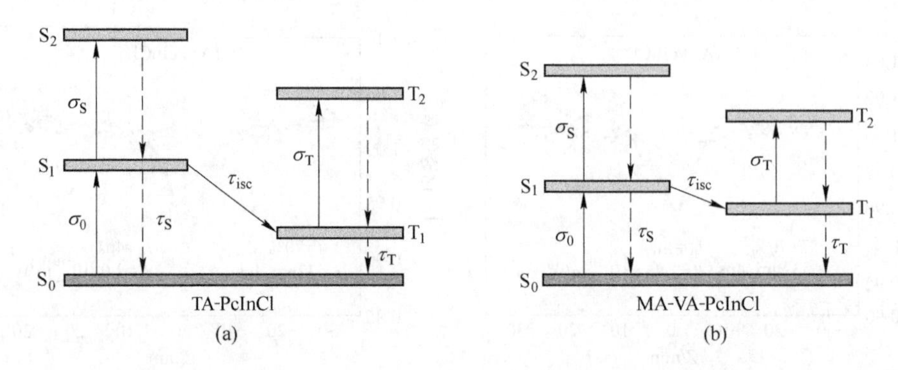

图 8-7 TA-PcInCl（a）和 MA-VA-PcInCl（b）的能级图

聚集。聚集导致荧光猝灭和 T-T 湮灭，S_1 和 T_1 态激子的衰变速度加快，大大降低了 S_1 和 T_1 态的量子产率。在这种情况下，RSA 过程将被大大削弱，光限幅性能将受到极大限制。然而，对于本章所研究的 MA-VA-PcInCl，酞菁的官能团被接枝到 MA-VA 基质的聚合物链上，酞菁共轭体系的相互作用受到化学键的限制。接枝单元之间的聚合物链的长度（0.74nm 或 1.22nm）足够长，可以防止酞菁环的聚集。因此，接枝在聚合物链上的酞菁官能团的光限制效应可以最大化。表 8-2 列出了一些代表性文献中研究的不同酞菁化合物的非线性吸收系数值。经过仔细的对比分析，可以看出在相同的浓度或相同的初始透射率下，研究的酞菁接枝聚合物显示 2.5×10^{-10}m/W（$T_0=89\%$）和 1.75×10^{-10}m/W（$T_0=71\%$）的非线性吸收系数优于代表性文献中发表的大多数传统金属酞菁[10~16]。本章研究的非聚集酞菁聚合物模型为开发具有优异性能的实用光限幅材料提供了新的思路。

表 8-2 代表性文献中报道的不同酞菁化合物的非线性吸收系数值

样品	浓度 /mol · L^{-1}	透过率 T/%	激光强度 I_0/W · m^{-2}	非线性系数 β/m · W^{-1}	参考文献
MA-VA-PcInCl	5.0×10^{-5}	89	2.19×10^{-11}（1μJ）	2.5×10^{-10}	本书
MA-VA-PcInCl	1.0×10^{-4}	71	2.19×10^{-11}（1μJ）	1.75×10^{-9}	本书
氧化石墨烯-锌酞菁	0.13mg/mL	58	—	3.0×10^{-9}	10
$EuPc_2$	2.2×10^{-4}	—	$(1.7\pm0.2)\times10^{12}$	3.27×10^{-11}	11
α-$EuPc_2$	2.16×10^{-4}	—	—	1.88×10^{-11}	11
β-$EuPc_2$	2.16×10^{-4}	—	—	1.24×10^{-11}	11
(*t*-Bu)4PcCo-*t*-*t*-CoPc(*t*-Bu)$_4$	甲苯	—	5.0×10^{12}	3.5×10^{-10}	12
GO-PcGa	DMF 1.0g/L	34.3	—	6.73×10^{-10}	13
t-Bu_4PcGaCl	—	87.6	—	2.84×10^{-10}	13

续表 8-2

样品	浓度 /mol · L^{-1}	透过率 T/%	激光强度 I_0/W · m^{-2}	非线性系数 β/m · W^{-1}	参考文献
GO-PcZn		53. 3	—	5. 12×10^{-10}	13
Pc-InArF	1. 0g/L	—	5. 0×10^{12}	3. 5×10^{-10}	14
Pc-InCl	1. 0g/L	—	5. 0×10^{12}	3. 2×10^{-10}	14
ClAlOPPc	1. 1×10^{-5}	—	1. 2×10^{11}	4. 22×10^{-11}	15
PbOPPc	1. 1×10^{-5}	—	8. 5×10^{10}	4. 76×10^{-11}	15
β-SnOtBpPc	6. 77×10^{-6}	—	10mJ	3. 88×10^{-10}	16
α-SnOtBpPc	氯仿	—		1. 47×10^{-10}	16

综上所述，为防止酞菁在溶液或固体介质中的聚集抑制光限幅性能，本章开发了一种新型非聚集酞菁接枝聚合物作为新型光限幅材料。将具有高光限幅效应的氨基取代酞菁（TA-PcInCl）接枝到马来酸酐（MA）和醋酸乙烯酯（VA）的共聚物基体上，得到一种新型酞菁接枝聚合物（MA-VA-PcInCl），该聚合物具有最佳的圆形或梯形结构，可有效防止酞菁环的聚集。结果发现，其较低的荧光猝灭和 T-T 湮灭概率，导致更长的寿命和更高的 T_1 态量子产率、更强的 RSA 过程和更好的非线性吸收效应。酞菁接枝聚合物 MA-VA-PcInCl 表现出的高非线性吸收系数（约 2.5×10^{-10}m/W（$T_0=89\%$）和约 1.75×10^{-10}m/W（$T_0=71\%$）），优于大多数传统金属酞菁，这为开发性能优异的实用光限幅材料提供了新的思路。

参 考 文 献

[1] Chen J, Li S Y, Gong F B, et al. Photophysics and triplet-triplet annihilation analysis for axially substituted gallium phthalocyanine doped in solid matrix [J]. J. Phys. Chem. C, 2009, 113: 11943~11951.

[2] Chen J, Zhang T, Wang S Q, et al. Intramolecular aggregation and optical limiting properties of triazine-linked mono-, bis- and tris-phthalocyanines [J]. Spectrochim. Acta, Part A, 2015, 149: 426~433.

[3] Brem B, Gal E, Gaina L, et al. Metallo complexes of meso-phenothiazinylporphyrins: synthesis, linear and nonlinear optical properties [J]. Dyes. Pigm., 2015, 123: 386~395.

[4] Kumar G A. Nonlinear optical response and reverse saturable absorption of rare earth phthalocyanine in DMF solution [J]. J. Nonlinear Opt. Phys. Mater., 2012, 12: 367~376.

[5] Zheng C, Huang L, Li W, et al. Encapsulation of cobalt porphyrins in organically modified silica gel glasses and their nonlinear optical properties [J]. Appl. Phys. B: Lasers Opt., 2017, 123: 27.

[6] Oluwole D, Nyokong T. Photophysicochemical behaviour of metallophthalocyanines when doped

onto silica nanoparticles [J]. Dyes. Pigm., 2017, 136: 262~272.

[7] Pelliccioli A P, Henbest K, Kwag G, et al. Synthesis and excited state dynamics of m-oxo group Ⅳ metal phthalocyanine dimers: A laser photoexcitation study [J]. J. Phys. Chem A, 2001, 105: 1757~1766.

[8] Lu T, Zhou Y X, Guo H X. Deformation of polymer grafted janus nanosheet: A dissipative particle dynamic simulations study [J]. Acta Phys. Chim. Sin., 2018.

[9] Dodsworth E S, Lever A B P, Seymour P, et al. Intramolecular coupling in metal-free binuclear phthalocyanines [J]. J. Phys. Chem., 1985, 89: 5698~5705.

[10] Song W, He C, Zhang W, et al. Synthesis and nonlinear optical properties of reduced graphene oxide hybrid material covalently functionalized with zinc phthalocyanine [J]. Carbon, 2014, 77: 1020~1030.

[11] Chen L, Hu R, Xu J, et al. Third-order nonlinear optical properties of a series of porphyrin-appended europium (Ⅲ) bis (phthalocyaninato) complexes [J]. Spectrochim. Acta, Part A, 2013, 105: 577~581.

[12] Garcı'a-Frutos E M, O'Flaherty S M, Maya E M, et al. Alkynyl substituted phthalocyanine derivatives as targets for optical Limiting [J]. J. Mater. Chem., 2003, 13: 749~753.

[13] Chen Y, Bai T, Dong N, et al. Graphene and its derivatives for laser protection [J]. Prog. Mater. Sci., 2016, 84: 118~157.

[14] Auger A, Blau W J, Burnham P M, et al. Nonlinear absorption properties of some 1, 4, 8, 11, 15, 18, 22, 25-octaalkyl-phthalocyanines and their metallated derivatives [J]. J. Mater. Chem., 2003, 13: 1042~1047.

[15] Sanusi S O, Antunes E, Nyokong T. Nonlinear optical behavior of metal octaphenoxy phthalocyanines: effect of distortion caused by the central metal [J]. J. Porphyrins Phthalocyanines, 2013, 17: 920~927.

[16] Louzada M, Britton J, Nyokong T, et al. Solvent effect on the third-order nonlinear optical properties of a- and b-tertbutyl phenoxy-substituted tin (Ⅳ) chloride phthalocyanines [J]. J. Phys. Chem. A, 2017, 121: 7165~7175.

9 金属酞菁及其复合材料电催化 CO_2 的性能研究

9.1 引言

化石能源能给人们带来极大的便利，但随着人们对化石能源的深度依赖，对化石能源的消耗不断增加，二氧化碳的排放量也随着逐步升高。大气中包含的二氧化碳含量是有限的，根据近 10 年的报道可知，自然界存有的二氧化碳与全球变暖成正相关[1~4]，影响了自然气候变化和世界环境，威胁着人类的可持续发展。近些年，人类广泛地运用新能源，如电能、水能、风能、太阳能、生物质能等，但是有些能源在应用的过程中受到一定的条件限制，不能大面积在市场上推广；而有些能源也存在一定的技术弊端，并不能完全取代化石能源。因此在能源利用的过程中，选择减少二氧化碳的排放显得尤为重要。从另一个角度来看，二氧化碳是重要的自然资源，也是多种资源的合成原料。通过捕捉二氧化碳实现直接、间接转化，将其作为循环碳经济中的一部分加以利用[5,6]，可以达到减少对化石能源的依赖、降低碳排放的目标。通过风能、太阳能等可再生能源将二氧化碳转为增值化学品和燃料是一种非常具有潜力的方法，可利用催化反应将可再生能源储存在化学键中让人们加以利用，促进人类的可持续发展。

二氧化碳本身的非极性线性分子结构决定了其稳定的化学性质，现在大多数的研究人员将二氧化碳还原成 $C_1 \sim C_3$ 碳氢化合物和碳氧化合物。对比二氧化碳和其他还原产物中的结构，二氧化碳中 C ═ O 键能（750kJ/mol）远高于待还原产物中 C—C（336kJ/mol）、C—O（327kJ/mol）或 C—H（441kJ/mol）等化学键的键能，还原二氧化碳面临着巨大的困难。通常电催化还原二氧化碳是在水溶液中进行的，水能够提供二氧化碳所需的质子。但是电解过程中伴随着析氢反应，而该过程阻碍了二氧化碳的还原，还原过程中将会消耗大量的能源。另外，在捕捉碳源时也存在着能源消耗，导致在整个捕捉、还原二氧化碳时会造成成本过高的情况，因此，不同的转化途径也需要符合期望的经济效益[7]，如图 9-1 所示。

可以选择将二氧化碳催化转化的方式，如电化学转化[8,9]、生物方法转化[10,11]、热能转化[12]、光催化[13]及其他手段。这些方法在还原二氧化碳的过程中都展现了一定的转化效果，在不同场合中能体现出各自的优势，如利用微生

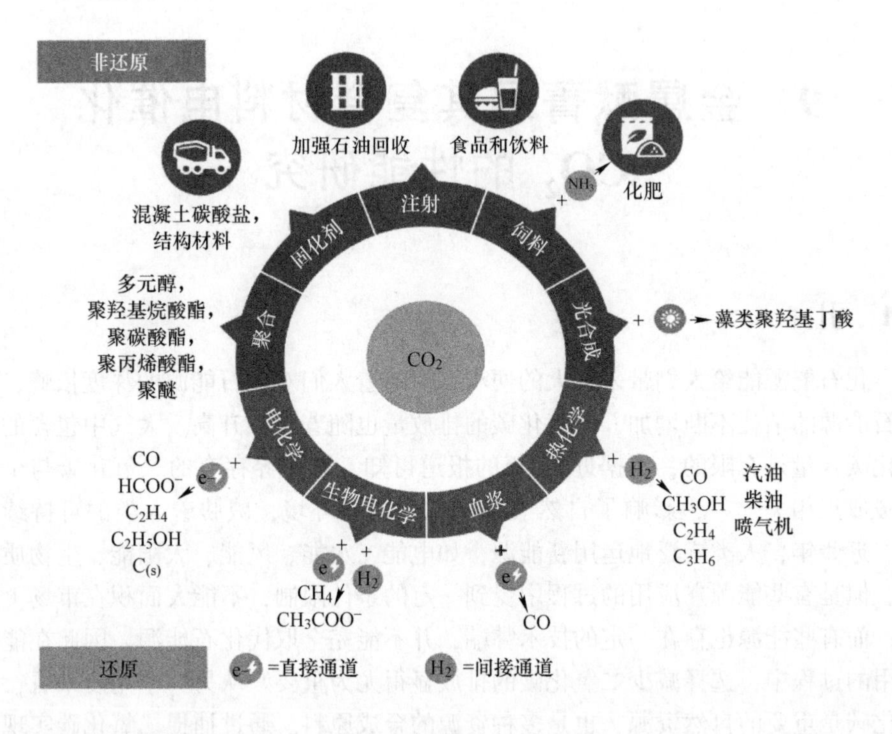

图 9-1　采用还原和非还原途径利用 CO_2 的主要产品[7]

物进行转化，相对于其他转化方式有着选择性方面的优势，微生物可以在代谢中产生较高选择性的 C—C 单键，有利于二氧化碳的还原。多种转化方法还在兴起阶段，研究人员在不断调控反应条件，提高催化效率，减少反应步骤，但仍存在一些技术瓶颈。

现如今的社会中，通过二次能源——电能，将二氧化碳还原成碳氢化合物或碳氧化合物是较为广泛的，如一氧化碳、乙烯、甲醇、甲酸、乙醇[14~19]等。反过来，可进一步使用增值化学品和燃料，以避免对化石燃料的依赖，减少每年的碳排放。与其他方式相比，获取电能的技术日趋成熟，且成本较低，这也为减少二氧化碳提供了有力的支持[7]。在单一的二氧化碳催化反应过程中，需要更高的能量来破坏化学键（见表 9-1），这样就可以引入吉布斯自由能较高的反应物，如氢、碳（石墨）等。因此，与单一的二氧化碳催化反应过程相比，电催化反应更容易进行[20,21]。由于二氧化碳具有较高的能量势垒和动力学惰性，电化学还原还需要高活性和高选择性的催化物质来减少反应阻碍，这可以提高二氧化碳[22]电化学还原的反应速率。所以第一个任务是选择合适的催化材料，可以提高二氧化碳的催化速率，同时降低催化温度。

表 9-1　选定性 CO_2 还原过程和在水溶液中相应的标准氧化还原电位[25]

还原反应过程	还原电位 (vs. SHE)/V
$CO_2(g) + 2H^+ + 2e = HCOOH(l)$	-0.25
$CO_2(g) + H_2O(l) + 2e = HCOO^-(aq) + OH^-$	-1.08
$CO_2(g) + 2H^+ + 2e = CO(g) + H_2O(l)$	-0.11
$CO_2(g) + H_2O(l) + 2e = CO(g) + 2OH^-$	-0.93
$CO_2(g) + 4H^+ + 4e = HCHO(l) + H_2O(l)$	-0.07
$CO_2(g) + 3H_2O(l) + 4e = HCHO(l) + 4OH^-$	-0.90
$CO_2(g) + 6H^+ + 6e = CH_3OH(l) + H_2O(l)$	+0.02
$CO_2(g) + 5H_2O(l) + 6e = CH_3OH(l) + 6OH^-$	-0.81
$CO_2(g) + 8H^+ + 8e = CH_4(g) + 2H_2O(l)$	+0.17
$CO_2(g) + 6H_2O(l) + 8e = CH_4(g) + 8OH^-$	-0.66
$2CO_2(g) + 2H^+ + 2e = H_2C_2O_4(aq)$	-0.50
$2CO_2(g) + 2e = C_2O_4^{2-}(aq)$	-0.59
$2CO_2(g) + 12H^+ + 12e = C_2H_4(g) + 4H_2O(l)$	+0.06
$2CO_2(g) + 12H^+ + 12e = CH_3CH_2OH(l) + 3H_2O(l)$	+0.08

对于不同的还原产物，通常选择高效的催化材料，例如，反向水气转移反应（RWGS）中的二氧化碳，最常用的催化剂是以 Cu-、Pt-、Rh-、Fe-、Ce-为基，以 Cu 催化剂和 Cu/ZnO 基催化剂为基础，可以促进甲醇的生成。对于 CO_2 甲烷化，以 Ru-、Fe-、Ni-、Co-和 Mo-为催化剂是最有效的，可以形成甲酸[23~25]。近几十年来，世界各地的研究人员在各种催化剂（金属、氧化物、分子配合物等）的研究和开发方面都取得了重大进展。其中，最吸引研究者的催化材料是由金属酞菁配合物衍生的复合材料。酞菁是一种四吡咯二维共轭大环结构，具有特殊的 18 个二维共轭 π 电子。结构中心的 4 个 N 原子为金属原子的插入提供了有利的位置。空的 H 原子可以被 70 多个金属原子取代，苯环的四角也为材料改性提供了广阔的空间和无限的机会，如图 9-2 所示[26]。在电催化二氧化碳中，金属酞菁可以作为反应的催化材料。同时金属酞菁分子具有易于获得、化学稳定性高、结构可调等优点[27~40]。

最近，一些研究人员以不同的方式将金属酞菁配合物与碳纳米管和石墨烯材料结合，形成了一种新的催化复合材料，它含有高效的催化性能和催化潜力，从而打破了二氧化碳在电催化过程中的势能屏障（见表 9-2）。例如，目前的催化产物通常是一氧化碳、甲酸、草酸[41,42]，但在复合材料催化后，可以获得更有

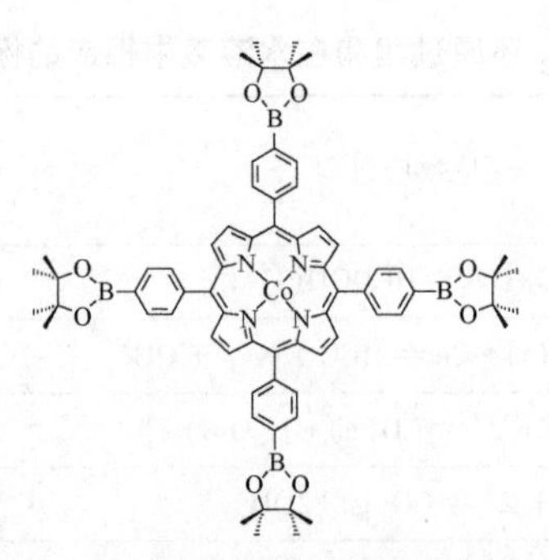

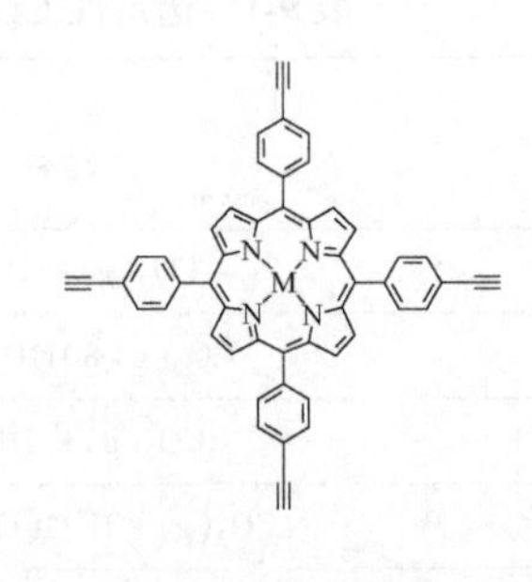

5, 10, 15, 20-四(4-溴苯基)卟啉
M=2H, Fe(Ⅲ)Cl, Co, Ni, Zn, Cu, Al(Ⅲ)Cl

5,10,15, 20-四(4-(4, 4, 5, 5-四甲基-1, 3, 2-二氧杂硼烷-2-基)苯基)卟啉，钴盐

5, 10, 15, 20-四(乙炔基苯基)卟啉
M=2H, Fe(Ⅲ)Cl, Fe(Ⅱ), Co, Ni, Zn

5,10,15,20-四(4-碘苯基)卟啉
M=Fe(Ⅱ), Co

5,10,15,20-四乙炔基卟啉
M=Zn, Co

5,15-双(4-氰基苯基)卟啉，锌盐

5,10,15,20-四-(4-氰基苯基)卟啉

5,10,15,20-四-(4-(9H-咔唑-9-基)苯基)卟啉
M=2H, Fe(Ⅲ)Cl

5, 10, 15, 20-四-(3, 5-二(噻吩-2-基)苯基)卟啉
M=2H, Fe(Ⅱ)

5, 10, 15, 20-四(4-(噻吩-2-基)苯基)卟啉

5, 10, 15, 20-四苯基卟啉
M=2H, Mn, Fe(Ⅲ)Cl

四-(2-(三甲基甲硅烷基)乙基)(卟啉-5, 10, 15, 20-四(苯-4, 1-二基))-四-(((叔丁基二甲基甲硅烷基)氧基)氨基甲酸酯)

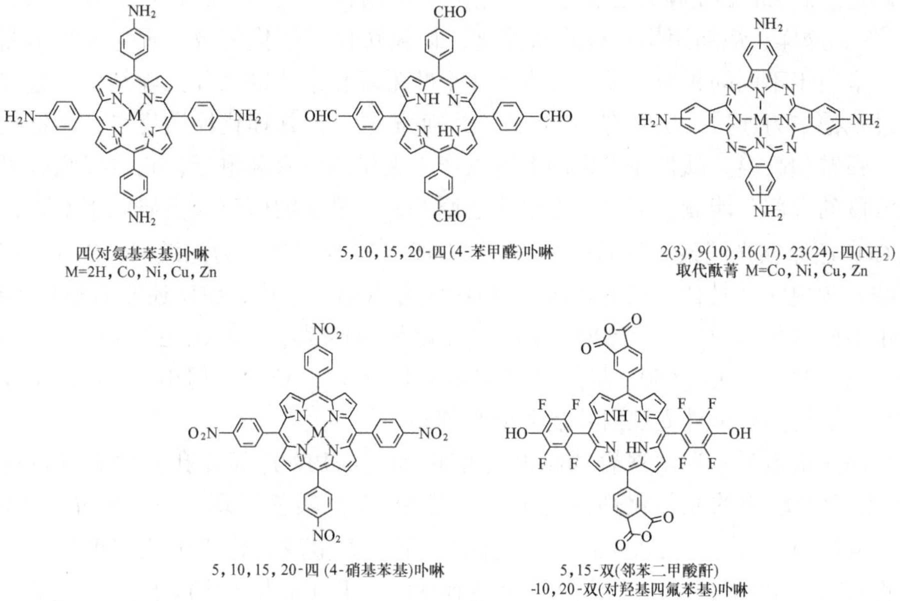

四(对氨基苯基)卟啉
M=2H, Co, Ni, Cu, Zn

5,10,15,20-四(4-苯甲醛)卟啉

2(3), 9(10), 16(17), 23(24)-四(NH_2)
取代酞菁 M=Co, Ni, Cu, Zn

5,10,15,20-四(4-硝基苯基)卟啉

5,15-双(邻苯二甲酸酐)
-10,20-双(对羟基四氟苯基)卟啉

图 9-2 卟啉和酞菁前驱体合成四吡咯大环基共轭 2D MPS/COFS 的分子结构[26]

利的催化产物（甲醇和其他化学增值产物）[43]，使催化复合材料具有更广阔的市场应用前景。然而，在催化二氧化碳还原过程中，金属酞菁复合材料需要分散在有机溶剂中，以避免酞菁分子[44]过度聚集导致活性位点面积暴露不足的问题，但仍面临高效催化活性和长期稳定性的基本挑战。

表 9-2 电化学还原 CO_2 的标准电位[55]

还原反应过程	还原电位/V
$CO_2 + 2H^+ + 2e \rightarrow HCOOH$	-0.61
$CO_2 + 2H^+ + 2e \rightarrow CO + H_2O$	-0.53
$CO_2 + 2H^+ + 2e \rightarrow HCHO + H_2O$	-0.48
$CO_2 + 2H^+ + 2e \rightarrow CH_3OH + H_2O$	-0.38
$CO_2 + 2H^+ + 2e \rightarrow CH_4 + 2H_2O$	-0.24
$CO_2 + e \rightarrow CO_2^-$	-1.90
$2H^+ + 2e \rightarrow H_2$	-0.42

9.2 金属酞菁的结构与性质

1907 年，A. Braun 和 T. C. Tcherniac[45] 意外地发现了一种蓝色化合物酞菁。在随后的几十年中，研究人员通过元素分析和单晶 X 射线衍射对其结构进行了表征和确定。Meshitsuka 等人发现这种类型的酞菁结构可以第一次有效地减少二氧化碳[46]。这样，最初用作染料的酞菁化合物被转移到催化领域。研究人员不断将酞菁应用于不同的领域。酞菁可视为 4 个卟啉环化形成的大环共轭结构。这些层通过范德华力连接，层中有 18 个二维共轭 π 电子，其理化性质稳定，能抵抗强酸、强碱和高温。酞菁在光作用下可以产生大量的空穴和电子，它可以吸收可见光波段的大部分能量，可用于光催化还原 CO_2。早期的研究人员研究了酞菁钴催化 CO_2 还原在光照条件下的行为[47]。以 TP（对叔苯基）为光敏剂，TEA（三乙醇胺）为电子牺牲体，在有机溶剂（DMF 或 CH_3CN）中，CO_2 还原为 CO，同时产生不同水平的 H_2。对于以酞菁钴为催化剂的体系，光催化还原 CO_2 为 CO 的 *TON*（周转数）值为 50。虽然可以实现光催化 CO_2 还原，但由于 TP 被用作光敏剂，因此需要紫外光照射才能完成光催化。

有团队报道了一种由聚合物钴酞菁催化剂（CoPPc）和介孔氮化碳（mpg-CN_x）作为光敏剂的光催化剂，用于 CO_2 还原[48]。实验发现，在紫外光（AM 1.5G，$100mW/cm^2$，$\lambda>300nm$）和有机溶剂下，无金属杂化光催化剂可以选择性地将 CO_2 转化为 CO，60h 后 *TON* 可达到 90%（以 Co 为基础）。此外，光催化剂在可见光（$\lambda>400nm$）下保持 60%的 CO 转化活性，并表现出中等的耐水性。酞菁的原位聚合可以控制催化剂负载量，这是光催化 CO_2 转化的关键。大多数光催化材料只能在紫外光照射下工作，金属酞菁不受这种条件的限制，但光催化效率和还原性不如电催化。当前酞菁电催化 CO_2 的领域还存在许多亟待解决的问题，如进一步提高金属酞菁光催化二氧化碳的性能，光催化反应机理还有待深入研究，特别是 CO_2 在复杂中心的转化机理有待阐明。该报道的二氧化碳还原产物体系是双电子还原产物 CO 或甲酸，因此，酞菁催化剂分子[49]的设计仍有很大的改进空间。

此外，酞菁的光学性能也很明显。在可见光区（600~800nm）有一个强吸收 Q 带，它起源于双简并 π-π^* 在 A_{1g}（a_{1u}^2）基态和第一激发单重态之间的跃迁，具有 $E_u(a_{1u}^1e_g^1)$ 对称性，在近紫外区（300~400nm）有一个强吸收 B 带，它起源于从 a_{2u}或 b_{2u}轨道到 e_g轨道的跃迁（见表 9-3）[50]。酞菁的中心位置可以被金属原子取代，改变层间结构。当对没有取代基的金属酞菁配合物进行光谱分析时，金属电荷的增加对 Q 带没有明显的影响，对 B 带有显著的影响。根据 B 带向蓝带方向移动的现象，证明金属配体离子可以影响酞菁环 π-π^* 跃迁，对酞菁的整体结构有显著影响。因此，金属原子的引入可以调节层间距以增加电子云的重叠程度，提高酞菁结构的稳定性和导电性。金属原子的引入也提高了酞菁的整体催化活性。由于中心空位中的金属离子不同，金属离子与底物之间的电子通信程度不同，金属酞菁的催化效果也不同，在不同的反应中可以作为催化活性剂用，如图 9-3 所示。

表 9-3 酞菁的紫外可见吸收光谱[50]

金属酞菁	B 带吸收 /nm	Q 带吸收 /nm
CuPc	339	617
MnPc	330	609
CoPc	327	656
ZnPc	310	668

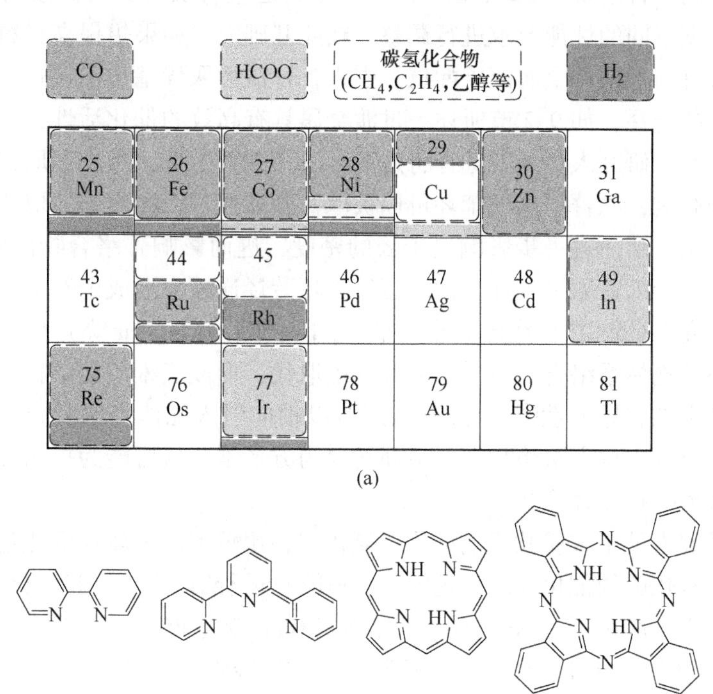

二吡啶 三吡啶 卟啉 酞菁

(b)

图 9-3 不同金属催化剂的催化产品分布情况（a）和一些用于非均相电化学 CO_2 还原的常见中心配体单元（b）[55]

大多数研究人员选择结合过渡金属元素（如 Re，Ru，Fe，Co，Ni 等）用作酞菁中心配体。因为电催化还原二氧化碳的过程涉及多个质子耦合电子转移步骤。可以表现出多种价态氧化还原能力，从而达到预期的效果[51,52]。当不同过渡金属原子取代中心位置时，可以与酞菁配位产生高效的催化性能，有利于二氧化碳含碳中间体的形成，促进二氧化碳的电催化还原。马纳森等人[53]发现，不同金属离子的取代导致金属酞菁配合物（MPc）的催化活性与氧化还原电位密切相关。反应中氧化电位的顺序为：$Ni^+ > Cu^+ > Zn^+ > Co^+ > Fe^+ > Mn^+$，催化性能的顺序为：$Mn^+ > Fe^+ > Co^+ > Zn^+ > Cu^+ \approx Ni^+$。在电催化还原过程中，应选择低电位金属离子，以提高酞菁配合物的催化活性。Chen 等人[54]研究结果表明，在燃料电池阴极工作条件下，FePc 的稳定性不如 CoPc。酞菁的各种特定催化性能、电化学性能和光学性能可归因于其自身的离域效应和大环共轭结构。

9.3　金属酞菁电催化二氧化碳

选择金属酞菁电催化二氧化碳的最大优点是它与酞菁具有高度对称的环结构，可以根据不同的性能要求进行调整。在此基础上，如果想提高材料的催化活性，可以通过与不同的金属离子配位，引入各种活性取代基来实现这一目标。关于金属离子的选择，如 9.2 节所述，过渡金属具有高效的催化活性，可以成为多电子反应中心。研究人员通常选择将过渡金属与酞菁配位，考虑到取代基对金属酞菁结构的影响，酞菁周围的苯环可以被取代基取代。因为不同的取代具有推或拉电子的作用，从而进一步影响电子云的密度，进而影响菁络合物的整体活性。也可以认为多个酞菁通过苯环、萘、蒽等多环芳烃连接，形成全新的大环共轭结构。一些研究人员使用了稀土金属（如 Y、La、Eu、Yb、Lu 等）作为中心离子与酞菁大环共轭体系络合，由多个活性基团取代，形成三维层状结构，实现了较高的循环稳定性和导电性[28]。此外，还可以轴向引入配体来调节金属酞菁的活性。金属中心的配位方法将从方形平面转变为方形锥，这可能为提高金属配合物的活性提供另一种途径[55]。

一些研究人员用金属酞菁电催化二氧化碳，比较不同金属在催化过程中的活性，探索二氧化碳的催化反应机理[56]。利用密度泛函理论计算和分析实验结果，探讨不同中心金属离子（Mn、Fe、Co、Ni、Cu）对电催化的影响。根据测试结果，建立了 *COOH 形成能与 *CO 解吸能之间的线性函数关系。如图 9-4 所示，可以观察到，这种线性函数关系在 *COOH 的形成和 *COOH 的解吸过程中形成了一条倒火山曲线。在实验选择的金属离子中，当钴离子的反转火山曲线接近 −0.5eV 时，*COOH 形成能火山峰和 *CO 解吸能反转火山峰最接近。结果表明，酞菁钴中存在较高的一氧化碳生成活性中心。

图 9-4 在比较了不同金属中心离子的催化活性后，进一步探讨了二氧化碳电催化反应的机理。电催化还原有 4 种反应过程，即 CO_2 生成 $^*CO_2$，$^*CO_2$ 生成 *COOH，*COOH 生成 *CO，最后 *CO 生成 CO；如图 9-5 所示[57]。最近，有研究人员使用电化学扫描隧道显微镜分析了酞菁钴催化二氧化碳的还原过程，揭示了第二步是 CO_2RR 在酞菁钴上反应的速率限制步骤[58]。

$$\mathrm{Co^{II}Pc + e \longrightarrow Co^{I}Pc} \tag{9-1}$$

$$\mathrm{Co^{I}Pc + CO_2 \rightleftharpoons Co^{I}Pc{-}CO_2} \tag{9-2}$$

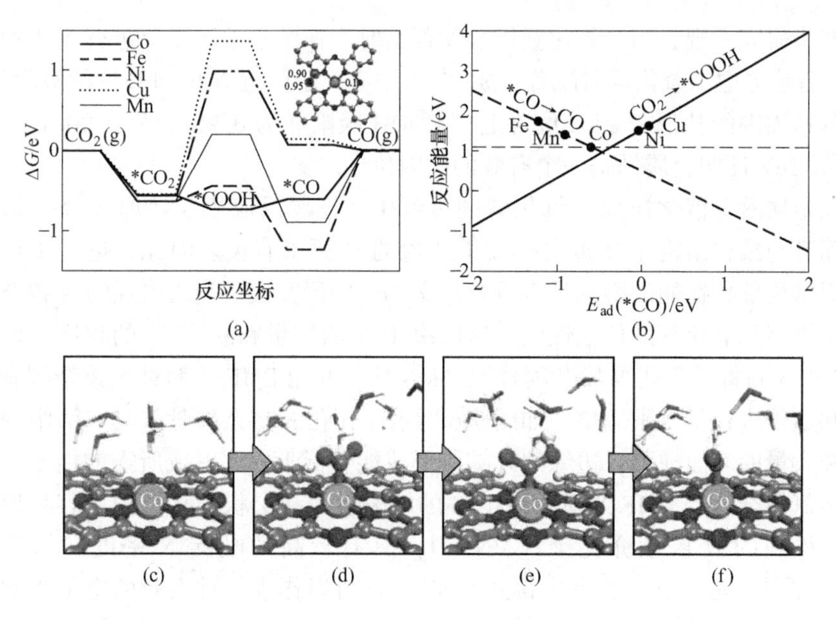

图 9-4 采用 DFT 计算电催化 CO_2RR 成为 CO 的理论分析

(a) MePc 电极计算的自由能图，嵌体显示了 *COOH（以 eV 计）在 CoPc 不同位置的吸附能；(b) 对 5 种 MePc 电极拟合的 *CO 解吸（*CO→CO）和 *COOH 形成（CO_2→*COOH）图；在水层中存在氢原子的情况下：(c) CoPC；(d) 吸附 CO_2；(e) 形成 *COOH；(f) 吸附 *CO 的初始条件

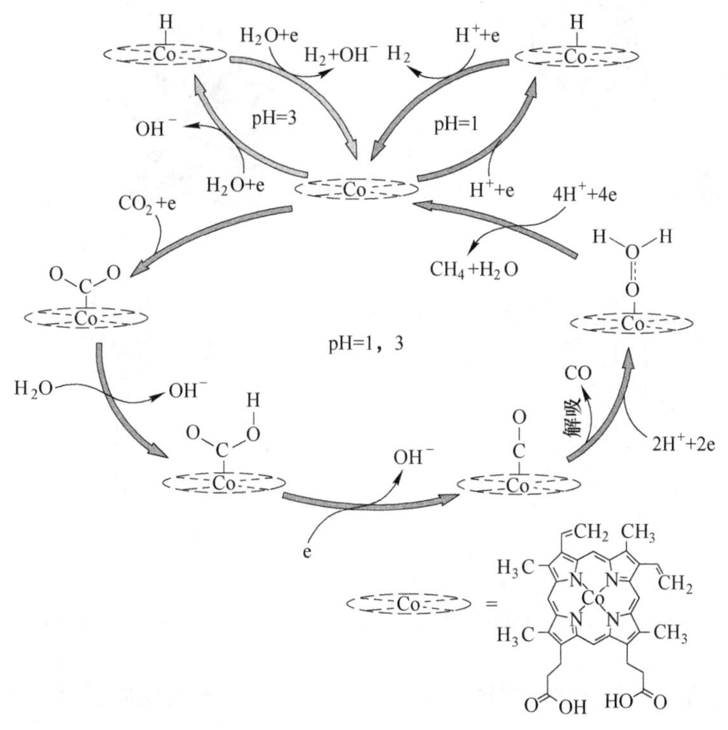

图 9-5 电催化还原的四种反应过程[57]

（CO_2 生成 *CO_2，*CO_2 生成 *COOH，*COOH 生成 *CO，最后 *CO 生成 CO）

初步研究发现，当二氧化碳接触酞菁钴时，在中心钴原子上进行了 4 种反应过程。后续考虑二氧化碳对酞菁金属[58,59]中心离子附近 N 位和 C 位的吸附作用。在酞菁钴周围的其他 N 和 C 位置上，*COOH 吸附能为 0.95eV 和 0.90eV。在 Co 位的−0.1eV 证明金属钴是一个有效的吸附位点。

在金属酞菁催化还原二氧化碳的过程中，还原反应不仅还原在金属钴离子上，而且与酞菁结构中金属中心离子旁边的 N 原子有关。因此，进一步讨论 N 原子对结构催化性能的影响具有重要意义。一些研究人员利用增强的 N 掺杂在介孔碳中提高二氧化碳的催化性能，这取决于 N 的数量和缺陷[60]的程度。该实验采用 ZIF-8 制备了介孔 N 掺杂碳骨架（MNC），并用 DMF 溶剂对 N 掺杂碳骨架的结构和数量进行了水平调整，如图 9-6 所示。介孔 N 掺杂碳骨架具有清晰的介孔结构和大量的表面缺陷，边缘的吡啶氮形成能量低于内部形成所需的能量，有利于吡啶氮掺杂。经 DMF 处理后，MNC 的缺陷表面和层状多孔结构更容易形成吡啶 N，得到的 N 掺杂介孔碳（MNC-D）具有较高的吡啶 N 密度和缺陷，是 CO_2RR 活性中心。在实验室中得到的 MNC-D 可以作为一种有效的电催化剂，用于将 CO_2 电还原为 CO，法拉第效率高达 92%。二氧化碳的部分电流密度为 $-6.8mA/cm^2$，相对于 RHE 的电位为 −0.58V，与其他介孔碳结构相比，可以显著增强二氧化碳的结合强度，这是进一步还原二氧化碳的必要过程[61~64]。

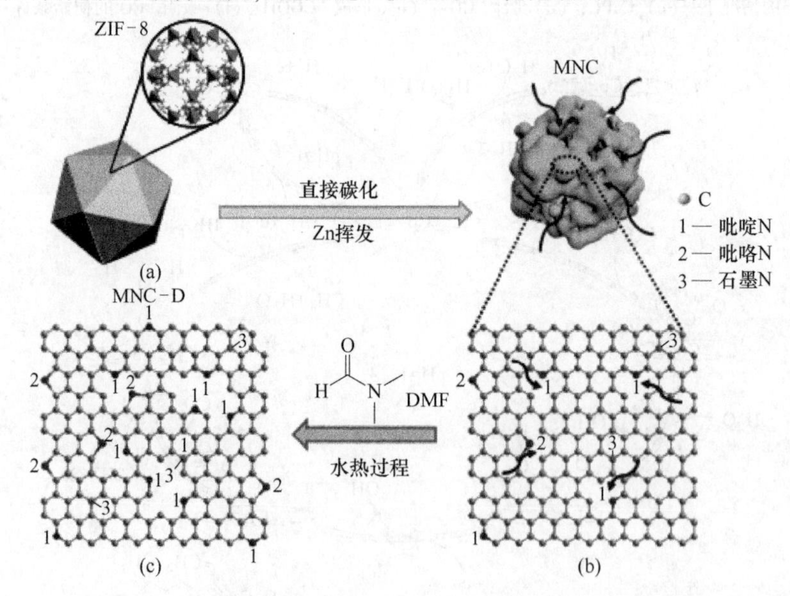

图 9-6　合成 MNC-D 的程序原理[60]

（a）ZIF-8；（b）由 ZIF-8 热解得到的 MNC；（c）用 DMF 溶剂处理 MNC 制备 MNC-D

在此基础上，本章进一步探究电催化还原二氧化碳的反应机理。在 CO 过电位与部分电流密度关系图中，MNC-D 和 MNC 的 Tafel 斜率分别为 138mV/dec 和 359mV/dec。斜率接近理论值 118mV/dec，表明化学反应速率的测定是第一个单电子转移步骤[65]。据此，提出了电催化反应机理，如图 9-7 所示。首先，电子被转移到二氧化碳分子上，形成中间的 CO_2^-，然后形成 *COOH 中间体，最后是第二个质子化/脱水步骤形成 *CO。然而，得到的 *CO 中间体与催化剂表面弱结合，因此，它很容易从表面解吸，并作为主要反应产物出现。在机理分析的基础上，选择其他碳材料进行测试，了解原始碳骨架的关键作用。

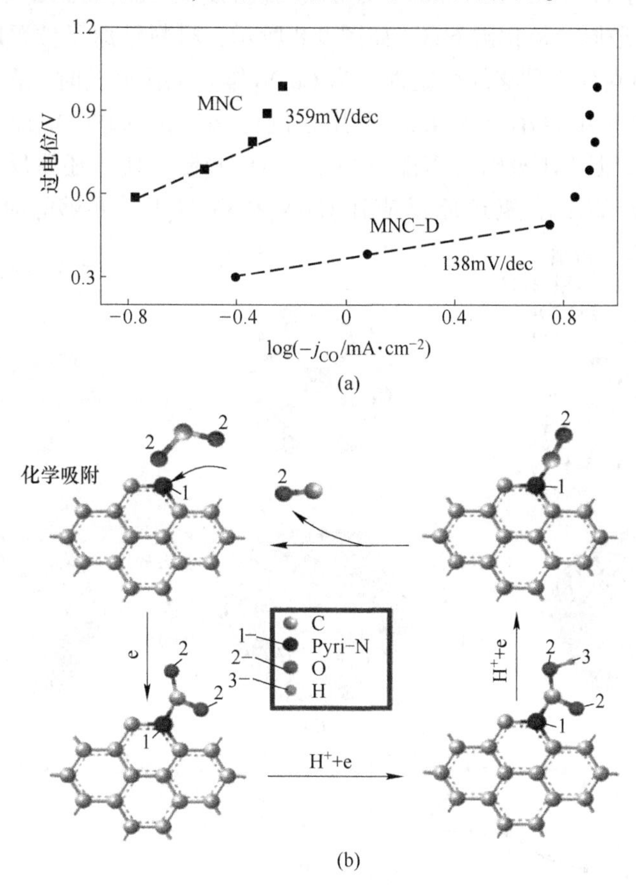

图 9-7 电催化还原二氧化碳的反应机理[60,65]

（a）MNC-D 和 MNC 在不同应用电位下部分 CO 电流密度的 Tafel 曲线；

（b）MNC-D 电还原 CO_2 的反应路径

研究人员还选择了纯 CNT 和 GO 材料在同一过程中进行加工。XPS 分析结果表明，CNT-D 和 GO-D 的 N 含量很低，分别为 0.89%和 1.20%。与 MNC-D 相比，吡咯 N 在 CNT-D 和 GO-D 中都占主导地位，CO_2 催化性能较低，主要产物为 H_2。

与含羟基（—OH）、环氧、羰基和羧基（—COOH）的碳基体相似，氮掺杂是不利的[55]。

有文献报道，具有 Co-N_x 结构的富碳材料是具有优异催化性能的有效二氧化碳电催化剂。与 N 原子配位的单个 Co 原子（称为 Co-N_x）可以特定的方式选择性地制备[66]。采用 Co-N_x 型结构的富碳材料作为二氧化碳的电催化剂，并根据 N 的数量具有不同的性能。结果表明，Co-N_2 材料具有较好的催化效果。实验中的初始电位为 110mV，在 -0.63V 处的电流密度为 18.1mA/cm^2，FE_{CO} 的值为 95%。当继续还原二氧化碳 60h，如图 9-8 所示，材料钴原子位置附近无明显结构变化，证明其具有足够的稳定性。当 Co-N_4 作为工作电极时，在 -0.83V 处检测到的最大法拉第效率仅为 4.2%。用密度泛函理论（DFT）计算，具有较高的 *H 吸附能，且 *H 吸附所需能量小于 *CO_2 吸附，使氢还原反应发生在 CO_2 还原反应之前。因此，氢还原反应比 Co-N_3 和 Co-N_4 具有足够的动力学优势，从

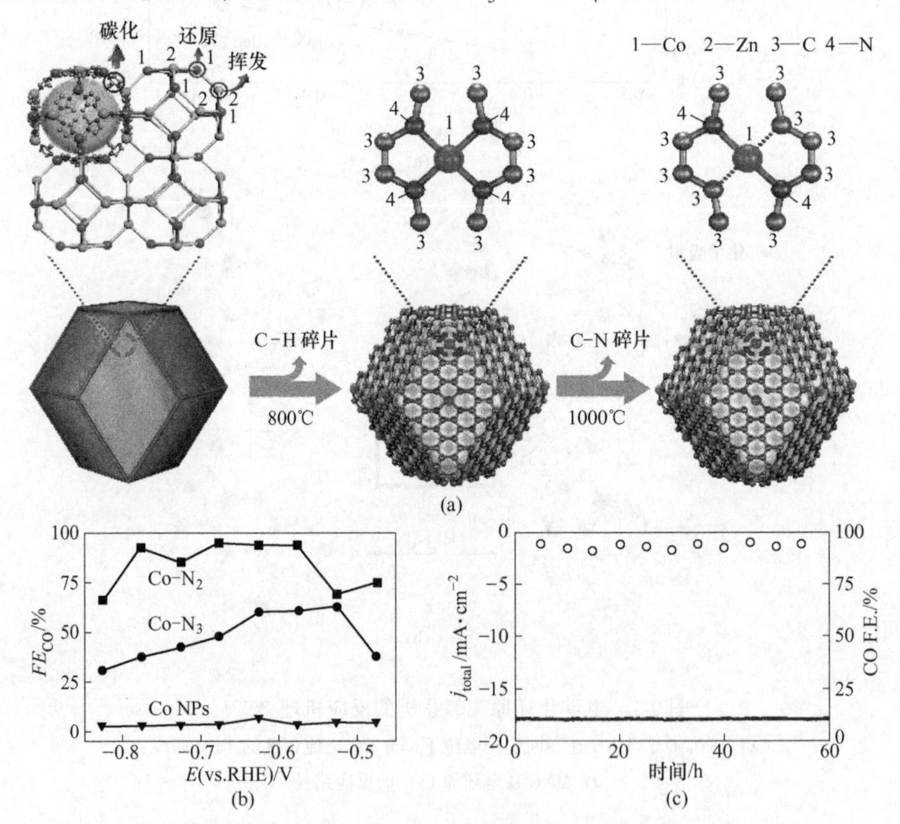

图 9-8　具有 Co-N_x 结构的富碳材料及其电催化性能[66]

（a）Co-N_4 和 Co-N_2 的形成过程示意图；（b）不同应用电位下 CO 法拉第效率；

（c）在 -0.63V 催化稳定性试验 60h

而降低了二氧化碳的法拉第效率。从结构上看，$Co-N_2$ 催化剂中未填充的三维轨道有利于增强 *COOH 的吸附能，从而提高二氧化碳还原性能[67]。在高温[68]下热解后，Co-Pc 与聚合物衍生的 HNPCS 相互作用，合成中空的 N 掺杂多孔碳纳米球（表示为 $Co-N_5$/HNPCS）。当 $Co-N_5$/HNPCS 作为电极时，在 -0.75V 左右产生的 FE_{CO} 的值超过 99%，电流密度为 $6.2mA/cm^2$，保持 10h 不变。在 $CO-N_5$/HNPCS 的活性位点，COOH 的强吸附能和活性位点 CO 分子的中等结合能提高了 CRR 性能。因此，电催化二氧化碳材料的选择还需要考虑 N 型（吡啶 N、吡咯 N、石墨 N）和相应的含量对二氧化碳还原的影响。

在后来的研究中发现，在二氧化碳催化还原酞菁钴的过程中，它不仅还原在金属钴离子上，而且与酞菁结构金属[69]中心离子旁的 N 原子有关。因此，研究人员提出了一种双活性位点反应机理[70]。在金属酞菁结构中，金属钴离子与周围的 N 原子配位，在 N 原子上存在质子化二氧化碳的活性中心（见图 9-9）。

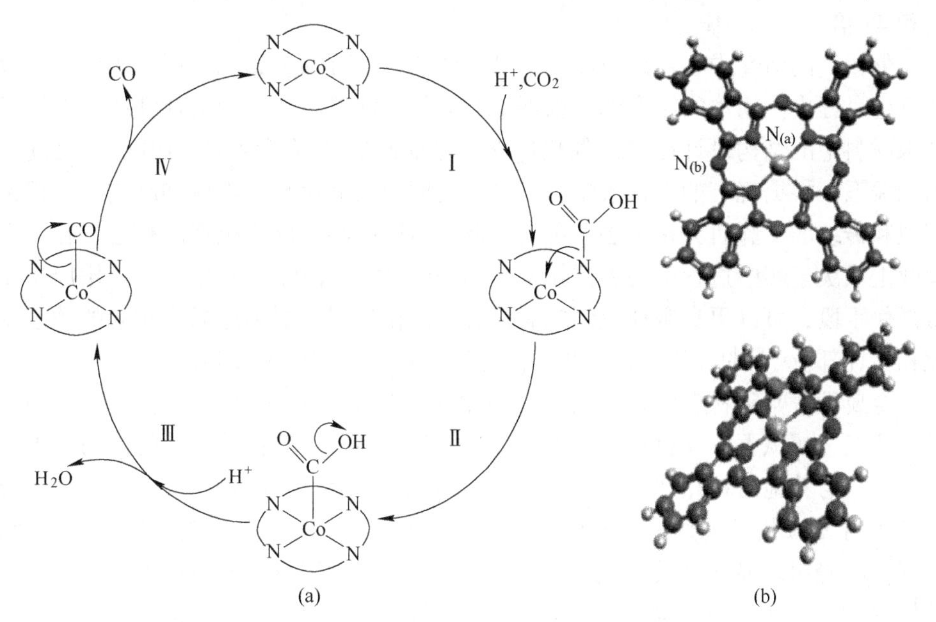

图 9-9 钴酞菁分子结构及其双活性位点反应机理[70]

（a）光谱计算模型的分子结构 *COOH 中间体在 N(A)位；（b）提出了在 CoPc 上电化学还原 CO_2 为 CO 的双活性位点反应机理方案

当二氧化碳与 N 接触时，它将协调形成 *COOH 中间体。然后，由于外加电场的作用，*COOH 中间体从 N 原子位置移动到中间金属钴原子位置。在受到质子攻击后，*COOH 分解成 H_2O 和 *CO。最后一步，将附着的 *CO 基团从 CoPc 中解离形成分离的 CO 分子，再生原有的 CoPc，从而完成电化学还原催化循环。在整个过程中，氮原子与钴原子之间的空间距离促进了 *COOH 中间体的转移，

钴原子在 * COOH 吸附能与 * CO 离解能之间有很好的平衡，有利于一氧化碳的形成。推测单一的原始 Co-N 是 CO_2 活化的主要活性中心，快速形成关键反应中间体 * COOH 和 CO 脱附。此外，* COOH 提供的空间位阻可以有效地抑制 HER 反应，降低氢还原电位，提高产物选择性和转化效率。总之，酞菁钴对二氧化碳的整体还原具有高效的催化活性。

虽然双活性位点反应机理重新解释了催化反应的过程，但对反应的活性位点仍存在争议。最近，研究人员使用具有明显氮碳构型的酞菁（Pc）和卟啉作为催化剂进行了电催化实验分析[71,72]。通过对催化材料的拉曼光谱表征和 TEM 图像分析，发现金属酞菁在电催化二氧化碳前后的结构没有变化，没有形成 Co—N 键。用 XPS 观察到金属钴和酞菁相互作用，具有良好的稳定性。相关实验表明，金属钴纳米粒子能显著提高 CO_2RR 的活性和选择性。当 Co@ Pc/C 为 -0.9V 时，法拉第效率为 84%，一氧化碳电流密度为 $28mA/cm^2$，分别是无钴纳米粒子的 18 倍和 47 倍。

催化剂的活性中心可以在原子水平上调节，酞菁的金属原子可以被修饰。改变反应过程中中间体的结合能，根据结合能的不同提高产物的选择性控制。原子纳米材料上的结构设计提高了催化性能，更准确地解释了结构与功能[73]之间的功能关系。根据现有的设计策略，可以准确地控制催化剂的组成和结构，但理论模拟和传统的实验研究是无法避免的。催化活性中心是反应机理的核心，在很大程度上取决于实验过程中的表征技术，如 HRTEM、XAFS、STM 等。采用原子显微操作手段，可以更直观地看到二氧化碳的催化过程，准确地揭示实验的动态变化和活性部位[74]的性质，进一步提高金属酞菁分子的稳定性和选择性。

金属酞菁与碳材料结合，结合了均相催化和非均相催化工艺的优点。此外，可以改变金属酞菁和碳材料的结构，提高催化活性、二氧化碳的吸附能力和电催化效率。与其他材料相比，更容易合理地设计和设想这种材料的结构[75]。研究人员利用 XPS 技术观察了电催化二氧化碳反应前后吡啶氮和吡咯氮的峰的变化，发现 N1s 峰出现显著变化。吡啶 N（398.5eV）的相对含量从 38%降低到 27%。其他 N 组分（400.1eV，吡咯 N）的相对含量从 62% 增加到 73%（见图 9-10）。XPS 峰的变化清楚地证明了二氧化碳吸附在吡啶 N 上并还原成一氧化碳，而不是吡咯 N。当第一步中的电子转移到二氧化碳时，在吡啶 N 的表面形成了 * COOH。通过对 3 个样品的比较，观察到第一步中的电子转移在单个酞菁结构中形成了 * COOH作为速率限制步骤，第一步在 Co(111) 和 Co(111)@ Pc 上的势垒明显降低。接下来，* COOH 与另一个电子和质子结合形成 * CO 并释放 H_2O。根据图 9-10，Co(111)@ Pc 和 * CO 弱结合，而 * CO 的解吸会自发形成 CO。然而，在 Co(111)表面，CO 脱附是一个限速步骤，对自由能源的需求更高。这表明 Co(111)表面很容易被强吸附的 CO 腐蚀。因此，可以看出 Co(111)@ Pc 促进了

CO_2 和 * COOH 的吸附，Co(111)@Pc 与 * CO 之间的弱相互作用有助于 CO 的解吸。通过提高 CO_2RR 的性能，比较酞菁钴，发现金属钴原子可以降低势垒，提高二氧化碳的催化还原性能。

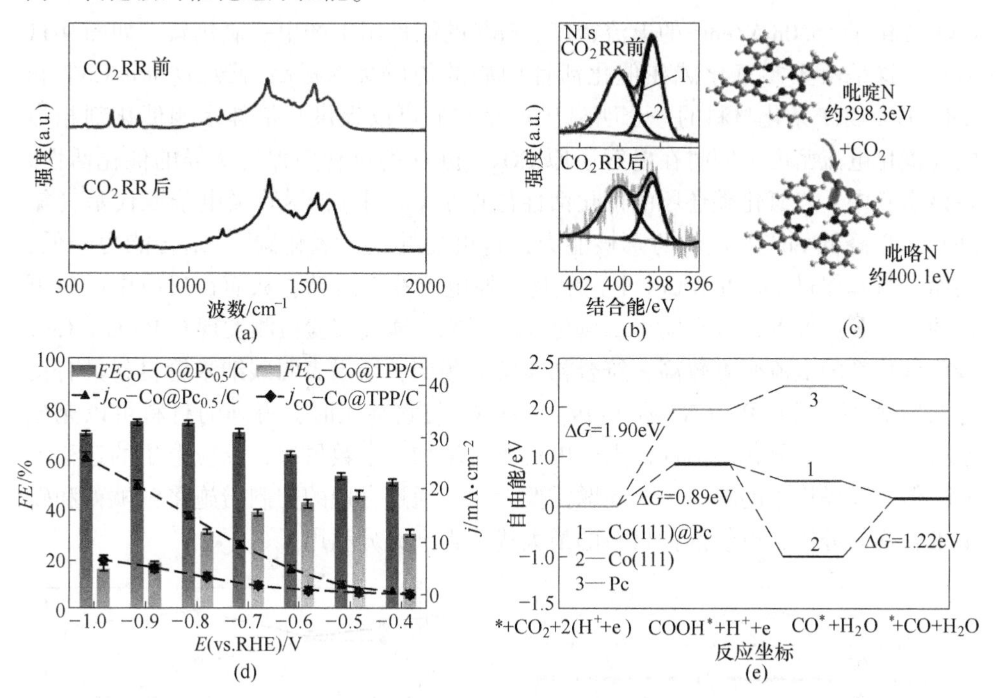

图 9-10 酞菁结构中吡啶氮和吡咯氮在电催化二氧化碳反应中的作用[71]

(a) 拉曼光谱；(b) Co@ Pc/C 电极 CO_2RR 还原前后的 N1s XPS 光谱（线 1—吡啶 N；线 2—吡咯 N 或吡啶 N）；(c) 通过吸附 CO_2 在吡啶 N（B. E：结合能）上形成吡啶 N 的原理；(d) 用于 CO_2 还原的 Co@ TPP/C 和 Co@ $Pc_{0.5}$/C 上的 FES 和部分电流密度；(e) 计算的 Co(111)、Pc 和 Co(111)@ Pc 在 0V 与 RHE 的自由能（星号（*）表示吸附位置，* 与物种表示表面结合物种）上的 CO_2RR 到 CO 的自由能

9.4 酞菁与 CNTs 复合材料电催化还原 CO_2

日本专家 S. Iijima[76] 1991 年用电弧法制备了 C_{60}，因此偶然发现了一种由管状同轴纳米管组成的碳分子（碳纳米管）。碳纳米管中的碳原子与周围的 3 个碳原子相连，主要是通过 sp^2 杂化形成六方网络结构。六方网络结构弯曲变形，导致 sp^3 杂化[77]。这两种杂化的混合比例是由六方网络结构的弯曲程度引起的。碳纳米管可以表现出良好的强度和稳定的化学性能。

钴酞菁与碳纳米管的复合催化材料可以产生优异的催化效果。通过原位聚合，复合材料可以具有更多的催化位点[78,79]，提高了电催化反应动力学的效率，具有更优化的催化性能。有机材料与无机材料的结合，延长了催化反应时间，拓宽了催化反应效果。张邢等人[80]将酞菁钴与碳纳米管重组，用氰基取代酞菁上的氢，进一步检测材料的催化性能。在 0.1mol/L $KHCO_3$ 中，测量到 CoPc-CN/CNT 提供了 15.0mA/cm^2 的电流密度，98%的能量用于产生一氧化碳，如图 9-11 所示。这是由于二氧化碳在催化活性中心的传质效率提高所致。CoPc/CNT 和 CoPc-CN/CNT 杂化材料的一个明显优点是它们可以提供与最佳多相催化剂相当的高催化电流密度，同时在电解还原 CO_2 到 CO 的过程中保持优异的催化活性。在该实验中，二氧化碳还原的催化活性位点是 Co(Ⅰ)，尽管吸电子取代基（氰基）可以降低 Co(Ⅰ) 位的亲核能力，这可能导致二氧化碳[81]结合能力降低，然而，氰基促进 Co(Ⅱ)/Co(Ⅰ) 氧化还原电位的正运动，从而在反应中产生更多的 Co(Ⅰ) 位点，也有助于二氧化碳的还原。通过实验检测发现 CoPc-CN/CNT 杂化催化剂的电流密度较高，符合初步实验预期，结果表明碳纳米管材料具有良好的导电性。当 CoPc/CNT 和 CoPc-CN/CNT 与它杂化时，得到的材料可以充分暴露其自身的二氧化碳活性位点。电流密度增加一个数量级，反应电子的迁移加速。但实际操作中的材料堆放问题需要考虑，通过合理的控制措施将钴酞菁和碳纳米管均匀分散，可使两种材料的最大优势得到充分利用。

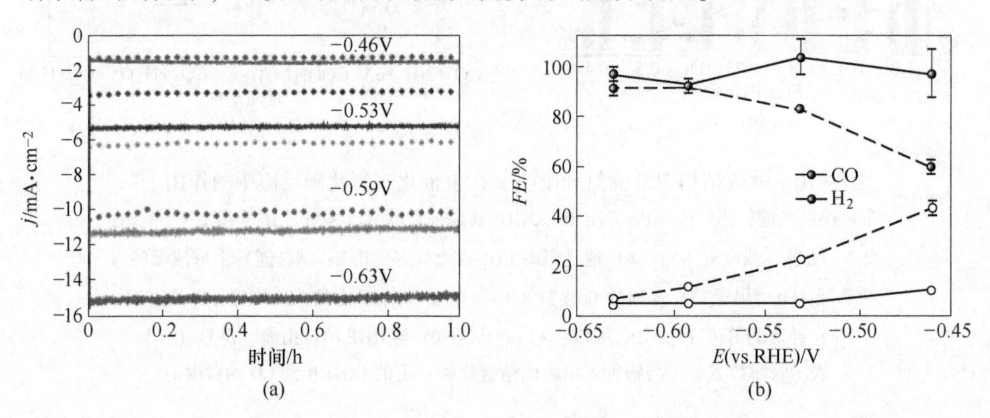

图 9-11 CoPc-CN/CNT 复合材料 CO_2 电催化性能

（a）与 CoPc/CNT（虚线）相比，CoPc-CN/CNT（实线）在不同电位下的还原产物的波纹图；（b）法拉第效率

在最新的研究成果中，Wu 等人[82]通过特定的溶液将酞菁钴和碳纳米管合理分散，它们属于同一个大的 π 键系统，可以相互作用和粘在一起。将酞菁钴固定在碳纳米管上，二氧化碳还原的主要产物是一氧化碳，法拉第效率最大达到 95%，目前具有较高的负极电位，可以进一步催化生成具有明显活性和选择性的甲醇。在转化过程中，二氧化碳得到 2 个电子生成一氧化碳，一氧化碳变成中间产物，再得到 4 个电子生成甲醇，这种特殊的链式反应过程持续进行。甲醇二氧

化碳电催化生成的初始电压为 -0.82V，一氧化碳转化的法拉第效率高于 40%。与以往的研究相比，转换效率一般小于 1%，电流密度小于 $1mA/cm^2$（见图 9-12）。

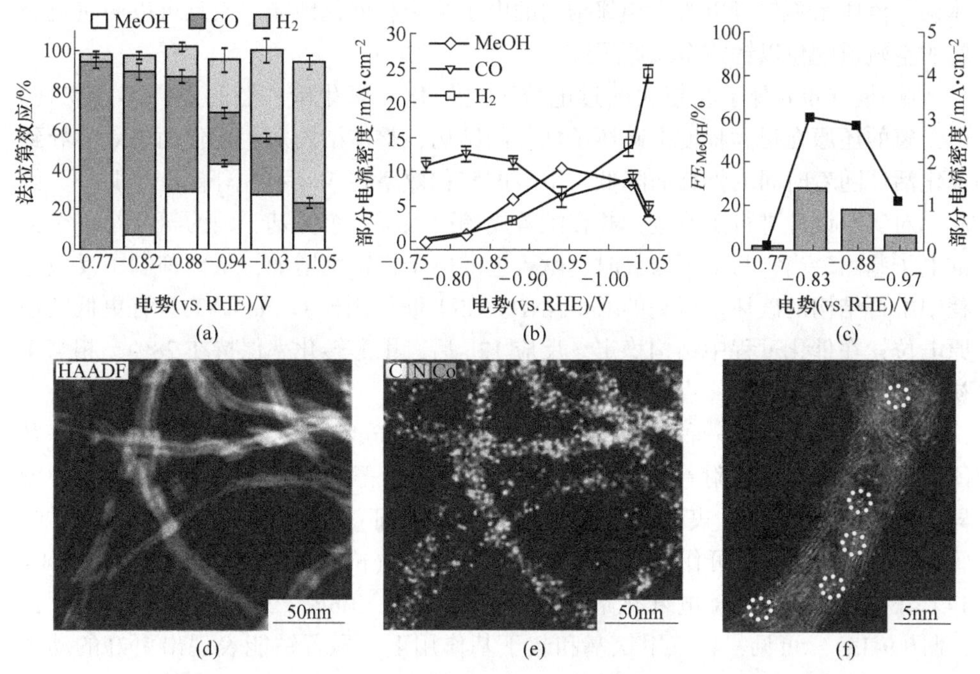

图 9-12 负载在碳纳米管上的 CoPc 分子对 CO_2 和 CO 还原的催化性能

相对于电极电位的不同产品的产品选择性（a）和部分电流密度（b），误差条表示与 3 个测量值的一个标准差；（c）CoPc/CNT 催化的 CO 电还原过程中产生 MeOH 的电位限元和部分电流密度；（d）CoPc/CNT 的扫描电镜-HAADF 图像；（e）相应的覆盖 EDS 地图的 Co、C 和 N；（f）CoPc/CNT 的原子分辨率 STEMHAADF 图像（圈出的亮点对应于单个 CoPC 分子的 Co 中心）

二氧化碳还原为甲醇的重要因素是钴酞菁在碳纳米管上的纳米级分散，这也有利于金属原子的均匀分散，增加二氧化碳的催化位点[83,84]。根据扫描透射电子显微镜（STEM）图像和色散光谱（EDS）可以观察到碳纳米管上的钴原子均匀分散。图 9-12 比较了酞菁钴与碳纳米管的直接混合或纳米尺度的分散。直接混合得到的甲醇含量低于纳米级分散含量，这证明了在纳米级的分散程度对于二氧化碳转化为甲醇至关重要。在后续的实验过程中，还需要考虑原材料的多余部分，否则多余的原材料被堆放，影响测试的性能。在金属酞菁的电催化反应过程中，金属原子依赖酞菁和碳纳米管，它们是催化反应的核心。为了获得更稳定的金属中心，优化金属中心的电子结构，钴酞菁可以更好地与碳纳米管复合，选择碳纳米管掺杂氮原子，从而实现碳纳米管与酞菁[85]中心金属原子的紧密配位；

同时，最大可能地电催化还原 CO_2 为一定量的 CO，金属原子容易受到一氧化碳的影响而中毒和失活。金属酞菁与掺杂氮原子的碳纳米管结合，可以有效抑制一氧化碳中毒，提高电催化性能[86]。由于氮原子可以提供孤对电子形成离域共轭体系，该体系不仅可以改变相邻结构的电子结构和催化性能，而且可以与过渡金属的空轨道配位以锚定金属原子[87]。

此外，CoPc 分子在较大的过电位下电催化二氧化碳，氢的还原不容忽视。由于氢的还原在很大程度上破坏了酞菁的结构，整体结构发生变化而失效，导致催化活性随着时间的推移而降低。甲醇的转化效率在 5h 后会下降到 1%以下。因此，对实验设计进行了改进，并在酞菁周围引入了一个氨基，因为氨基是一个强推电子基团。当它与酞菁取代时，酞菁上的电子云密度增加，从而抑制了反应过程中酞菁结构的破坏。得到的 CoPc-NH_2/CNT 催化剂比 CoPc/CNT 具有更低的还原电位，在催化过程中结构稳定。反应 12h 后，甲醇转化率保持在 28%，相当于初始的 32%。

相关学者设计了一种新型的酞菁钴结构（CoPc2），其中 1 个三甲基氨基基团和 3 个叔丁基基团附着在酞菁环[88]上。得到酞菁钴配合物，并用作不同区域异构体的混合物[89]，表现出相同的电子和空间特征。取少量新的酞菁钴和碳纳米管制备相应的电极，可作为酸性（pH=4）、中性（pH=7.3）和碱性条件（pH=14）下的高效 CO_2RR 电催化剂。与 CoPc1 相比，CoPc2 具有较高的催化电流(见图 9-13)。可见，在三甲氨基和叔丁基作用下，酞菁钴能表现出更好的动力学活性。由于三甲基氨基可以提供 1 个正电荷与 CO_2 中 O 原子提供的负电荷相互作用，因此它促进了二氧化碳的还原，并有助于加速催化还原酞菁钴的速率。

另外，研究了钴催化剂在中性条件下的应用潜力对效率和选择性的影响。通过比较，发现 CoPc2 的电流密度比 CoPc1 增加了 25%，高于未取代的酞菁[79]，并且酞菁在碳纳米管[80]周围与四氰基取代的聚合。在 10.5h 的长期电解实验中，CoPc2 仍然保持其催化能力而不丧失性能。随着负压的不断增大，CoPc2 对一氧化碳的选择性相对增加，这足以证明 CoPc2 减少二氧化碳的能力大于氢的能力。未取代的酞菁钴将不能很好地显示传统的电催化性能。在中性溶液和电极电压 -0.676V下，CoPc1 催化 CO 形成的法拉第效率为 92%，平均分流密度为 13.1mA/cm^2。将 CoPc2 电解 1h 的法拉第效率为 93%，CO 产生的部分电流密度达到 18.1mA/cm^2。在酞菁钴周围改变取代基，取代 4 个叔丁基，在相同的催化条件下观察实验结果。催化生成 CO 的法拉第效率仍为 92%。综上所述，四叔丁基取代的酞菁钴和酞菁钴的催化性能均低于 CoPc2，说明 CoPc2 在电催化能力上具有一定的优势。

因此，实验小组通过改变酞菁周围的取代基，结合不同的取代基，发现了一种具有最佳电催化性能的基团组合方法。取代基的选择和结构的合理控制，为后

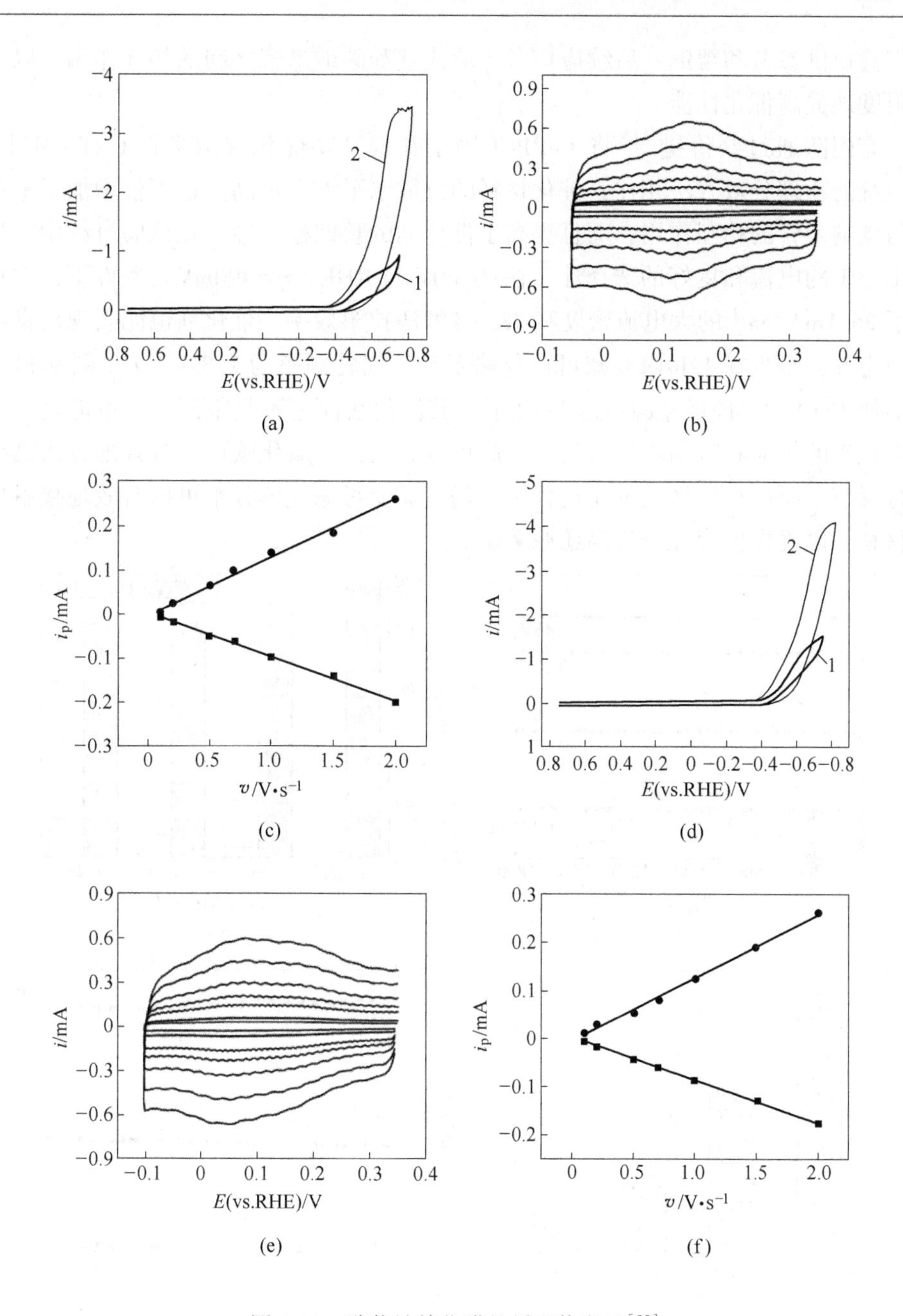

图 9-13 酞菁钴催化膜的循环伏安法[88]

(a)~(c) CoPc1@MWCNTs；(d)~(f) CoPc2@MWCNTs。(a)(d) 在氩气（线 1，pH=8.5）和 CO_2（线 2，pH=7.3）下，在 v=0.1V/s 下，在 0.5mol/L $NaHCO_3$中沉积在玻碳电极（d=3mm）上的酞菁钴催化膜的 CV 曲线；(b)(e) 在氩气气氛下，Co(Ⅱ)/Co(Ⅰ) 波在不同扫描速率下的 CV 曲线；(c)，(f) Co(Ⅱ)/Co(Ⅰ)氧化还原波峰电流与扫描速率的变化

续实验提供参考和帮助。后续应该考虑取代基和碳纳米管之间的相互作用，以最大限度地提高催化性能。

有团队通过共价键[90]将 CoPPCl 固定在羟基功能化碳纳米管 CNT-OH 上。与传统的物理分散方法相比，催化材料的分散水平大大提高。这不仅增加了酞菁钴与碳纳米管的相互作用，而且提高了催化剂的长期稳定性。在试验过程中，显示出稳定的电流和良好的选择性。在-0.60V 与 RHE（η=490mV）条件下，它提供了 25.1mA/cm^2 的大电流密度和 98.3%的法拉第效率。催化剂也能表现出良好的稳定性，至少在 12h 内衰减可以忽略不计，周转频率为 1.37s^{-1}（见图 9-14）。但即使 CoPPCl 均匀分散在 CNT-OH 上，其催化活性也不是很高，这可能是由于二氧化碳的供应和吸附不足所致。由此可以看出，二氧化碳可以有效地进入结构进行反应。所以在后续的催化过程中，仍然需要考虑气体分子可以有效地接触催化材料，以确保供应充分提高还原效率。

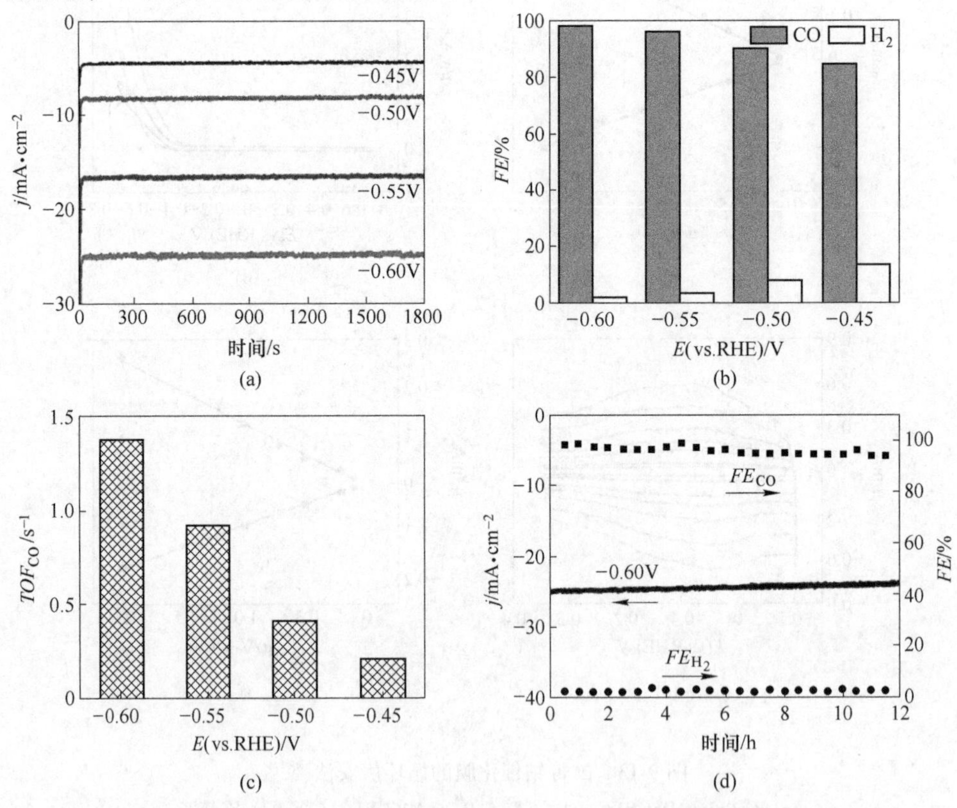

图 9-14　在装有搅拌棒的标准 H 电池中 CoPP@ CNT 在不同电位下电催化还原 CO_2 性能[90]

（a）电流密度；（b）法拉第效应；（c）TOF_{CO}值；（d）在 -0.60V 与 RHE 之间长期电解 CoPP@ CNT，表现出稳定的 FE_{CO}、FE_{H_2}和整体电流密度，电解质为 0.5mol/L $NaHCO_3$溶液

9.5 酞菁/石墨烯复合材料催化还原 CO_2

石墨烯是2004年由Novoselov等人[91]通过胶带进行粘贴和剥离高定向热解石墨（HOPG）获得的单层片状结构，其内部结构是通过共价键连接的六角形网络结构。在碳纳米材料中，富勒烯、碳纳米管、石墨烯之间能够相互转化[92]。石墨烯可以说是世界上最轻薄的材料，其紧密堆积的共轭六方晶格结构使得本身具有性能优异的物理化学性质[93~98]。如极大的比表面积、较高的机械强度，相比钢铁的强度还要高200倍，具有1 TPA（150000000psi）时的拉伸模量（刚度）。具有优越的导热性能，其导热系数高达5300W/(m · K)。在光学性质上，其透明度高达97.7%，看上去基本是透明的。电学性能方面，石墨烯含有载流子迁移率高达 $2\times10^5 cm^2/(V \cdot s)$，电阻率更低只有 $10^{-6}\Omega \cdot cm$ 等多种性质。

最近有关石墨烯的突破发现再一次吸引了世界学者的眼球。石墨烯再一次被赋予神奇角度、超导体、转角电子学等新兴关键词。美国麻省理工大学在读博士曹原提出了魔角扭转双层石墨烯的概念，即只要扭一扭双层石墨烯，使扭转角度约为1.1°，它就可以表现出超导和绝缘交替的结构与性质[99,100]，并且在角度发生改变的同时，能够实现最大化的电子相互作用[101]，这对利用双层石墨烯来电催化二氧化碳有着更高的催化效率。现在有许多制备石墨烯的方法，如机械剥离法、氧化还原法、液相剥离法、电化学剥离法等[102,103]。这些不同的方法对于研究石墨烯的结构与性能产生了很大的影响，加快了石墨烯的研究进展。还有一些石墨烯衍生物，如氧化石墨烯（GO）、还原的氧化石墨烯（rGO）等，这类石墨烯衍生物含有丰富的氧化基团和缺陷，并且它们可以通过 sp、sp^2 和 sp^3 杂化轨道与许多不同的原子键合，生成性能更加优异的多孔石墨烯（PG）[104]。由于石墨烯的结构特点和性能优势，将其与其他材料进行复合也受到广泛关注，并且成为研究热门课题。

现在的研究中，将酞菁与新型结构石墨烯作为复合材料较热门。通过材料的复合，可以克服材料各自的缺点，并且在原有的优势基础上提高了一定的光电性能。金属酞菁和石墨烯之间以 π-π 共轭作用力、分子间作用力等非共价键相连接[105]，并没有破坏原有结构间的作用力，因此能够充分保留原有的结构特点和物理化学性质。金属酞菁还可以与石墨烯以共价键相连，虽然略微破坏了石墨烯的结构，但是对于复合材料整体效果并没有损失，大大提高了材料的稳定性。石墨烯有着特殊的量子隧道效应和量子霍尔效应，本身具有很高的导电能力，在与金属酞菁复合之后，由于金属酞菁本身结构特点加上自身活性效果强，这样对于复合材料可整体提高材料的电子传输能力和高度的离域电子密度；并且石墨烯对二氧化碳有着更高的灵敏度[106]。该复合材料已经在电极材料、降解有机污染、光限制材料、电催化等多个领域得到应用。

最近，相关学者设计了一种金属酞菁-石墨烯复合结构，并通过简单的自组装方法制备了一种（FePGF）骨架结构[107]，如图 9-15 所示。通过对金属酞菁与液晶氧化石墨烯的组合控制，发现酞菁完全影响液晶氧化石墨烯。从皱褶状到扁平层状 FePGF 结构，证明酞菁中的铁和氮原子高度分散。这是因为金属酞菁和液晶氧化石墨烯大的 π 结构，以及酞菁周围的铵阳离子与液晶氧化石墨烯上的羧酸盐阴离子之间的静电相互作用紧密地结合了这两种材料[108]。在菁配位铁原子的影响下，金属酞菁与液晶氧化石墨烯之间的 π 相互作用较弱。离子之间的静电相互作用是结构连接[109]的主导作用。这种结构有利于电子的转移，加速了二氧化碳的还原效率。在低过电位环境下具有较长、稳定、高效的催化时间。

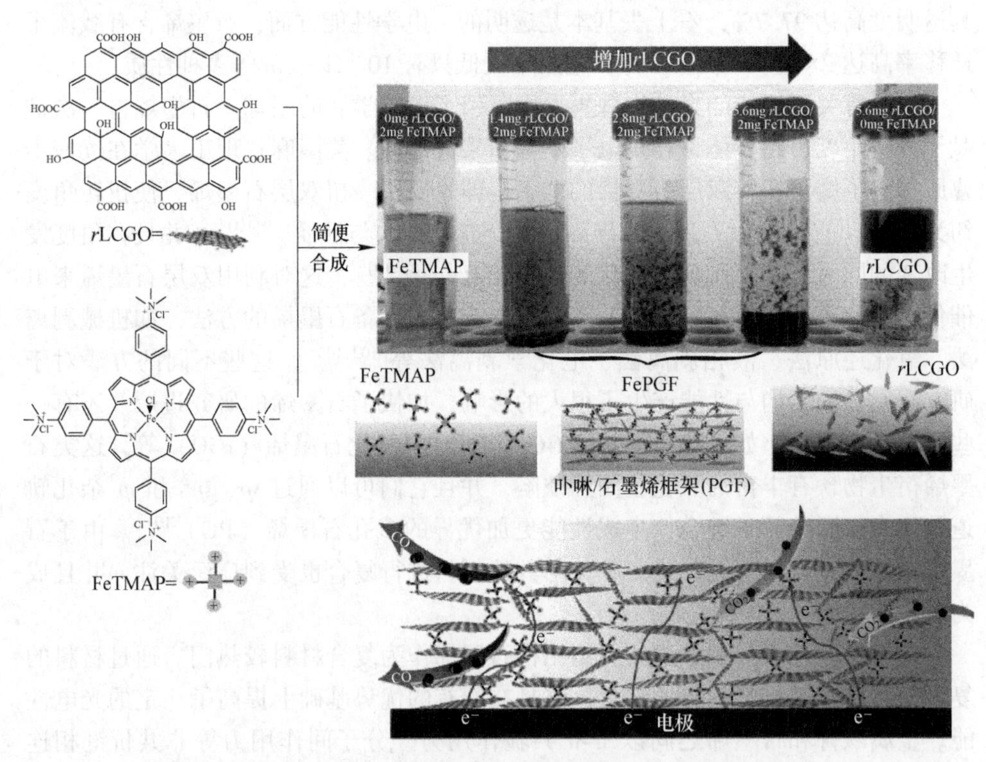

图 9-15　由 rLCGO 和 FeTMAP 组成的 FePGF 的合成示意图、材料特性以及将 CO_2 转化为 CO 的电催化剂应用[107]

实验以 FeTMAP 为均相催化剂，FePGF 为多相催化剂。通过实验比较，发现在过电位为 730mV 的均相催化反应（FeTMAP）中，CO_2 转化为 CO 的法拉第效率最高，为 94.5%。而 FePGF 在多相催化反应中提供的较高的 CO 法拉第效率为 97.3%，如图 9-16 所示。可以看出，FePGF 具有高效减少二氧化碳的能力，在较低的过电位下可以显著增加一氧化碳转化的含量。在 FeTMAP 的均相催化过程中，在 10h 内，平均电流密度为 0.87mA/cm²，这是由于电解质中的 FeTMAP 含量较高所致。在最初的 1h 电解过程中，获得了 94.5%的 CO 法拉第效率，但 10h 后，CO 法拉第效率稳步降低到 73%。这是因为大多数 FeTMAP 材料是堆叠和聚集在一起的，并且没有均匀的分散，导致失活。

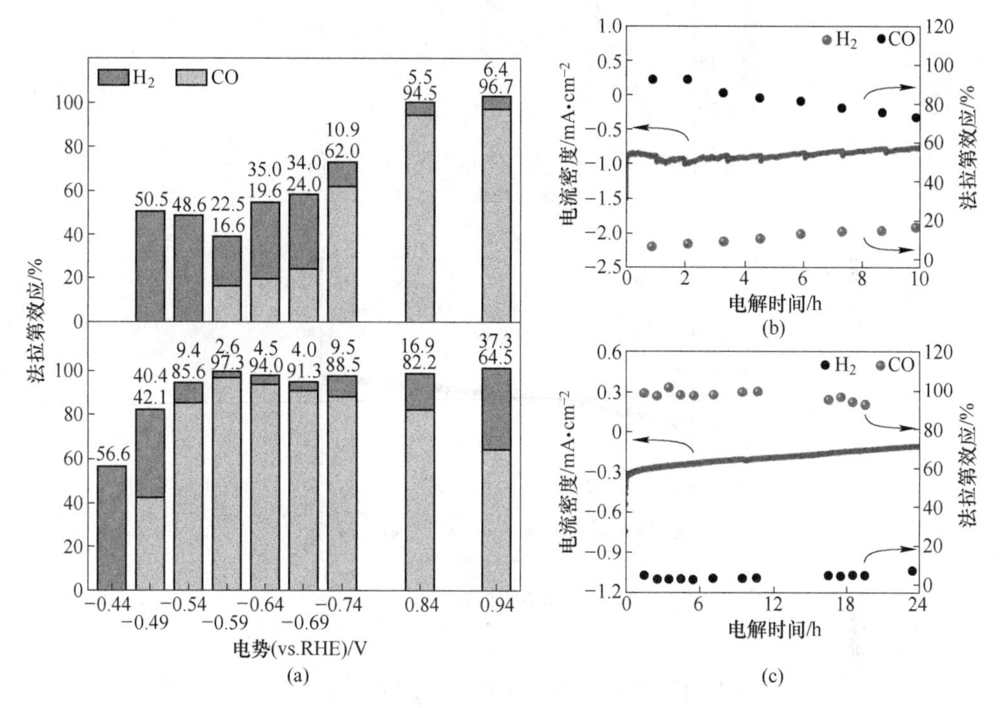

图 9-16　FeTMAP 均相催化剂和 FePGF 多相催化剂电催化还原 CO_2 性能[107]

（a）0.5×10^{-3}mol/L FeTMAP 作为均相催化剂的法拉第效应（顶部）和 FePGF 作为多相催化剂（底部），在不同的应用电位下形成 CO 和 H_2；（b）0.5×10^{-3}mol/L FeTMAP（均相）在 0.84V 下电解 10h；（c）FePGF（非均相）在 0.59V 下 0.1mol/L KCl 水电解质中电解 24h

与先前报道的非均相金属络合物催化剂进行比较，这种具有更高表面积的电催化剂在-0.54V 的超电势下持续催化 10h，具有最高的 CO_2 转化效率 98.7%（见图 9-17），使 CO_2 还原为 CO 的能力显著提高，对应的 *TOF* 为 2.9s^{-1} 和 104400 *TON*。在所报道的非均相金属络合物催化剂体系中[110~113]，确实符合酞菁与石墨烯结构复合改善了电子间的高速移动的想法。与其类似的有 Co(Ⅱ)-2,3-萘酞菁（NapCo）络合物固定在掺杂石墨烯（氮原子、羧基、亚砜）[114]上，如图 9-18 所示，该催化剂具有高效活性并且有选择性地将二氧化碳转化成一氧化碳[115]。

该实验复合成的络合物由萘酞菁和掺杂石墨烯组成，萘酞菁具有很大的共轭 π 键，掺杂的石墨烯本身具有高强的电导率、容易与其他材料产生化学键。当

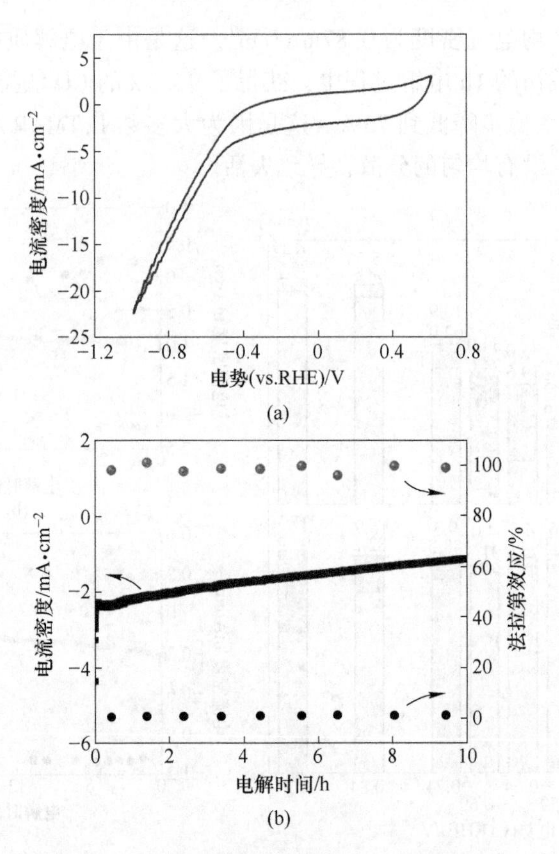

图 9-17　FePGF/CFP 电催化还原 CO_2 性能[107]

（a）FePGF/CFP 在 CO_2 饱和 0.1mol/L $KHCO_3$ 电解质中的循环伏安图；

（b）-0.54V 超过 10h 的 FePGF/CFP（中性 pH 值）测试的电流密度和 *FE* 值（对应于 430mV 的过电位）

Co(Ⅱ)-2,3-萘酞菁配合物（NapCo）与掺杂石墨烯结合时，中心的钴原子与亚砜中的氧形成化学键，这样萘酞菁配合物以中心钴原子形成了与掺杂石墨烯的轴向定位，提高了固定化 Co 位的 CO_2RR 活性/选择性的作用[116]。除此之外，酞菁上的 π 键与掺杂石墨烯中的羧基形成了 π-π 共轭体系，加紧了两种材料的联合，并且提高了二氧化碳的催化活性，活跃了中心钴原子的金属活性。从电子转移的角度上看，方便了金属钴原子与石墨烯间的电子连通，加快了电子转移，有利于二氧化碳得到电子变为一氧化碳。与羧基-NapCo 部分相比，亚砜-NapCo 部分具有较高的 CO_2-CO 转化率（在-0.8V 时为 97%），并使 Co 位的 *TOF* 增加了约 3 倍（见图 9-19）。

通过实验结果观察到 CO_2RR 电流的起始电位为-0.4V，获得的产物仅有 H_2 和 CO，并没有检测到其他可能的产物（碳氢化合物或酸）。电位范围为-0.4～-0.8V，CO 的法拉第效率从 67.5%逐渐提高到 97%。通过与 Co 位点的轴向配

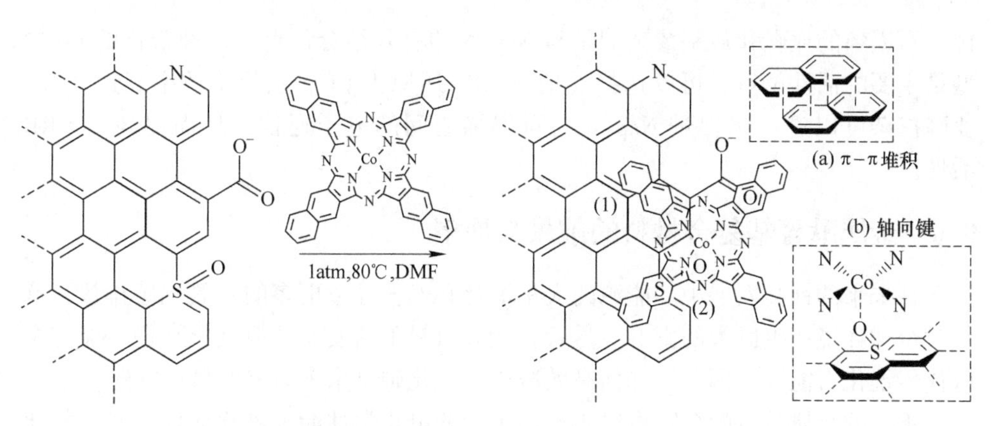

图 9-18　NapCo 在掺杂石墨烯上的 π 异源化，通过 π 堆叠（a）和与杂原子的配位（b）[115]
（1atm = 101325Pa）

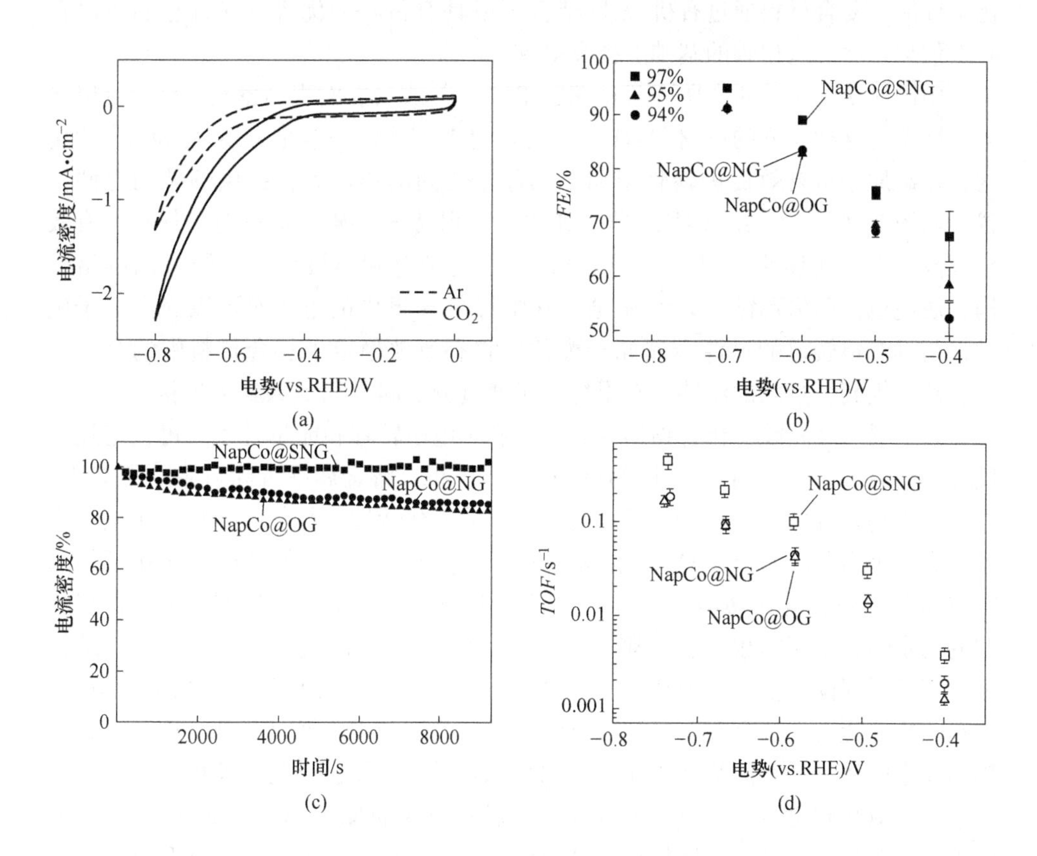

图 9-19　亚砜和羧基掺杂萘酞菁/石墨烯复合物电催化还原 CO_2 性能[115]

（a）NapCo@ SNG 在氩气和饱和 CO_2 氛围下在 0.1mol/L $KHCO_3$中的 CV 曲线；（b）NapCo@ SNG/NG/OG 在氩气和饱和 CO_2 氛围下在 0.1mol/L $KHCO_3$中的 CO_2RR 催化还原的 *FE* 电势曲线；（c）在−0.8V 时，NapCo@ SNG、NapCo@ NG 和 NapCo@ OG 的相应计时安培曲线；（d）用于 CO 生产的 Co 站点@ SNG/NG/OG 的 *TOF* 曲线

位，石墨烯的亚砜和羧基掺杂剂是与 NapCo 的有效结合位点。这种杂化的 Co 构型是主要的活性位点，可以选择性地将 CO_2 还原为 CO，法拉第效率高达 97%。亚砜掺杂可以进一步促进 NapCo 与石墨烯之间的电子通信，从而提高 CO_2RR 活性。

9.6 金属酞菁基复合材料的前景与展望

在未来的社会发展中，能源的大量消耗必然会导致更多的二氧化碳排放，这将对全球环境产生巨大的影响。尽管新能源材料不断发展，但近年来仍不能完全取代传统化石能源。因此，如何高效减少二氧化碳是未来研究的热点方向。

不同的金属酞菁配合物可以表现出不同的电化学性能和催化活性，对二氧化碳具有一定的电催化作用。目前流行的碳纳米管和石墨烯材料仍然保持有效的电化学性能。复合材料通过有机-无机结合可以具有很好的优势，并且它们可以在有效催化还原二氧化碳的基础上提高电催化活性。

中国科学院化学研究所李玉良课题组[117,118]成功大面积制备石墨烯。可以将金属酞菁与这种新型的碳材料-石墨烯结合起来。结构是碳是 *sp* 杂化和 sp^2 杂化的，*sp* 碳原子可有效促进碳骨架和金属原子之间的作用力，提供额外的存储位置。如图 9-20 所示，sp^2 碳原子在二维平面上保持 π 共轭，促进电子迁移，有效地提高了电子迁移速率[119]。苯环通过二炔键结合和连接形成二维平面网络结构，炔键包括西格玛键和 2 个 π 键，其中每个 π 键中的电子对可以充当电子施主，与具有空轨道的过渡金属原子配位。它有效地稳定了复合材料中的金属原子，从而提高了金属的活性。石墨烯分子通过分子间力和 π 共轭力连接。

石墨烯与金属酞菁化合物结合时，有利于电子转移和能量转换，可促进还原反应。研究人员可以制备各种形状的石墨烯模板，将金属酞菁附着在石墨烯上，它们可以均匀分散在溶液中，提高复合材料的催化活性。与其他碳材料不同，石墨烯有一个由苯环和 C≡C 键组成的 18 个 C 原子的大三角形环，其孔径约为 0.25nm，晶格长度 $a=b=0.944$nm。石墨烯具有单层二维平面构型，为了保持构型的稳定性，单层石墨烯在无限平面延伸[120~124]中会形成一定的褶皱。层结构是由石墨烯层间的范德华力和 π 相互作用形成的，大的三角环在层结构中构成三维孔结构，使石墨烯具有丰富的碳化学键、高共轭和均匀性。此外，还需考虑石墨烯元素的掺杂是否能给催化还原带来特殊效果。例如，石墨烯模板可以掺杂氮元素，二氧化碳更容易与氮元素配位，并转移到金属原子中，以提高催化效率。此外，石墨烯是一种半导体材料，带隙较小。该结构具有大量的不饱和键，为石墨提供了优良的导电性和高效催化活性等性能。这些优异的性能使石墨烯在能源、催化、生物医学和分离等领域具有重要的应用前景。

不同金属酞菁基材料对二氧化碳的还原效率可从表 9-4 和表 9-5 中看出。因

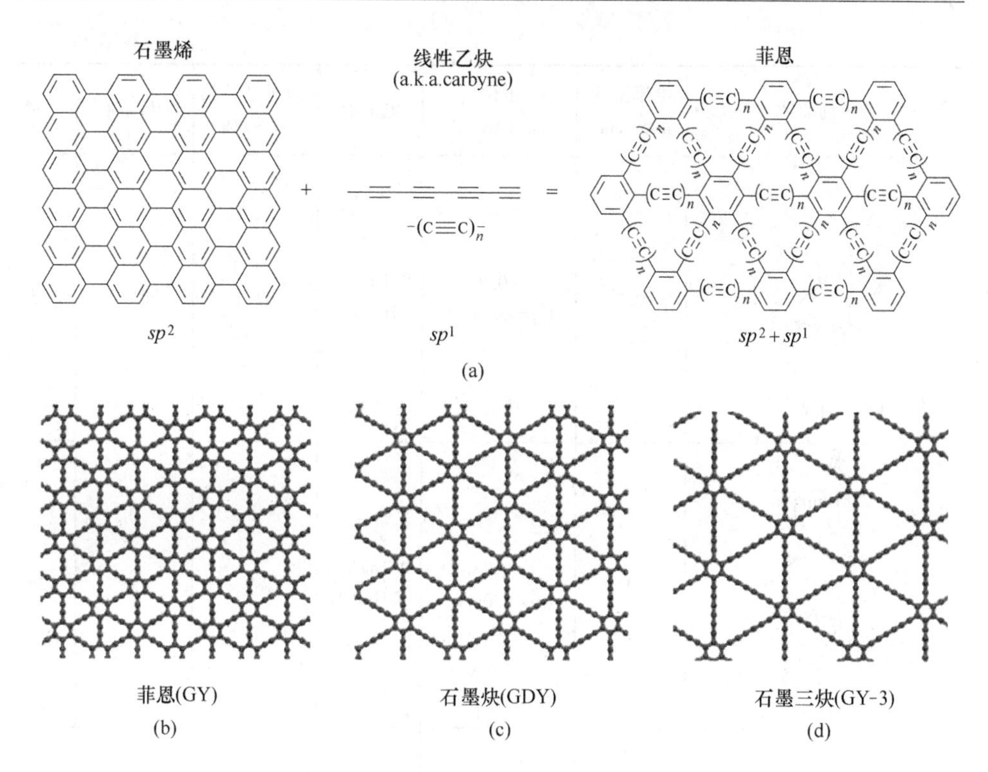

图 9-20 线性乙炔连接石墨烯与石墨烯芳香基团的原理（a）及具有不同数量乙酰基键的石墨（b）~（d）[119]

此，在金属酞菁的选择中，如何调节和修饰酞菁的结构也是未来研究的方向。除了有效地减少二氧化碳外，还需要考虑还原产品是否可以被人们进一步使用，或者它们是否是环保的。这将是下一个值得思考的研究方向。

表 9-4 非共价固定化异质金属配合物作为电催化 CO_2 还原的电催化剂汇总[55]

分子前驱体	电流密度 /mA · cm^{-2}	电位 (vs. RHE)/V	电解液	CO 的法拉第效率/%	TOF_{CO}/s^{-1}	文献
	−0.16	−0.6 (η=490mV)	0.1mol/L $HClO_4$	18.5	0.2	125

续表 9-4

分子前驱体	电流密度 /$mA \cdot cm^{-2}$	电位 (vs. RHE)/V	电解液	CO 的法拉第效率/%	TOF_{CO}/s^{-1}	文献
	-0.33	-0.8 (η=690mV)	0.1mol/L $HClO_4$	37.4	0.8	125
	2	-0.73 (η=620mV)	0.1mol/L NaH_2PO_4	89	4.8	126
	N. A.	-1.1 (η=900mV)	5.0mol/L Na_2SO_4	89	3.9×10^{-2}	127
	约 6	-0.90 (η=790mV)	0.50mol/L $KHCO_3$	88	2.05	128
	49	-0.976 (η=866mV)	0.50mol/L $KHCO_3$	CH_4，27 C_2H_4，17 CO，10	$TOF_{甲烷}$=4.3 $TOF_{乙烯}$=1.8	129

续表 9-4

分子前驱体	电流密度 /mA · cm^{-2}	电位 (vs. RHE)/V	电解液	CO 的法拉第效率/%	TOF_{CO}/s^{-1}	文献
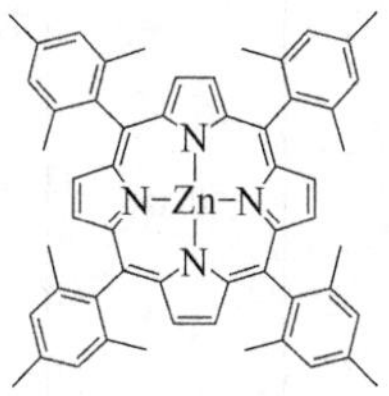	2.1	-1.7V (η=1590mV)	0.1mol/L $TBAPF_6$/DMF/H_2O	95	14.4	130
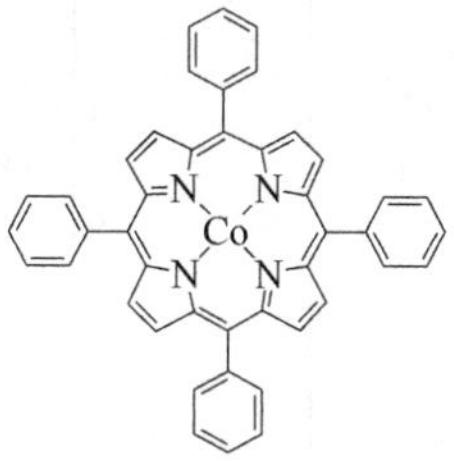	约 2.4	-0.70 (η=690mV)	0.50mol/L $KHCO_3$	约 73	2.75	131
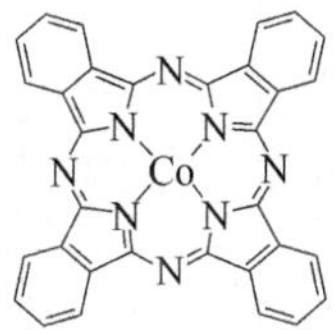	约 10.0	-0.63 (η=520mV)	0.1mol/L $KHCO_3$	92	2.7	80
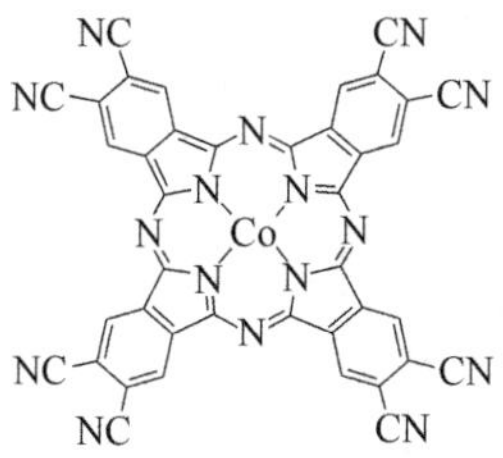	约 15.0	-0.63 (η=520mV)	0.1mol/L $KHCO_3$	98	4.1	80
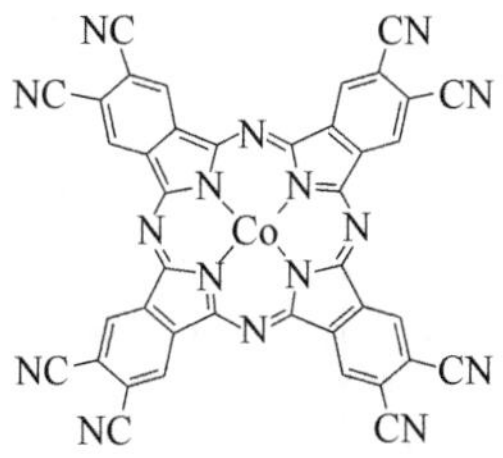	约 5.6	-0.63 (η=520mV)	0.5mol/L $KHCO_3$	88	1.4	80

续表 9-4

分子前驱体	电流密度 $/mA \cdot cm^{-2}$	电位（vs. RHE）/V	电解液	CO 的法拉第效率/%	TOF_{CO}/s^{-1}	文献
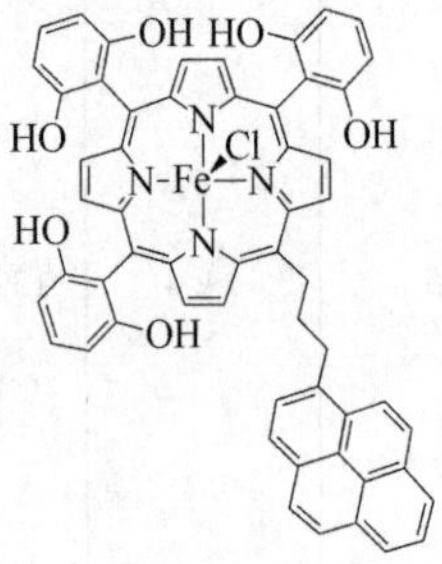 OH HO HO OH N Cl N-Fe-N N HO OH	0.24	−0.59 (η=480mV)	0.5mol/L $KHCO_3$	93	0.04	113
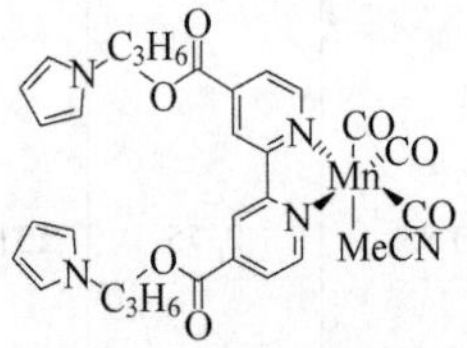 N-C_3H_6 O O N CO CO Mn CO N MeCN O N-C_3H_6 O	1.65	−0.49 (η=380mV)	0.1mol/L $K_2B_4O_7$/0.2mol/L K_2SO_4	87.4	—	132
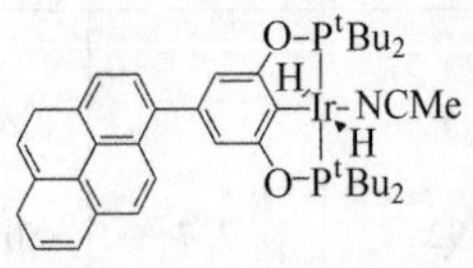 O-P^tBu_2 H Ir-NCMe H O-P^tBu_2	3.3	−1.4 (η=1290mV)	0.5mol/L $LiClO_4$/0.1mol/L $KHCO_3$，1%（体积分数）MeCN	甲酸 93	7.4	107
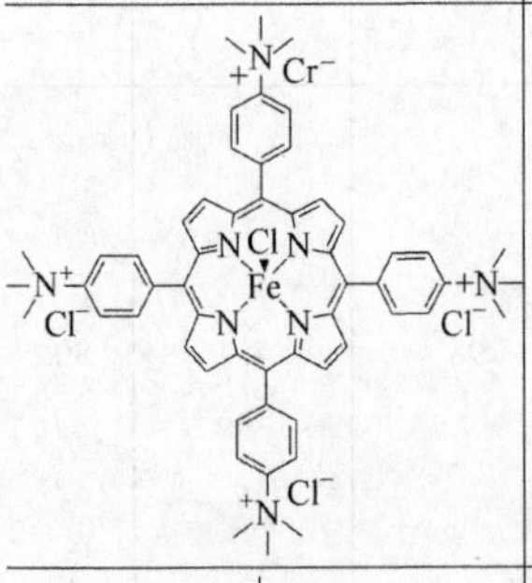 ^+N Cr^- N Cl N Fe N N N^+ Cl^- ^+N Cl^- ^+N Cl^-	约 1.68	−0.54 (η=430mV)	0.1mol/L KCl	98.7	2.9	133
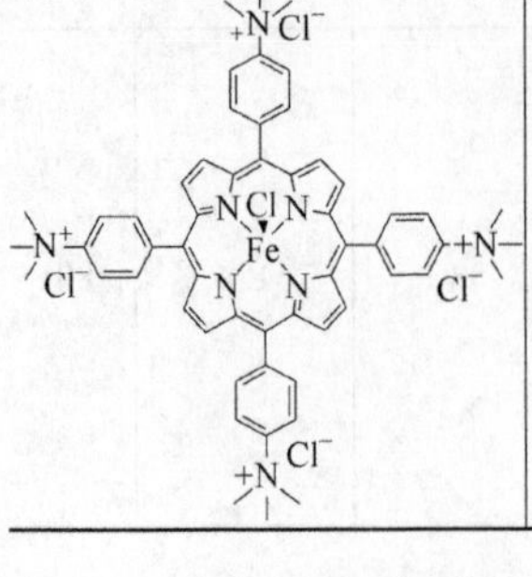 ^+N Cl^- N Cl N Fe N N N^+ Cl^- ^+N Cl^- ^+N Cl^-	2.11	−0.54 (η=430mV)	0.1mol/L $KHCO_3$	95	2.5	134

续表 9-4

分子前驱体	电流密度 /mA · cm^{-2}	电位 (vs. RHE)/V	电解液	CO 的法拉第效率/%	TOF_{CO}/s^{-1}	文献
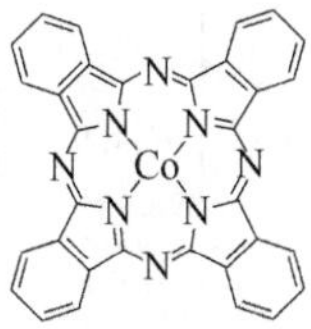	20	-0.61 (η=500mV)	0.5mol/L $KHCO_3$	约 90	1.4	90
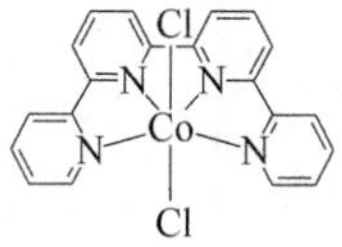	10	-0.45 (η=580mV)	0.5mol/L $KHCO_3$	100	5.9	136

表 9-5 共价固定化非均相金属配合物作为电催化 CO_2 还原的电催化剂汇总[55]

分子前驱体	电流密度 /mA · cm^{-2}	电位 (vs. RHE)/V	电解液	CO 的法拉第效率/%	TOF_{CO}/s^{-1}	文献
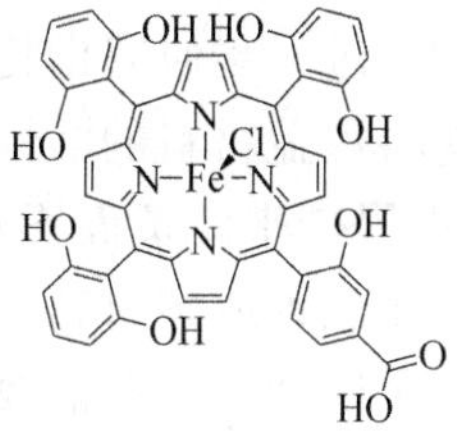	约 0.16	-0.62 (η=510mV)	0.50mol/L $NaHCO_3$ (pH=7.3)	95	178h^{-1}	110
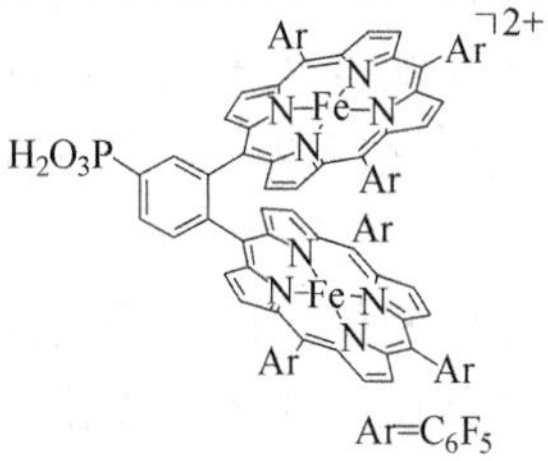 Ar=C_6F_5	0.25	-0.62 (η=510mV)	DMF/ 5%H_2O	93	245	137
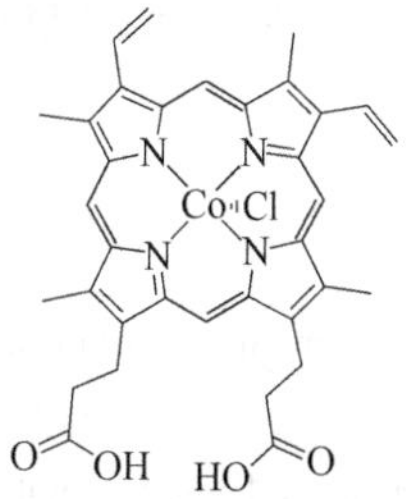	25.1	-0.60 (η=490mV)	0.5mol/L $NaHCO_3$	98.3	1.9	90

续表 9-5

分子前驱体	电流密度 /mA · cm^{-2}	电位 (vs. RHE)/V	电解液	CO 的法拉第效率/%	TOF_{CO}/s^{-1}	文献
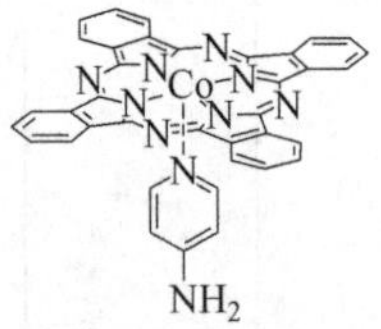	5. 5	−0. 63 (η=520mV)	0. 2mol/L $KHCO_3$	98. 4	4. 9	139
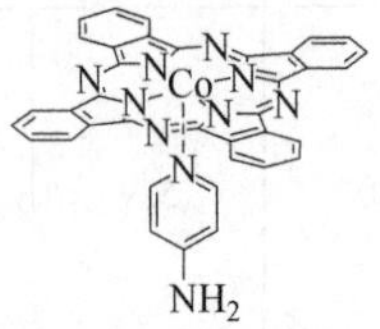	0. 38	−0. 63 (η=520mV)	0. 2mol/L $KHCO_3$	90	30. 7	139

本章综述了金属酞菁与碳复合材料的研究进展。虽然这种复合材料具有较好的性能，但在材料活性、对产品的选择性、稳定性等方面还有待进一步提高。金属酞菁存在大量的配位键和氢键，可溶于有机溶剂，在电还原过程中很难长期保持稳定。当金属酞菁与碳材料共价结合时，形成新的结构，克服了主要缺点，大大提高了材料的电化学稳定性。因此，可以从材料的结合方式进一步研究催化效果。但在这个过程中，不可避免地会形成各种分子积累，这将覆盖材料的活性部位，减少二氧化碳的吸收。在后续的实验研究中，应考虑积累带来的负面影响。这两种材料的结合加速了电子在材料内的运动，获得了比金属酞菁或碳材料更高的电导率。此外，还需要发现各种具有高导电性的衬底材料。因此，仍然需要考虑如何掺杂材料或增加官能团来提高材料的导电性，丰富酞菁复合材料的发展空间。催化反应的中间体和产物的选择性和对析氢反应的抑制受酞菁金属元素和基质碳材料的影响。减少二氧化碳并不是很难实现的，而将其催化还原到一个更有利的催化产品，仍然是一个巨大的挑战。

在未来的研究中，研究人员可以通过反应的机理来调整中间体，以获得更高的能量和更有利的化学增值产品。充分暴露中心金属的活性部位，提高二氧化碳还原过程中的催化效率；并且需要考虑如何广泛使用催化材料，这是对材料持久稳定性的一大挑战。

参 考 文 献

[1] Rogelj J, Forster P M, Kriegler E, et al. Estimating and tracking the remaining carbon budget for stringent climate targets [J]. Nature, 2019, 571 (7765): 335~342.

[2] Matthews H D, Landry J S, Partanen A I, et al. Estimating carbon budgets for ambitious

climate targets [J]. Current Climate Change Reports, 2017, 3 (1): 69~77.

[3] Goodwin P, Katavouta A, Roussenov V M, et al. Pathways to 1.5C and 2C warming based on observational and geological constraints [J]. Nature Geoscience, 2018, 11 (2): 102~107.

[4] Macdougall A H, Friedlingstein P . The origin and limits of the near proportionality between climate warming and cumulative CO_2 emissions [J]. Journal of Climate, 2015, 28 (10): 4217~4230.

[5] Sick V, Armstrong K, Cooney G, et al. The need for and path to harmonized life cycle assessment and techno-economic assessment for carbon dioxide capture and utilization [J]. Energy Technology, 2020, 8 (11): 1901034.

[6] Ross M B. Carbon dioxide recycling makes waves [J]. Joule, 2019, 8 (3): 1814~1816.

[7] Grim R G, Huang Z, Guarnieri M T, et al. Transforming the carbon economy: challenges and opportunities in the convergence of low-cost electricity and reductive CO_2 utilization [J]. Energy & Environmental Science, 2020, 13 (2): 472~494.

[8] Weng L C, Bell A T, Weber A Z. Towards membrane-electrode assembly systems for CO_2^- reduction: a modeling study [J]. Energy Environ. Sci., 2019, 12: 1950~1968.

[9] Calvinho K U D, Laursen A B, Yap K M K, et al. Selective CO_2 reduction to C_3 and C_4 oxyhydrocarbons on nickel phosphides at overpotentials as low as 10mV [J]. Energy & Environmental Science, 2018, 11: 2550~2559.

[10] Lu L, Huang Z, Rau G H, et al. Microbial electrolytic carbon capture for carbon negative and energy positive wastewater treatment [J]. Environmental Science & Technology, 2015, 49 (13): 8193~8201.

[11] Mohan S V, Modestra A, Kotamraju A, et al. A circular bioeconomy with biobased products from CO_2 sequestration [J]. Trends in Biotechnology, 2016, 34 (6): 506~519 .

[12] Luc W, Jouny M, Rosen J, et al. Carbon dioxide splitting using an electro-thermochemical hybrid looping strategy [J]. Energy Environ. Sci. , 2018, 11: 2928~2934

[13] Albero J, Peng Y, García H. Photocatalytic CO_2 reduction to C_2^+ products [J]. ACS Catalysis, 2020, 10 (10): 5734~5749.

[14] Dinh C T, Burdyny T, Kibria M G, et al. CO_2 electroreduction to ethylene via hydroxide-mediated copper catalysis at an abrupt interface [J]. Science, 2018, 360 (6390): 783~787.

[15] Yang H Z, Kaczur J J, Sajjad S D, et al. Electrochemical conversion of CO_2 to formic acid utilizing Sustainion^{TM} membranes [J]. Journal of CO_2 Utilization, 2017 (20): 207~217.

[16] Jiang X, Nie X, Guo X, et al. Recent Advances in Carbon Dioxide Hydrogenation to Methanol via Heterogeneous Catalysis [J]. Chemical Reviews, 2020, 120 (15): 7984~8034.

[17] Han L, Song S, Liu M, et al. Stable and efficient single-atom Zn catalyst for CO_2 reduction to CH_4 [J]. Journal of the American Chemical Society, 2020, 142 (29): 12563~12567.

[18] Ma S, Sadakiyo M, Luo R, et al. One-step electrosynthesis of ethylene and ethanol from CO_2 in an alkaline electrolyzer [J]. Journal of power sources, 2016, 301 (1): 219~228.

[19] De Arquer F P G, Dinh C T, Ozden A, et al. CO_2 electrolysis to multicarbon products at

activities greater than $1A/cm^2$ [J]. Science, 2020, 367 (6478): 661~666.

[20] Song C. Global challenges and strategies for control, conversion and utilization of CO_2 for sustainable development involving energy, catalysis, adsorption and chemical processing [J]. Catalysis Today, 2006, 115 (1~4): 2~32.

[21] Jiang X, Wang X, Nie X, et al. CO_2 hydrogenation to methanol on Pd-Cu bimetallic catalysts: H_2/CO_2 ratio dependence and surface species [J]. Catalysis Today, 2018, 316: 62~70.

[22] Zhang S, Fan Q, Xia R, et al. CO_2 reduction: from homogeneous to heterogeneous electrocatalysis [J]. Accounts of Chemical Research, 2020, 53 (1): 255~264.

[23] Podrojková N, Sans V, Oriňak A, et al. Recent developments in the modelling of heterogeneous catalysts for CO_2 conversion to chemicals [J]. Chem. Cat. Chem., 2020, 12 (7): 1802~1825.

[24] Garg S, Li M, Weber A Z, et al. Advances and challenges in electrochemical CO_2 reduction processes: an engineering and design perspective looking beyond new catalyst materials [J]. Journal of Materials Chemistry A, 2019, 8: 1511~1544.

[25] Francke R, Schille B, Roemelt M. Homogeneously catalyzed electroreduction of carbon dioxide—Methods, mechanisms, and catalysts [J]. Chemical Reviews, 2018, 118 (9): 4631~4701.

[26] Wang K, Qi D, Li Y, et al. Tetrapyrrole macrocycle based conjugated two-dimensional mesoporous polymers and covalent organic frameworks: from synthesis to material applications [J]. Coordination Chemistry Reviews, 2019, 378: 188~206.

[27] Kornienko N, Zhao Y, Klev C S, et al. Metal-organic frameworks for electrocatalytic reduction of carbon dioxide [J]. Journal of the American Chemical Society, 2015, 137 (44): 14129~14135.

[28] Chen J, Xu Y, Cao M H, et al. A stable 2D nano-columnar sandwich layered phthalocyanine negative electrode for lithium-ion batteries [J]. Journal of Power Sources, 2019, 426: 169~177.

[29] Chen J, Xu Y, Cao M H, et al. Strong reverse saturable absorption effect of a nonaggregated phthalocyanine-grafted MA-VA polymer [J]. Journal of Materials Chemistry C, 2018, 6: 9767~9777.

[30] Chen J, Zhu C J, Xu Y, et al. Advances in phthalocyanine compounds and their photochemical and electrochemical properties [J]. Current Organic Chemistry, 2018, 5 (22): 485~504.

[31] Wang Y K, Chen J, Jiang C C, et al. Tetra-β-nitro-substituted phthalocyanines: A new organic electrode material for lithium batteries [J]. Journal of Solid State Electrochemistry, 2017, 21 (4): 947~954.

[32] Chen J, Guo J K, Zhang T, et al. Electrochemical properties of carbonyl substituted phthalocyanines as electrode materials for lithiumion batteries [J]. RSC Adv., 2016, 6: 52850~52853.

[33] Chen J, Zhang Q, Zeng M, et al. Carboxyl conjugated phthalocyanines used as novel electrode materials with high specific capacity for lithium-ion batteries [J]. Solid State Electrochem,

2016, 20 (5): 1285~1294.

[34] Yuan H, Chen J, Zhang T, et al. Axially substituted phthalocyanine/naphthalocyanine doped in glass matrix: an approach to the practical use for optical limiting material [J]. Optics Express, 2016, 24 (9): 9723~9733.

[35] Chen J, Zhang T, Wang S Q, et al. Intramolecular aggregation and optical limiting properties of triazine-linked mono-, bis- and tris-phthalocyanines [J]. Spectrochimica Acta Part A: Molecular and Biomolecular Spectroscopy, 2015, 149 (5): 426~433.

[36] Chen J, Wang S Q, Yang G Q. Nonlinear optical limiting properties of organic metal phthalocyanine compounds [J]. Acta. Phys. Chim. Sin., 2015, 31 (4): 595~611.

[37] Xu J, Chen J, Chen L, et al. Enhanced optical limiting performance of substituted metallo-naphthalocyanines with wide optical limiting window [J]. Dyes and Pigments, 2014, 109: 144~150.

[38] Zhu H N, Li Y, Chen J, et al. Excited-state deactivation of branched phthalocyanine compounds [J]. Chemphyschem, 2015, 16 (18): 3893~3901.

[39] Chen J, Li S Y, Gong F B, et al. Photophysics and triplet-triplet annihilation analysis for axially substituted gallium phthalocyanine doped in solid matrix [J]. Journal of Physical Chemistry C, 2009, 113 (27): 11943~11951.

[40] Chen J, Gan Q, Li S Y, et al. The effects of central metals and peripheral substituents on the photophysical properties and optical limiting performance of phthalocyanines with axial chloride ligand [J]. Journal of Photochemistry and Photobiology A Chemistry, 2009, 207: 58~65.

[41] Weng Z, et al. Electrochemical CO_2 reduction to hydrocarbons on a heterogeneous molecular Cu catalyst in aqueous solution [J]. Journal of the American Chemical Society, 2016, 138: 8076~8079.

[42] Bajada M A, Roy S, Warnan J, et al. A precious-metal-free hybrid electrolyzer for alcohol oxidation coupled to CO_2-to-syngas conversion [J]. Angewandte Chemie, 2020, 59 (36): 15633~15641.

[43] Choi J, Wagner P, Gambhir S, et al. Steric modification of a cobalt phthalocyanine/graphene catalyst to give enhanced and stable electrochemical CO_2 reduction to CO [J]. ACS Energy Letters, 2019, 4 (3): 666~672.

[44] Costentin C, Drouet S, Robert M, et al. A local proton source enhances CO_2 electroreduction to CO by a molecular Fe catalyst [J]. Science, 2012, 338 (6103): 90~94.

[45] Braun A, Tcherniac J. Über die produkte der einwirkung von acetanhydrid auf phthalamid [J]. Berichte der Deutschen Chemischen Gesellschaft, 1907, 40 (2): 2709~2714.

[46] Meshitsuka S, Ichikawa M, Tamaru K. Electrocatalysis by metal phthalocyanines in the reduction of carbon dioxide [J]. Journal of the Chemical Society, Chemical Communications, 1974 (5): 158~159.

[47] Grodkowski J, Dhanasekaran T, Neta P, et al. Reduction of cobalt and iron phthalocyanines and the role of the reduced species in catalyzed photoreduction of CO_2 [J]. The Journal of

Physical Chemistry A, 2000, 104 (48): 11332~11339.

[48] Roy S, Reisner E. Visible-light-driven CO_2 reduction by mesoporous carbon nitride modified with polymeric cobalt phthalocyanine [J]. Angewandte Chemie, 2019, 131 (35): 12308~12312.

[49] Gui M, Yu Y, Zhu C, et al. Advances on molecular systems for photocatalytic CO_2 reduction based on cobalt complexes as catalysts [J]. Imaging Science and Photochemistry, 2017, 35 (5): 649~657.

[50] Zhao L M, et al. Improved synthesis method of transition metal phthalocyanine complex and its spectroscopy study [J]. Journal of Liaoning Normal University: Natural Science Edition 2015, 38 (4): 503~506.

[51] Jean-Michel Savéant. Molecular catalysis of electrochemical reactions. Mechanistic aspects [J]. Chemical Reviews, 2008, 108: 2348~2378.

[52] Costentin C, Savéant J M. Multielectron, multistep molecular catalysis of electrochemical reactions: Benchmarking of homogeneous catalysts [J]. Chem. Electro. Chem., 2014, 1 (7): 1226~1236.

[53] Manassen J. Metal complexes of porhyrinlike compounds as heterogeneous catalysts [J]. Catalysis Reviews, 1974, 9 (2): 223~243.

[54] Chen R, Li H, Chu D et al. Unraveling oxygen reduction reaction mechanisms on carbon-supported Fe-phthalocyanine and Co-phthalocyanine catalysts in alkaline solutions [J]. The Journal of Physical Chemistry C, 2009, 113 (48): 20689~20697.

[55] Sun L, Reddu V, Fisher A C, et al. Electrocatalytic reduction of carbon dioxide: opportunities with heterogeneous molecular catalysts [J]. Energy & Environmental Science, 2020, 13 (2): 374~403.

[56] Zheng Zhang, Jianping Xiao, et al. Reaction mechanisms of well-defined metal-N4 sites in electrocatalytic CO_2 reduction [J]. Angewandte Chemie, 2018, 57: 16339~16342.

[57] Shen J, Kortlever R, Kas R, et al. Electrocatalytic reduction of carbon dioxide to carbon monoxide and methane at an immobilized cobalt protoporphyrin [J]. Nature communications, 2015, 6 (1): 1~8.

[58] Wang X, Cai Z, Wang Y Q, et al. In-situ scanning tunneling microscopy of cobalt phthalocyanine catalyzed CO_2 reduction reaction [J]. Angewandte Chemie International Edition, 2020, 132 (37): 16232~16237.

[59] Koshy D M, Chen S, Lee D U, et al. Understanding the origin of highly selective CO_2 electroreduction to CO on Ni, N-doped carbon catalysts [J]. Angewandte Chemie, 2020, 132 (10): 4072~4079.

[60] Kuang M, Guan A, Gu Z, et al. Enhanced N-doping in mesoporous carbon for efficient electrocatalytic CO_2 conversion [J]. Nano Research, 2019, 12 (9): 2324~2329.

[61] Hou Y, Wen Z, Cui S, et al. An advanced nitrogen-doped graphene/cobalt-embedded porous carbon polyhedron hybrid for efficient catalysis of oxygen reduction and water splitting [J].

Advanced Functional Materials, 2015, 25 (6): 872~882.

[62] Wu J, Ma S, Sun J, et al. A metal-free electrocatalyst for carbon dioxide reduction to multi-carbon hydrocarbons and oxygenates [J]. Nature Communications, 2016, 7: 13869.

[63] Verdaguer-Casadevall A, Li C W, Johansson T P, et al. Probing the active surface sites for CO reduction on oxide-derived copper electrocatalysts [J]. Journal of the American Chemical Society, 2015, 137: 9808~9811.

[64] Vasileff A, Zheng Y, Qiao S Z. Carbon solving carbon ' s problems: Recent progress of nanostructured carbon-based catalysts for the electro-chemical reduction of CO_2 [J]. Advanced Energy Materials, 2017, 7 (21): 1700759.

[65] Cui X, Pan Z, Zhang L, et al. CO_2 reduction: selective etching of nitrogen-doped carbon by steam for enhanced electrochemical CO_2 reduction [J]. Advanced Energy Materials, 2017, 7 (22): 1701456.

[66] Tingting W, Qidong Z, et al. Carbon-Rich nonprecious metal single atom electrocatalysts for CO_2 reduction and hydrogen evolution [J]. Small Methods, 2019, 3 (10): 1900210.

[67] Wang X, Chen Z, Zhao X, et al. Regulation of coordination number over single Co sites: triggering the efficient electroreduction of CO_2 [J]. Angewandte Chemie, 2018, 130 (7): 1962~1966.

[68] Yuan Pan, Rui Lin, et al. Design of single-atom Co-N_5 catalytic site: A robust electrocatalyst for CO_2 reduction with nearly 100% CO selectivity and remarkable stability [J]. Journal of the American Chemical Society, 2018, 140 (12): 4218~4221.

[69] Kuang M, Guan A, Gu Z, et al. Enhanced N-doping in mesoporous carbon for efficient electrocatalytic CO_2 conversion [J]. Nano Research, 2019, 12 (9): 2324~2329.

[70] Xia Y, Kashtanov S, Yu P, et al. Identification of dual-active sites in cobalt phthalocyanine for electrochemical carbon dioxide reduction [J]. Nano Energy, 2019, 67: 104163.

[71] He C, Zhang Y, Zhang Y, et al. Molecular evidence for metallic cobalt boosting CO_2 electroreduction on pyridinic nitrogen [J]. Angewandte Chemie, 2020, 132 (12): 4944~4949.

[72] Lin L, Li H, et al. Synergistic catalysis over iron-nitrogen sites anchored with cobalt phthalocyanine for efficient CO_2 electroreduction [J]. Advanced Materials, 2019, 31 (41): 1903470.

[73] Nam D H, De Luna P, Rosas-Hernández A, et al. Molecular enhancement of heterogeneous CO_2 reduction [J]. Nature Materials, 2020, 19 (3): 266~276.

[74] Liu H, Zhu Y, Ma J, et al. Recent advances in atomic-level engineering of nanostructured catalysts for electrochemical CO_2 reduction [J]. Advanced Functional Materials, 2020, 30 (17): 1910534.

[75] Yang C, Li S, Zhang Z, et al. Organic-inorganic hybrid nanomaterials for electrocatalytic CO_2 reduction [J]. Small, 2020: 2001847.

[76] Iijima S. Helical microtubules of graphitic carbon [J]. Nature, 1991, 354 (6348): 56~58.

[77] Henning T, Salama F. Carbon in the universe [J]. Science, 1998, 282: 2204~2210.

[78] Han N, Wang Y, et al. Supported cobalt polyphthalocyanine for high-performance

electrocatalytic CO_2 reduction [J]. Chem, 2017, 3 (4): 652~664.

[79] Zhou W, Shen H, Wang Q, et al. N-doped peanut-shaped carbon nanotubes for efficient CO_2 electrocatalytic reduction [J]. Carbon, 2019, 152: 241~246.

[80] Zhang X, Wu Z, Zhang X, et al. Highly selective and active CO_2 reduction electrocatalysts based on cobalt phthalocyanine/carbon nanotube hybrid structures [J]. Nature Communications, 2017, 8 (1): 1~8.

[81] Morlanes N, Takanabe K, Rodionov V O, et al. Simultaneous reduction of CO_2 and splitting of H_2O by a single immobilized cobalt phthalocyanine electrocatalyst [J]. ACS Catalysis, 2016, 6 (5): 3092~3095.

[82] Wu Y, Jiang Z, Lu X, et al. Domino electroreduction of CO_2 to methanol on a molecular catalyst [J]. Nature, 2019, 575 (7784): 639~642.

[83] Qin R, Liu P, Fu G, et al. Strategies for stabilizing atomically dispersed metal catalysts [J]. Small Methods, 2018, 2 (1): 1700286.

[84] Liang Z, Guo W, Zhao R, et al. Engineering atomically dispersed metal sites for electrocatalytic energy conversion [J]. Nano Energy, 2019, 64: 103917.

[85] Liu J, Jiao M, Lu L, et al. High performance platinum single atome lectrocatalyst for oxygen reduction reaction [J]. Nature communications, 2017, 8 (1): 1~10.

[86] Zhang Z, Chen Y, Zhou L, et al. The simplest construction of single-site catalysts by the synergism of micropore trapping and nitrogen anchoring [J]. Nature communications, 2019, 10 (1): 1~7.

[87] Ma T Y, Dai S, Jaroniec M, et al. Graphitic carbon nitride nanosheet-carbon nanotube three-dimensional porous composites as high-performance oxygen evolution electrocatalysts [J]. Angewandte Chemie, 2014, 126 (28): 7409~7413.

[88] Wang M, Torbensen K, Salvatore D, et al. CO_2 electrochemical catalytic reduction with a highly active cobalt phthalocyanine [J]. Nature communications, 2019, 10 (1): 1~8.

[89] Cao J, Li C, Lv X, et al. Efficient grain boundary suture by low-cost tetra-ammonium zinc phthalocyanine for stable perovskite solar cells with expanded photoresponse [J]. Journal of the American Chemical Society, 2018, 140 (37): 11577~11580.

[90] Zhu M, Chen J, Huang L, et al. Covalently grafting cobalt porphyrin onto carbon nanotubes for efficient CO_2 electroreduction [J]. Angewandte Chemie International Edition, 2019, 58 (20): 6595~6599.

[91] Novoselov K S, Geim A K, Morozov S V, et al. Electric field effect in atomically thin carbon films [J]. Science, 2004, 306 (5696): 666~669.

[92] Rao C N R, Sood A K, Subrahmanyam K S, et al. Graphene: the new two-dimensional nanomaterial [J]. Angewandte Chemie International Edition, 2009, 48 (42): 7752~7777.

[93] Xu T, Zhang Z, Qu L. Graphene-based fibers: Recent advances in preparation and application [J]. Advanced Materials, 2020, 32 (5): 1901979.

[94] Sheng L, Wei T, Liang Y, et al. Ultra-high toughness all graphene fibers derived from

synergetic effect of interconnected graphene ribbons and graphene sheets [J]. Carbon, 2017, 120: 17~22.

[95] Xin G, Yao T, Sun H, et al. Highly thermally conductive and mechanically strong graphene fibers [J]. Science, 2015, 349 (6252): 1083~1087.

[96] Yasaei P, Fathizadeh A, Hantehzadeh R, et al. Bimodal phonon scattering in graphene grain boundaries [J]. Nano letters, 2015, 15 (7): 4532~4540.

[97] Zhao T, Xu C, Ma W, et al. Ultrafast growth of nanocrystalline graphene films by quenching and grain-size-dependent strength and bandgap opening [J]. Nature communications, 2019, 10 (1): 1~10.

[98] Suran N, Yongjie W, Lijun Z, et al. Research progress in the preparation and application of graphene-phthalocyanine composite [J]. Chemical Industry and Engineering Progress, 2017, 11 (36): 4124~4131.

[99] Cao Y, Fatemi V, Fang S, et al. Unconventional superconductivity in magic-angle graphene superlattices [J]. Nature, 2018, 556 (7699): 43~50.

[100] Cao Y, Fatemi V, Demir A, et al. Correlated insulator behaviour at half-filling in magic-angle graphene superlattices [J]. Nature, 2018, 556 (7699): 80~84.

[101] Kerelsky A, McGilly L J, Kennes D M, et al. Maximized electron interactions at the magic angle in twisted bilayer graphene [J]. Nature, 2019, 572 (7767): 95~100.

[102] Stankovich S, Dikin D A, Piner R D, et al. Synthesis of graphene-based nanosheets via chemical reduction of exfoliated graphite oxide [J]. Carbon, 2007, 45 (7): 1558~1565.

[103] Yang J, Kumar S, Kim M, et al. Studies on directly grown few layer graphene processed using tape-peeling method [J]. Carbon, 2020, 158: 749~755.

[104] Dong Y, Wu Z S, Ren W, et al. Graphene: a promising 2D material for electrochemical energy storage [J]. Science Bulletin, 2017, 62 (10): 724~740.

[105] Xin G, Yao T, Sun H, et al. Highly thermally conductive and mechanically strong graphene fibers [J]. Science, 2015, 349 (6252): 1083~1087.

[106] Yoon H J, Yang J H, Zhou Z, et al. Carbon dioxide gas sensor using a graphene sheet [J]. Sensors and Actuators B: Chemical, 2011, 157 (1): 310~313.

[107] Choi J, Wagner P, Jalili R, et al. A porphyrin/graphene framework: a highly efficient and robust electrocatalyst for carbon dioxide reduction [J]. Advanced Energy Materials, 2018, 8 (26): 1801280.

[108] Geng J, Jung H T. Porphyrin functionalized graphene sheets in aqueous suspensions: from the preparation of graphene sheets to highly conductive graphene films [J]. The Journal of Physical Chemistry C, 2010, 114 (18): 8227~8234.

[109] Das A, Pisana S, Chakraborty B, et al. Monitoring dopants by Raman scattering in an electrochemically top-gated graphene transistor [J]. Nature nanotechnology, 2008, 3 (4): 210~215.

[110] Maurin A, Robert M. Catalytic CO_2-to-CO conversion in water by covalently functionalized

carbon nanotubes with a molecular iron catalyst [J]. Chemical Communications, 2016, 52 (81): 12084~12087.

[111] Tatin A, Comminges C, Kokoh B, et al. Efficient electrolyzer for CO_2 splitting in neutral water using earth-abundant materials [J]. Proceedings of the National Academy of Sciences, 2016, 113 (20): 5526~5529.

[112] Hu X M, Rønne M H, Pedersen S U, et al. Enhanced catalytic activity of cobalt porphyrin in CO_2 electroreduction upon immobilization on carbon materials [J]. Angewandte Chemie International Edition, 2017, 56 (23): 6468~6472.

[113] Maurin A, Robert M. Noncovalent immobilization of a molecular iron-based electrocatalyst on carbon electrodes for selective, efficient CO_2-to-CO conversion in water [J]. Journal of the American Chemical Society, 2016, 138 (8): 2492~2495.

[114] Pumera M. Materials electrochemists' never-ending quest for efficient electrocatalysts: The devil is in the impurities [J]. ACS Catalysis, 2020, 10: 7087~7092.

[115] Wang J, Huang X, Xi S, et al. Linkage effect in the heterogenization of cobalt complexes by doped graphene for electrocatalytic CO_2 reduction [J]. Angewandte Chemie International Edition, 2019, 58 (38): 13532~13539.

[116] Liu Y, McCrory C C L. Modulating the mechanism of electrocatalytic CO_2 reduction by cobalt phthalocyanine through polymer coordination and encapsulation [J]. Nature communications, 2019, 10 (1): 1~10.

[117] Li G, Li Y, Liu H, et al. Architecture of graphdiyne nanoscale films [J]. Chemical Communications, 2010, 46 (19): 3256~3258.

[118] Yu H, Xue Y, Li Y. Graphdiyne and its assembly architectures: synthesis, functionalization, and applications [J]. Advanced Materials, 2019, 31 (42): 1803101.

[119] Li J, Gao X, Zhu L, et al. Graphdiyne for crucial gas involved catalytic reactions in energy conversion applications [J]. Energy & Environmental Science, 2020, 13 (5): 1326~1346.

[120] Huang C S, Li Y L. Structure of 2D graphdiyne and its application in energy fields [J]. Acta Physico-Chimica Sinica, 2016, 32 (6): 1314~1329.

[121] Jia Z, Li Y, Zuo Z, et al. Synthesis and properties of 2D carbon-graphdiyne [J]. Accounts of Chemical Research, 2017, 50 (10): 2470~2478.

[122] Huang C, Li Y, Wang N, et al. Progress in research into 2D graphdiyne-based materials [J]. Chemical reviews, 2018, 118 (16): 7744~7803.

[123] Wang N, He J, Wang K, et al. Graphdiyne-Based Materials: Preparation and Application for Electrochemical Energy Storage [J]. Advanced Materials, 2019, 31 (42): 1803202.

[124] Liu J, Chen C, Zhao Y. Progress and prospects of graphdiyne-based materials in biomedical applications [J]. Advanced Materials, 2019, 31 (42): 1804386.

[125] Shen J, Kortlever R, Kas R, et al. Electrocatalytic reduction of carbon dioxide to carbon monoxide and methane at an immobilized cobalt protoporphyrin [J]. Nature communications, 2015, 6 (1): 1~8.

[126] Kramer W W, McCrory C C L. Polymer coordination promotes selective CO_2 reduction by cobalt phthalocyanine [J]. Chemical Science, 2016, 7 (4): 2506~2515.

[127] Aoi S, Mase K, Ohkubo K, et al. Selective electrochemical reduction of CO_2 to CO with a cobalt chlorin complex adsorbed on multi-walled carbon nanotubes in water [J]. Chemical Communications, 2015, 51 (50): 10226~10228.

[128] Morlanés N, Takanabe K, Rodionov V. Simultaneous reduction of CO_2 and splitting of H_2O by a single immobilized cobalt phthalocyanine electrocatalyst [J]. ACS Catal, 2016, 6: 3092~3095.

[129] Weng Z, Jiang J, Wu Y, et al. Electrochemical CO_2 reduction to hydrocarbons on a heterogeneous molecular Cu catalyst in aqueous solution [J]. Journal of the American Chemical Society, 2016, 138 (26): 8076~8079.

[130] Wu Y S, Jiang J B, Weng Z et al. Electroreduction of CO_2 catalyzed by a Heterogenized Zn-porphyrin Complex with a redoxinnocent metal center [J]. ACS Cent Sci, 2017, 3: 847.

[131] Ding Y, Schlögl R, Heumann S. The role of supported atomically distributed metal species in electrochemistry and how to create them [J]. Chem. Electro. Chem., 2019, 6 (15): 3860~3877.

[132] Sato S, Saita K, Sekizawa K, et al. Low-energy electrocatalytic CO_2 reduction in water over Mn-complex catalyst electrode aided by a nanocarbon support and K^+ cations [J]. ACS Catalysis, 2018, 8 (5): 4452~4458.

[133] Kang P, Zhang S, Meyer T J, et al. Rapid selective electrocatalytic reduction of carbon dioxide to formate by an iridium pincer catalyst immobilized on carbon nanotube electrodes [J]. Angewandte Chemie International Edition, 2014, 53 (33): 8709~8713.

[134] Choi J, Kim J, Wagner P, et al. Energy efficient electrochemical reduction of CO_2 to CO using a three-dimensional porphyrin/graphene hydrogel [J]. Energy & Environmental Science, 2019, 12 (2): 747~755.

[135] Zhu M, Chen J, Huang L, et al. Covalently grafting cobalt porphyrin onto carbon nanotubes for efficient CO_2 electroreduction [J]. Angewandte Chemie International Edition, 2019, 58 (20): 6595~6599.

[136] Zhu M, Ye R, Jin K, et al. Elucidating the reactivity and mechanism of CO_2 electroreduction at highly dispersed cobalt phthalocyanine [J]. ACS Energy Letters, 2018, 3 (6): 1381~1386.

[137] Mohamed E A, Zahran Z N, Naruta Y. Efficient heterogeneous CO_2 to CO conversion with a phosphonic acid fabricated cofacial iron porphyrin dimer [J]. Chemistry of Materials, 2017, 29 (17): 7140~7150.

[138] Zhu M, Chen J, Huang L, et al. Covalently grafting cobalt porphyrin onto carbon nanotubes for efficient CO_2 electroreduction [J]. Angewandte Chemie International Edition, 2019, 58 (20): 6595~6599.

[139] Cao Z, Zacate S B, Sun X, et al. Tuning gold nanoparticles with chelating ligands for highly efficient electrocatalytic CO_2 reduction[J]. Angewandte Chemie, 2018, 130(39): 12857~12861.

冶金工业出版社部分图书推荐

书　名	作　者	定价(元)
2021 中国有色金属发展报告	中国有色金属工业协会	298.00
中国新材料产业发展年度报告（2020）	国家新材料产业发展专家咨询委员会	268.00
金属功能材料	王新林	189.00
磁致伸缩材料与传感器	王博文　翁　玲　黄文美　孙　英　李明明	118.00
碳基复合材料的制备及其在能源存储中的应用	曾晓苑	113.00
银基电触头材料的电弧侵蚀行为与机理	吴春萍	99.90
锰激活氟（氧）化物发光材料的制备与应用	叶信宇	99.00
垂直磁各向异性薄膜的制备、表征及应用	刘　帅　李宝河　张静言	96.00
科技文献量化分析举要——以钛铝金属间化合物材料为例	鲍芳芳	89.00
功能材料制备及应用	崔节虎　杜秀红	88.00
锂电池及其安全	王兵舰　张秀珍	88.00
能率变换原理及其在材料成形中的应用	章顺虎	86.00
纳米材料概论及其标准化	赖宇明　孟海凤　陈春英	79.00
超分子聚合物的构筑及结构转化	李　辉　许芬芬　黎日强	79.00
半导体量子点掺杂的光纤	张　蕾　李　帅	75.00
太阳能级多晶硅合金化精炼提纯技术	罗学涛　刘应宽　黄柳青	69.00
新型二氮杂四星烷的光化学合成与结构解析	谭洪波	68.00
核壳结构无机复合粉体的制备技术及其应用	王彩丽	66.00
钼基化合物复合材料的设计及其电解水催化性能	漆小鹏　陈　建　汪方木	66.00
抗菌性氧化锌薄膜材料	徐姝颖	56.00
超细晶碳化钨-钴复合材料	郭圣达　易健宏　陈　颢　羊建高	55.00
贵金属羰基冶金	滕荣厚　赵宝生　朱正良	50.00
固体氧化物燃料电池阴极材料	姚传刚　张海霞　刘　凡　蔡克迪	49.00
有色金属材料轻量化设计	姜艳丽　喻　亮	48.00
新型绿色纳米材料的制备及其光电性质研究	孙明烨	36.00